航空航天用先进金属基复合材料

李金山 陈 彪 万 杰 编著

科 学 出 版 社

北 京

内 容 简 介

航空航天等领域的飞速发展对材料综合性能的要求日益严苛，金属基复合材料特有的材料可设计性使其可以兼具高强、高韧、耐磨、耐腐蚀等优点，在相关领域展现出广阔的应用前景，其发展水平已成为衡量一个国家材料科技水平的重要标志之一。本书从材料分类、性能、制备方法、典型材料和应用情况五个方面系统介绍了铝基、钛基、高温合金、镁基等金属基复合材料在航空航天领域的发展现状，建立了完整的航空航天用先进金属基复合材料内容体系。

本书可供航空航天用先进材料领域的学者和研究人员阅读，也可供高等院校航空、航天、材料等专业师生参考。

图书在版编目（CIP）数据

航空航天用先进金属基复合材料 / 李金山，陈彪，万杰编著. —北京：科学出版社，2024.6
ISBN 978-7-03-077371-5

Ⅰ. ①航… Ⅱ. ①李… ②陈… ③万… Ⅲ. ①航空材料–金属基复合材料 ②航天材料–金属基复合材料 Ⅳ. ①V25

中国国家版本馆 CIP 数据核字（2024）第 002123 号

责任编辑：祝　洁　罗　瑶 / 责任校对：高辰雷
责任印制：徐晓晨 / 封面设计：陈　敬

科学出版社 出版
北京东黄城根北街 16 号
邮政编码：100717
http://www.sciencep.com
北京建宏印刷有限公司印刷
科学出版社发行　各地新华书店经销
*
2024 年 6 月第　一　版　　开本：720×1000　1/16
2024 年 6 月第一次印刷　　印张：20
字数：400 000
定价：268.00 元
（如有印装质量问题，我社负责调换）

前　言

作为 21 世纪十分活跃且具有影响力的科学技术领域之一，航空航天领域的发展水平已成为衡量一个国家科技水平的重要标志。航空航天飞行器要在高应力、超高温、超低温、高真空、强腐蚀等极端条件下工作，高性能材料是航空航天工程实现高可靠性、长寿命和低成本的保障，先进金属基复合材料的出现促进了新型飞机、运载火箭、导弹、卫星、载人航天器的成功研制和服役。金属基复合材料具有高比强度、高韧性、耐高温、耐磨等优异综合性能，能够满足航空航天飞行器在极端条件下对材料性能的苛刻要求。21 世纪以来，随着金属基复合材料研究、装备与制造水平的提升，金属基复合材料得到前所未有的快速发展，越来越多种类的先进金属基复合材料应用于航空航天飞行器，但相关研究与进展主要通过社交媒体、期刊、会议报告等方式进行报道，尚未形成知识体系，针对航空航天用金属基复合材料的专著非常匮乏。

本书以金属基复合材料在航空航天领域的应用现状和发展趋势为核心，将金属基复合材料研究方向与航空航天发展需求进行了有机结合，建立了全面的航空航天用先进金属基复合材料体系，是一部系统讲述航空航天用金属基复合材料的专著。本书作者长期从事金属基复合材料的科学研究、技术开发和人才培养。本书结合作者在航空航天用金属基复合材料领域的研究成果与教学经验，从材料分类、性能、制备方法、典型材料和应用情况五个方面，系统介绍了金属基复合材料在航空航天领域的研究现状、应用情况和发展趋势，建立了完整的航空航天用先进金属基复合材料内容体系，内容新颖，系统实用。第 1 章对金属基复合材料的基本概念及其在航空航天领域应用的相关性做了具体的解释和分析。第 2～5章分别对制备技术成熟，且在航空航天领域应用广泛的四类金属基复合材料进行了详细讲述，分别为铝基复合材料、钛基复合材料、高温合金复合材料和镁基复合材料。第 6 章对尚处于发展初期，但具有巨大应用前景的四类金属基复合材料进行了论述，包括金属间化合物复合材料、难熔合金复合材料、高熵合金复合材料和非晶合金复合材料。

本书第 1 章和第 3 章由李金山撰写，第 2 章和第 4 章由陈彪撰写，第 5 章和第 6 章由万杰撰写，全书由李金山统稿。写作过程中作者团队博士研究生晏琪、曹遴、刘恺悦、周鑫毅、杨经纶、陈明菊负责数据处理工作，硕士研究生耿华瑞、唐星晨、贾振东、龙昱衡、李康安、郑琪宁、温舒钦、高江霖、舒巧囡、王佳妮、李尘宇、闫龙威、邹国昭负责文献收集工作，在此表示感谢。

感谢傅恒志院士在本书撰写过程中提出宝贵意见，对本书的出版起到了至关重要的作用。

受作者学识所限，本书难免有不妥之处，敬请读者批评指正。

作　者

2023 年 12 月

目 录

第1章 绪 论

1.1 基 本 概 念

1.1.1 复合材料

现代科学技术的快速发展依赖于各种新型高性能材料的开发及应用,随着航空航天、电子封装、核能等前沿科技领域的快速发展,相关构件对材料性能的要求越来越高。传统单相材料受其成分单一的限制,综合性能难以满足科技发展的需求。因此,综合各类材料的优点,按性能需求对材料进行复合化成为改善材料性能的新趋势。目前,复合化制备技术已成为多国重点发展的新材料研发技术,是一个国家先进材料发展水平的衡量标准。

复合材料是指由无机非金属、金属或高分子等几类具有不同物理、化学性质的材料通过一定的复合工艺形成的新型材料(倪红军等,2016)。复合化制备的材料中各种组分的主要特点不发生变化,但各组分在不同制备工艺中产生微观、宏观等不同层次的结合(即复合效应),通过取长补短、协同作用得到单相材料所不具备的优异性能(Rhee et al.,2022)。

复合材料是由多种不同材料复合而成,可以形成不同的复合材料体系。在繁多的复合材料种类中,按照不同的标准有较多的分类方式。以目前复合材料主流研究方向及内容为基础,通常按复合材料中的基体材料类型进行分类。复合材料的基体主要起黏结、均衡及分散载荷,保护增强体或功能体的作用,基体材料的物理、化学性质在一定程度上决定了复合材料的最终性能。按基体分类,一般有聚合物基复合材料、金属基复合材料、陶瓷基复合材料和碳基复合材料四类复合材料。图1.1为复合材料按基体分类示意图。

(1) 聚合物基复合材料:聚合物基复合材料主要分为树脂基复合材料和橡胶基复合材料,其中树脂基复合材料又分为热固性、热塑性树脂两类,二者区别于随温度变化树脂固化过程是否可逆。不同类型聚合物基体的工艺性能、物理化学性能有很大的差异,制备得到的复合材料性能多元化,可满足不同航空航天构件的服役要求。

(2) 金属基复合材料:相较于聚合物基体,金属基体具有更高的熔点,可服役于300℃及以上的高温环境,在不同温度的应用条件下,有多种类型基体可供选择。此外,金属基体优良的导电、导热性能也进一步促进了其在航空航天装备构件上的应用。随着高性能增强体、功能体的不断出现，金属基复合材料的性能有望获得飞跃发展。

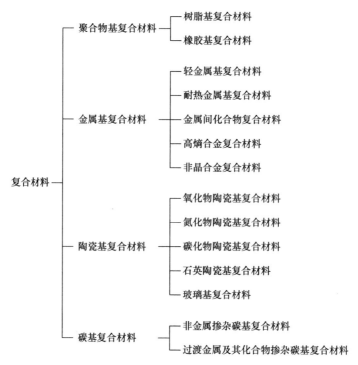

图 1.1　复合材料按基体分类示意图

(3) 陶瓷基复合材料：陶瓷基体是以无机非金属化合物为原料，通过原料处理、成形和烧结制成。陶瓷基体具有极佳的热稳定性、化学稳定性和抗氧化性，同时具有高模量和高抗压强度(又称"压缩强度")，但脆性大、耐冲击差的缺点限制了其应用(吴复涛等，2022)。

(4) 碳基复合材料：碳(石墨)的弹性模量较高，抗热震性、导热性好，具有优异的耐高温性能，碳基复合材料适用于烧蚀条件下的高温环境，是极具前景的复合材料。

1.1.2　金属基复合材料

金属基复合材料(metal matrix composites,MMCs)是以纯金属或合金为基体，采用一定的制备工艺处理后，将物理、化学性质有所差异的增强体与基体复合形成的新材料。一般情况下，选用无机非金属的纤维、晶须、颗粒或纳米颗粒等作为增强体，经复合所形成的金属基复合材料既可以保持金属基体的优点，又能发挥增强体的优点，相较于单一金属材料，金属基复合材料的比强度、比模量和耐高温等性能改善明显(吴人洁，2001)。

1. 金属基复合材料基体与增强体

金属基复合材料主要由基体和增强体构成，金属基体在不同类型复合材料中的体积比有所差异，颗粒增强金属基复合材料中，基体体积比为 25%～90%；纤维增强金属基复合材料中基体体积比为 50%～70%；晶须增强金属基复合材料中，基体体积比在 70%以上。金属基体在金属基复合材料中可以固结增强体且保护其不受环境侵蚀；金属基体作为承载相，可传递和承受载荷；金属基体也赋予复合材料一定的可加工性。

在金属基复合材料的研究中，随着材料制备技术水平的不断提高，用于金属基复合材料增强体的材料种类不断增多。增强体按其在基体的贯穿分布情况可分为连续型和非连续型两种基本类型，连续型增强体包括纤维和骨架，非连续型增强体包含晶须、颗粒，可以通过选用不同类型的增强体获得复合材料所需要的性能。此外，随着电子材料等领域对于金属基复合材料性能要求的提高，新型增强体材料，如碳纳米管、石墨烯(GR)等也被广泛研究并应用(杨玄依等，2021)。在种类繁多的增强体材料中，结合金属基体自身的特点，合理选用增强体，设计制备高性能金属基复合材料是目前的研究重点。

金属基复合材料增强体的选用首先要求增强体自身具有良好的物理性能，从而改善基体强度、耐磨性、热膨胀系数、导电导热性能等；其次，增强体还需要具有良好的化学稳定性，有时也要求其具有高热稳定性(Anandaraj et al., 2021)，以保证设计制备的金属基复合材料产生有益于改善材料组织并提升性能的作用；此外，增强体在基体中分布均匀且结合良好是充分发挥增强效果的前提(武高辉等，2012)，故要保证增强体与金属基体之间有较好的浸润性和化学相容性。

2. 金属基复合材料性能特点

金属基复合材料的诞生与现代科技的快速发展关系紧密。在航空航天等领域，传统的金属材料已逐渐无法满足工业生产和技术提升的要求，人们迫切需要强度更高、质量更轻且具备更多优异性能的新型材料。与其他类型材料相比，金属基复合材料的综合性能优势明显。与传统金及合金相比，金属基复合材料比强度、耐磨性、减振等方面性能都更优异；相比无机非金属类材料，其韧性和抗冲击性能突出，线膨胀系数小；相比聚合物基复合材料，其具备更高的强度和服役温度、更优异的导电导热性能和抗辐射性能。结合目前广泛使用的金属基复合材料，归纳总结其具有以下典型性能特点。

1) 高比强度、高比模量

采用不同的复合工艺方式，将不同尺寸、含量且具有高强度、高模量的纤维、晶须、颗粒等增强体添加到金属基体中，可以将金属材料的高韧性、高塑性等特点与增强体高硬度等优良性能结合，制备出具有高比强度、高比模量的金属基复合材料。图1.2为典型复合材料与基体金属性能对比，可以看出复合材料的理论预测比强度和比模量远高于基体金属。

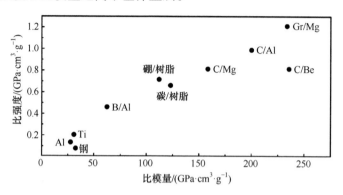

图1.2　典型复合材料与基体金属性能对比

2) 良好的耐磨性

金属基复合材料具有良好的耐磨性。在基体金属中添加高硬度、耐磨的增强体材料，不仅可以提高材料的强度和刚度，也提高了复合材料的硬度和耐磨性。可以选用高耐磨性基体金属和尺寸细小且硬度更高的陶瓷纤维、晶须等增强体制备高耐磨性复合材料，这类材料在汽车发动机、活塞等构件中已经得到了广泛应用并仍具有良好的研发前景。

3) 良好的导热、导电性能

金属基复合材料中金属基体一般具有良好的导热、导电性能，在金属基体中添加导热、导电性能更加优异的增强体可以在基体基础上进一步提高材料的导热、导电性能(王春华，2007)。良好的导热、导电性能有利于扩大金属基复合材料的应用范围，如在航空领域的一些飞行器构件上利用其良好的导电性避免发生静电聚集等危险现象，在芯片制造中的应用对于解决高集成度电子器件的散热问题意义重大。

4) 良好的耐高温性能

得益于金属基体本身较好的耐高温性能及常用纤维、颗粒增强体高强度、高模量的特点，金属基复合材料的耐高温性能较为优异(Hosseinzadeh，2018)。图1.3为不同温度下典型复合材料与基体金属比强度对比(李红英等，2019)，在0～900℃，不同金属基复合材料的比强度为基体金属的2～3倍。相对于聚合物基复合材料，金属基复合材料具有更优的耐高温性能，其比强度随着温度升高的下降幅度更小，在超高温时仍能保持较高的比强度。

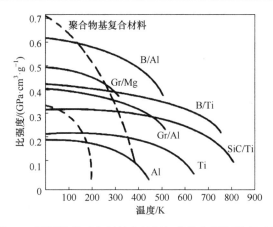

图 1.3　不同温度下典型复合材料与基体金属比强度对比

5) 低热膨胀系数、良好的尺寸稳定性

物体因温度改变而发生的膨胀现象叫热膨胀，热膨胀系数为表征物体受热时，其长度、面积、体积变化的程度而引入的物理量。降低材料的热膨胀系数，保持材料尺寸稳定对于在温度变化条件下服役的构件格外重要，这可以避免构件发生变形，保证服役时间。金属基复合材料中常用的碳纤维、硼纤维等增强体，具有高模量和低热膨胀系数的特点，一些具有超高模量的增强体，如石墨纤维等还具有负的热膨胀系数，故在基体金属中添加不同种类和含量的低热膨胀系数增强体，不仅使金属基复合材料的热膨胀系数明显下降，还可以获得不同热膨胀系数的复合材料，以满足不同构件要求。

6) 良好的抗疲劳性和断裂韧性

金属基复合材料中存在大量增强体及与之相匹配的增强体-基体界面，基体可以通过这些界面向增强体传递载荷。首先，正是因为增强体能够承担更大的载荷，所以才能更加有效地抑制疲劳裂纹的产生，同时能够阻碍疲劳裂纹的扩展。其次，增强体材料因热膨胀系数与基体不同，在制备的冷却过程中也会产生较多位错，这些位错提高了金属基复合材料强度的同时也提高了它的抗疲劳性。最后，增强体可以促进结晶和再结晶形核，对最终的复合材料产生细晶强化。增强体与基体的界面结合状态、金属基体及增强体本身特性、增强体的分布状态等都在很大程度上影响着金属基复合材料的抗疲劳性和断裂韧性。对压力浸渗法制备的 TiB/2024Al 复合材料进行高周疲劳损伤机制探究实验中，发现增强体颗粒使得可能发生的损伤被均匀化，增加了裂纹偏转和分叉的概率，提高了材料的抗疲劳性(巴颖等，2014)。

7) 不吸潮、不老化、气密性好

与聚合物基复合材料相比，金属基复合材料组织致密，性质更加稳定，不存在聚合物老化分解和吸潮的问题，其性能也不会发生自然退化。作为航空航天材料使用时，其在真空、辐照、高温等极端服役环境中不会分解产生低分子物质污染仪器和设备，在航空航天高温构件等领域，金属基复合材料的应用前景要远优于聚合物复合材料。

总之，金属基复合材料具有高比强度、高比模量、良好耐高温性能等优异性能，成为各国进行技术发展和竞争的重要领域。在 21 世纪初～21 世纪 20 年代，国内外对金属基复合材料的研究过程中，金属基复合材料已在航空航天、电子封装、汽车等领域得到广泛应用，并且仍然具有极大的发展空间和应用前景。

1.2　金属基复合材料发展历史

1.2.1　国外发展历史

国外对于金属基复合材料的研究起步较早，具体起源可追溯到 20 世纪 50～60 年代。1963 年，美国国家航空航天局(NASA)利用液相浸渗法成功制备出 10%钨丝增强铜基复合材料，其比铜基合金强度提高了 90%以上，而导热系数仅下降 4%，该材料的应用推动了航空航天技术的发展，这也被认为是金属基复合材料研究的标志性起点。此后 20 年间金属基复合材料的研究与应用主要集中在满足发展高性能武器装备的军事需要。

20 世纪 70 年代末，粉末冶金法制备复合材料的工艺逐渐成熟，以粉末冶金法制备的碳化硅颗粒增强铝基复合材料进入人们的视野并得到广泛应用，成功开启了这类复合材料的商业化制造(聂双喜，2008)。20 世纪 80 年代，金属基复合材料的研发进入快速发展阶段，其重点转变为开发低成本且性能优异的增强体，多种新型非连续增强体(晶须、短纤维)的问世增强了相关企业对金属基复合材料研发和应用的信心。以铝基复合材料为例，1982 年，日本丰田汽车公司率先报道了 $Al_2O_3 \cdot SiO_2/Al$ 复合材料在汽车发动机活塞上的应用，次年推出陶瓷短纤维增强铝基复合材料的局部铝活塞，使金属基复合材料在工业应用中取得了突破性的进展，图 1.4 为 SiC 颗粒(SiC_p)增强铝基复合材料制备的活塞在汽车发动机上的应用示意图。此后，金属基复合材料逐渐成为不可替代的战略性新材料，其发展水平成为衡量一个国家材料科技水平的指标之一，世界多国开始加强复合材料的研制和开发水平，从而极大地推动了金属基复合材料在多领域应用的进程。

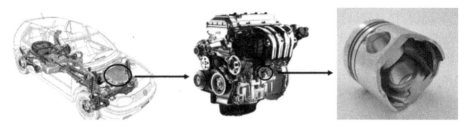

图 1.4　SiC 颗粒增强铝基复合材料制备的活塞在汽车发动机上的应用

20 世纪 90 年代后期，电子产品行业发展迅速，对具有高热传导能力和低膨胀特性的电子元件构造装配材料的需求迅速增加，因而具有低膨胀、高强化与高热传导性能的增强体备受关注。德国科技企业——英飞凌研发的 SiC 颗粒及晶须增强型的金属基复合材料因具有高导热系数、低密度和低热膨胀系数等优势，在电子封装领域得到广泛应用，图 1.5 为 SiC_p/Al 复合材料在绝缘栅双极型晶体管基板和封装外壳上的应用。此外，得益于金属基复合材料的优异性能，微处理器盖板/热沉、微波及光电器件外壳/基座和高功率衬底等无线通信的微波器件封装及各类热管理组件实现了升级换代。

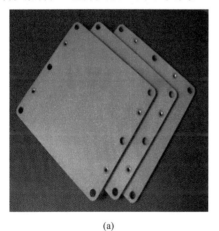

(a)

(b)

图 1.5　SiC_p/Al 复合材料在绝缘栅双极型晶体管基板和封装外壳上的应用
(a) 绝缘栅双极型晶体管基板；(b) 封装外壳

20 世纪 90 年代末～21 世纪初，金属基复合材料工业化生产和应用在多国政府的扶持下得到快速发展。随着制备技术的发展，多国对金属基复合材料的研究进一步加深，国外开始利用复合材料制备飞机和导弹的各种零部件，应用范围逐渐扩大。美国政府机构和飞机发动机制造商为使各类型涡轮发动机的性能满足超音速运输机和 NASA 探索性航空工程机件的需要，成立了金属基复合材料工业基地，用以研究并开发高性能金属基复合材料；欧洲多国联合制造商着力于推动金属基复合材料表征技术和工业化的发展。这些举措不仅开发出了金属基复合材料新的制备技术与工艺，同时也完善了金属基复合材料的研究体系。伴随着国外多国政府及制造商对于金属基复合材料产业的投入，多种新型高性能材料得以开发和应用。其中，美国相关企业开发的钛基复合材料涡轮发动机部件、空心风扇叶片和风扇框架等，极大推动了航天航空事业发展。欧洲多国成功用金属基复合材料制备出发动机压气机等。进入 21 世纪，国外金属基复合材料的应用范围不断扩大，在各领域的应用率不断提高。国外金属基复合材料产品的代表性应用如表 1.1 所示。

表 1.1　国外金属基复合材料产品代表性应用

应用领域	复合材料	产品组件	国家
航空动力	碳化硅颗粒增强铝基材料	波音 777 引擎风扇出口导叶	美国
航空结构	碳纤维增强钛基复合材料	F-16 战斗机起落架	美国
工业生产	碳化钛增强铁基复合材料	大型切削、轧制设备	德国
交通运输	氧化铝纤维增强铝基材料	汽车活塞、连杆、驱动轴等	日本
	碳化钛增强铝基材料	高速列车制动装置	德国
电子封装	石墨烯增强铝基复合材料	半导体热管理组件	德国
	碳化硅颗粒增强铝基复合材料	晶体管功率模块基板	英国
民用生活	氧化铝颗粒增强铝基材料	自行车车架、车链齿轮	日本
	碳纤维增强铜基复合材料	电子设备集成电路散热板	美国

1.2.2　国内发展历史

我国在 20 世纪 80 年代初开启了金属基复合材料的研究，相较于国外相关研究起步晚。整个发展过程经历了相对艰难的起步阶段和初期工程验证阶段，在 21 世纪初步入普及与快速发展阶段(武高辉等，2020)。

1980～1999 年为我国金属基复合材料研究的起步阶段，当时国内仪器设备不齐全，研究人员认知较为局限，受限于薄弱的研究基础，金属基复合材料研发过程较为艰难。当时的研究主要集中在利用国内现有技术制备出性能优良的金属基复合材料。典型研究成果有：1984 年，哈尔滨工业大学采用压力浸渗技术，试制出了碳化硅晶须增强铝复合材料(SiC_w/Al)样品。1985 年，中国航发北京航空材料研究院利用滚轧金属箔扩散黏结方法，制备硼纤维/铝复合材料板(于琨等，1989)。国内复合材料制备技术水平不高，并且金属基复合材料制备工艺复杂，导致材料制备成品率很低、性能离散度很大，材料制备技术成为当时我国金属基复合材料发展的主要障碍(赵浩峰等，1999)。

2000～2010 年，我国致力于打破国外金属基复合材料先进制备技术的封锁，相继突破了大气环境下压力浸渗、真空压力浸渗等材料制备技术难点(陶杰，2007)。在这些先进制备技术的支持下，由不同单位研究及开发的金属基复合材料开始在航天、航空装备上进行小范围应用。2003 年，哈尔滨工业大学将 SiC/Al 复合材料应用于高精度平台惯导姿态角传感器，解决了高精密安装基准的微变形、低频谐振、大过载冲击等问题，推动了惯性器件的更新换代；2007 年，哈尔滨工业大学成功制备出 C_f/Al 复合材料卫星红外相机镜筒，其抗辐射性能得到极大提升，并具有低膨胀、成像精度高的特点。

我国在前期对于金属基复合材料的研究和探索中，解决了航空航天等探索性工程方面的诸多构件应用问题，这些成果集中体现在当时火箭、飞机、军工武器装备等方面的换代更新，给予了我国航空航天事业继续研发金属基复合材料的信心，同时也为后续金属基复合材料在更广泛领域的应用奠定了良好的基础。

2010 年后，我国金属基复合材料进入普及应用与快速发展阶段。多种材料制备技术水平不断提高，一些典型制备技术，如粉末冶金达到相对成熟并逐步赶超国外先进水平，与此相关的高级材料检测技术，如衍射检测等得到了更加广泛的应用(Maurya et al.，2022)，研究制备的金属基复合材料综合性能更加突出，在电子封装领域、航天装备领域的应用规模逐步扩大。我国复合材料制备技术水平提升明显，且通过对各种典型制造技术进行相应改进，已经形成一套符合我国工业制造特点的制备技术体系(武高辉等，2012)。此外，我国粉末冶金、搅拌铸造、原位合成法、增材制造等制备技术水平 2010 年后有明显提高，且工业化生产应用规模不断扩大。例如，中国科学院金属研究所采用粉末冶金技术生产的 SiC 质量分数为 17%的 SiC/Al 复合材料被批量用于空间飞行器结构(张琪等，2012)。上海交通大学利用搅拌铸造法在颗粒增强铝基、镁基复合材料方面取得代表性成果；北京有色金属研究总院采用粉末冶金方法研制的 B_4C/Al 复合材料，以及喷射沉积法制备的 Si/Al 复合材料，已经在直升机、战斗机、相控阵雷达、核反应堆等装备上批产应用。

金属基复合材料的合理应用可显著提升仪器或装备的性能，从而推动航空航天、电子封装等高新技术产业快速发展。上海交通大学采用真空压力浸渗方法，成功解决了金刚石和铝界面反应困难的问题，稳定制备出导热系数提升明显的金刚石/Al 复合材料(曾从远，2016)，相较于第三代热管理材料 Si_p/Al，其导热系数提升可达 3 倍。金刚石/Al 复合材料已经成为最先进的热管理材料，与 GaN 芯片相辅相成，不断推动手机电池等日常生活用品和高级军工装备升级换代(方俊晓等，2020)。图 1.6 为金刚石/Al 高导热型复合材料(武高辉等，2020)，得益于金刚石/Al 复合材料的良好散热性，由其制备的微处理器性能得到较大改善。

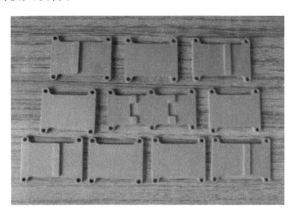

图 1.6　金刚石/Al 高导热型复合材料

进入 21 世纪后，中国航发北京航空材料研究院、西北工业大学、中国航空制造技术研究院在 SiC$_f$/Ti 复合材料研究方面分别获得技术突破。图 1.7 为 SiC$_f$/Ti 复合材料制成的航空发动机叶片，作为航空航天材料，其具备优异的耐高温性能及轻质化的特点，可以大幅减少结构质量，在航空航天领域应用前景广阔。

图 1.7　SiC$_f$/Ti 复合材料制备的叶片在航空发动机上的应用

总结我国 20 世纪 80 年代～21 世纪 20 年代对于金属基复合材料的研究，可以发现，我国金属基复合材料的开发应用水平不断提高，仪器设备持续更新，研究人才水平有了极大的改善，对不同基体合金的复合材料研究体系逐步完善，诸多核心材料设计技术逐渐趋于成熟，若干制造技术已经达到国际先进甚至领先的水平。综合来看，对比美国、日本等金属材料强国，我国对于金属基复合材料的研究及相关制造技术仍有明显差距(曹玉鹏等，2017)，具体表现在增强体制备、金属基体专用合金设计、材料制造装备等相关的金属基复合材料产业链不够完备；研究与生产过程结合不够紧密，导致产品应用更新换代不及时；高性能金属基复合材料集中于国防军工方面且无明显产业化趋势；金属基复合材料研究相关数据公布不完全，缺少标准化数据库，国家标准体系完善程度不足等。

结合国内外对于金属基复合材料的研究历程和现状可以发现，21 世纪以来，金属基复合材料的相关研究得到了快速发展，其在航空航天、电子通信等领域的探索性应用取得了一定的成果，显示出明显的技术优势。放眼世界，金属基复合材料发展的主要问题是应用范围仍较为局限，真正的大规模应用尚未实现。针对我国金属基复合材料发展环境，除了产品应用问题外，工艺设计、制备技术等方面同样存在一定问题。

目前，世界经济发展由于严重的环境和能源问题已经受到一定程度的制约，材料轻量化需求趋势已成必然，因此在未来一段时间内，金属基复合材料将会显示出更加明显的应用优势。此外，在许多领域，金属基复合材料已经成为无法替代的材料，如大功率电子器件、移动通信基站散热模块等。结合全世界经济发展环境及发展需求，金属基复合材料将凭借其低密度、高性能的突出特性持续应用于航空航天、电子封装等高新领域，并将在民用领域进入应用快速发展阶段。未来对于金属基复合材料的研究趋势首先是优化材料构型设计，通过调控工艺参数实现增强体的空间分布及其与基体的良好结合；其次，性能更加优异的增强体将会得到广泛应用，如碳纳米管、石墨烯等；多功能化材料的开发同样是金属基复合材料发展的必然趋势，其应用范围不只在飞机、火箭、人造卫星等尖端设备中，也会逐步扩展到汽车、造船、机械、医疗、体育等民用领域，将对人类生产生活产生更加深远的影响，并能够缓解世界性的环境和能源问题。

1.3　分　　类

金属基复合材料品种多样，可根据基体类型、增强体类型、材料结构、材料应用等进行分类。图 1.8 中列出了常见金属基复合材料的四种分类方式。本节将从这四种角度对金属基复合材料的类型进行简要介绍。

1.3.1　按基体类型分类

金属基复合材料的基体包括了绝大多数金属和部分金属间化合物，可分为黑色金属(如钢、铁)基复合材料和有色金属(如铝、钛、镁、铜、高温合金、金属间化合物、难熔合金)基复合材料。基体材料的选择对于能否充分发挥基体与增强体的性能特点，能否充分组合并获得预期的优异性能，进而满足使用需求十分重要。

对于金属基复合材料的基体，最重要的是根据其服役环境及性能要求进行选择。例如，航空航天、汽车制造等领域应用的复合材料结构件，对比强度、比刚度、尺寸稳定性和结构效率要求较高；在发动机、内燃机、燃气轮机等领域所用的材料，由于其工作环境温度较高，通常选用耐热的结构材料；在工业集成电路领域，常常需要高导热、高导电、低热膨胀系数的金属基体作为基板和散热元件。

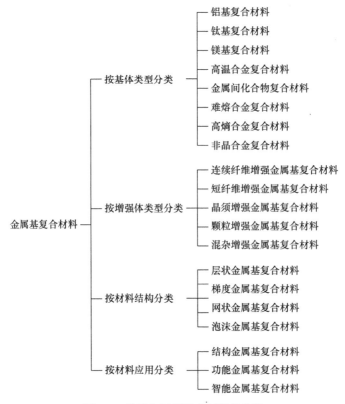

图 1.8　常见金属基复合材料的分类

根据使用的温度可以将金属基复合材料分为三类：低温(450℃以下)、高温(450~1000℃)及超高温(1000℃以上)。

1. 低温使用的金属基体

用于 450℃以下的金属基体材料主要有铝、镁及其合金。

1) 铝基复合材料

铝基复合材料是当前应用最广泛、发展最成熟的一种金属基复合材料。铝及铝合金具有面心立方结构，特点是塑性和韧性较为优良，同时具有易加工、价格低廉、密度小等优点。铝及铝合金与增强体进行复合以后，能够获得比强度和比刚度高、耐高温性能好、更耐疲劳、更耐磨损、阻尼性能好、热膨胀系数低的复合材料，能根据产品的需求组合基体与增强体，从而获得特定的力学和物理性能。铝基复合材料的基体一般可分为两种：一种是纯铝；另一种是各类铝合金。

因为铝合金性能较纯铝更为优异，如 Al-Si 合金基体耐磨性优良、Al-Li 合金基体比强度更高、Al-Fe 合金基体耐高温性能优良等，所以在实际应用中，经常根据实际需求的不同选用各类铝合金作为基体材料。本书将介绍铝基复合材料的常见分类、各项性能、制备方法及在航空航天领域的应用情况，详见第 2 章。

2) 镁基复合材料

镁基复合材料比铝基复合材料更轻，是一种已经被广泛应用的轻金属基复合材料。镁基复合材料密度相比铝基复合材料更低，比强度和比刚度极高，其耐磨性、减振、耐冲击、耐高温等性能同样优良。此外，镁基复合材料还具有良好的电磁屏蔽和储氢特性，是当今高新技术领域热门的复合材料之一，在航空航天、汽车制造、电子封装等领域都有着巨大的应用前景。

镁基复合材料所选用的基体合金主要分为铸造镁合金、变形镁合金和超轻镁合金等。铸造镁合金包括 Mg-Al、Mg-Zn、Mg-Zn-Zr、Mg-Al-Zn、Mg-Zn-Zr-RE*等，侧重制备铸造镁基复合材料；变形镁合金包括 Mg-Mn、Mg-Zn-Zr、Mg-Al-Zn、Mg-RE 等，偏重挤压性能的应用；Mg-Li 系合金则是目前最轻的合金，其抗高能粒子穿透的能力使其可以在特殊服役条件下稳定工作，而且其超轻的密度能够显著降低构件的质量，满足某些高性能的要求。例如，美国海军与斯坦福大学联合制备的 B_4C/Mg-Li 复合材料，其密度极低，比刚度甚至比铁合金要高，延展性能则更是出色。本书将重点介绍镁基复合材料的常见分类、各项性能、制备方法及在航空航天领域的应用情况，具体内容详见第 5 章。

2. 高温使用的金属基体

用于 450～1000℃的金属基体材料主要有钛、铁、铜及其合金。

1) 钛基复合材料

钛及其合金比强度高，耐腐蚀、耐高温性能优良，低温韧性良好。纯钛的熔点为 1668℃±4℃，密度为 4.5g/cm³，相比于其他结构材料，钛在高温时也能更好地保持其强度。因此，在飞机结构件选材时，尤其是当飞行速度提升到超音速时，钛比其他合金显现出更多的优势。钛的标准电位很低，这就使其非常容易在表面生成由氧化物和氮化物组成的钝化膜，正是这种致密的钝化膜使钛具备优异的耐腐蚀性(简称"耐蚀性")，其在盐酸、硝酸、硫酸及氢氧化钠等环境中都十分稳定。纯钛具有同素异构转变，在温度处于 882.5℃以下时，钛表现为密排六方(HCP)结构，被称为 α-Ti；在温度处于 882.5℃以上时，钛表现为体心立方(BCC)结构，被称为 β-Ti。图 1.9 为钛两种结构的晶胞

---

* RE 表示稀土元素。

示意图(李红英等，2019)。在钛、钛合金及其复合材料领域，同素异构转变对其性能和应用有着重大的影响。

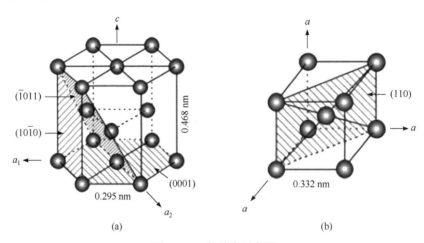

图 1.9　Ti 的晶胞示意图
(a) α-Ti(HCP 结构)；(b) β-Ti(BCC 结构)

可根据成分及特性将钛基复合材料的基体分为纯钛和钛合金两种，纯钛又有高纯钛和工业纯钛之分，钛合金则分为三种类型，即 α 型(如 TA7：Ti-5Al-2.5Sn)、β 型(如 TB2：Ti-3Al-Mo-11Cr)、α+β 型(如 TC4：Ti-6Al-4V)。高纯钛的强度较低，但延伸率为 50%~60%。工业纯钛就强度而言已经接近普通钢材，通常 99.5%工业纯钛的抗拉强度为 540MPa，而且可以通过加入合金元素来提高其强度。合金元素作用于钛的关键是影响其同素异构转变温度。其中，提高同素异构转变温度，扩大 α 相区和增加 α 相稳定性的合金元素为 α 稳定元素，如铝、碳、氧、氮等。降低同素异构转变温度，扩大 β 相区且在合金中优先溶解于 β 相的合金元素为 β 稳定元素，是强化 β 相的主要元素，如铬、钒、钼、铌等。还有一些中性元素对于同素异构转变温度影响不大，如锆、锡等。钛合金的强度极高，堪比超高强度钢，但密度却更小，因此在实现飞行器轻量化和提高飞行速度等方面展现出了巨大的应用潜力。另外，由于钛的生物相容性极高，作为人体植入物无副作用，而且在人体的生理环境中拥有很好的耐腐蚀性能，因此钛合金在医疗器械、生物医用材料等方面引起了广泛的关注。本书将重点介绍钛基复合材料的常见分类、各项性能、制备方法及在航空航天领域的应用情况，具体内容详见第 3 章。

2) 铁基复合材料

铁基复合材料又称黑色金属基复合材料。铁的熔点较高，比强度较小而且密度很大，其复合化难度较大，因此早期研究人员对铁基复合材料的研究兴趣不高，探索并不深入。随着现代工业的快速发展，许多行业都急需一批在极端工作环境下能够正常运行的材料，铁基复合材料开始进入研究人员的视野。目前，铁基复合材料的制备与应用研究是提高钢材性能的重要方向。选取强度和刚度更高，但密度却远远低于铁的增强体，通过复合，可以在降低材料密度的同时提高其性能。铁基复合材料已经在切削、模压成形等多个工业领域开始应用。

铁基复合材料耐磨性较为优良，因此在耐磨损领域大放异彩(王振兴等，2019)，如在铸钢中加入较高含量的锰、钼、铬、镍、钒等元素，就得到了传统的耐磨材料。在其基础上，一般选择颗粒增强体作为增强体制备铁基复合材料。与纤维增强体相比，颗粒增强复合材料制造成本相对较低，各向异性小，成形加工较为容易(陈锡广，2012)。经过科研工作者的不懈努力，在铁基复合材料领域已经取得了不菲的成果。Kan 等(2019)借助原位生成法在马氏体不锈钢中生成NbC 颗粒增强体，研究发现，不锈钢复合材料的硬度随增强体体积分数的增加呈现线性增长的趋势。当 NbC 体积分数达 15%时，复合材料的硬度较基体材料提高 14.5%。刘相熠等(2018)通过原位生成法制备了 TiC 增强铁基复合材料，发现其三体耐磨性增加到基体金属的 1.75 倍。由 TiC 颗粒增强的铁基复合材料已获得广泛应用，如注册商标为 Ferro-Titani、Ferro-TiC 和 Alloy-TiC 的铁基复合材料，在高温结构材料和耐磨材料等领域的性能表现显著优于现有的工具钢(张荻等，2010)。本书将介绍典型铁基复合材料的各项性能及在航空航天领域的应用情况，具体内容详见第 4 章。

3) 铜基复合材料

近年来，航空航天、电子工业等领域对于材料性能的需求进一步提高，这些材料不但要具有高导电、导热性能，同时也要具备一定的强度。在各种金属基体中，铜及其合金机械性能优良，易于加工，而且具有良好的耐腐蚀性能。铜合金导电导热性能相比纯铜并无明显下降，所以广泛应用于机械制造、电子电气等领域。常用于铜基复合材料的增强体主要分为金属颗粒与陶瓷颗粒，如钨颗粒、钢颗粒、SiC、TiC 等。铜基复合材料已经开始投入应用，在集成电路散热装置、电子元件材料等领域大放异彩(Brendel et al., 2004)。有研究表明，SiC 纤维增强的铜基复合材料具备高强度高导热的特点，能在 550℃的中子辐射环境中持续工作，大大提高了核反应堆的效率(Brendel et al., 2005)。

3. 超高温使用的金属基体

用于 1000℃以上的金属基体材料主要有镍基高温合金、钴基高温合金、金属间化合物、难熔合金等。

1) 镍基高温合金复合材料

镍基高温合金以镍为基体(镍含量在 50%以上)，在 650～1000℃的温度仍可以保持较高的强度，抗燃气腐蚀、抗氧化等性能表现优良。在其基础上添加W、Mo、Ti 等强化元素，可进一步优化其高温热强度。镍基高温合金广泛应用于航天火箭发动机、航空发动机及工业燃气轮机等的各种高温部件上。在航空发动机中，高温合金及其复合材料的占比甚至可达60%。以高温合金为基体的复合材料使用温度甚至超过 1000℃。

镍基变形高温合金的基体为奥氏体(γ 相，面心立方结构)，主要增强体为 γ' 相[Ni$_3$(Al,Ti)，面心立方结构]，在基体中的含量为 20%~55%。还有一种次要的增强体为 γ'' 相(Ni$_3$Nb，体心四方结构且与基体共格)。变形高温合金塑性较低，变形抗力大，使用普通的热加工手段变形有一定难度，因此常常采用加入镁元素微合金化和弯曲晶界热处理工艺来提高塑性。

随着服役环境温度的进一步提高，镍基高温合金合金化的程度也逐渐提高，材料的热加工成形愈发困难，改用铸造工艺生产势在必行，这就是镍基铸造高温合金。镍基铸造高温合金能够承受更加极端的服役环境，可以在温度 600~1100℃的氧化和燃气腐蚀气氛中承受复杂多变的载荷，并能长期稳定工作。

在镍基高温合金及其复合材料中，其常见的增强体种类有颗粒、纤维、晶须等，其中颗粒增强镍基高温合金复合材料制备成本较低，而且具有较高的强度和耐热性(刘佳伟等，2021)。杨超(2017)等将纳米 SiC 颗粒加入镍基体中以提高其机械强度，研究发现 SiC 颗粒的增强效果随着基体晶粒尺寸的减小而增大，而且复合材料在强度提高的同时仍保持良好的塑性。本书将重点介绍镍基复合材料的常见分类、各项性能、制备方法及在航空航天领域的应用情况，具体内容详见第 4 章。

2) 钴基高温合金复合材料

钴基高温合金是一种以钴为主要元素，加入镍、铬、钨等其他元素对基体进行强化的一类合金。相比镍基高温合金，钴基高温合金的初熔温度更高(约1450℃)，拥有更优良的耐磨性和耐热腐蚀性(刘兴军等，2020)，用于制备涡轮发动机的构件可显著延长航空发动机的使用寿命。然而，传统钴基高温合金主要依靠固溶强化，缺乏增强体，导致其高温强度较低。通过在钴基合金基体中添加氧化物颗粒形成复合材料，可以达到提高强度、降低密度、增强耐高温、耐磨性的目的。例如，钱钰等(2021)将 ZrO$_2$ 添加进钴基合金，获得的复合材料在高温下具有更低的摩擦系数和磨损率。本书将重点介绍钴基复合材料的常见分类、各项性能、制备方法及在航空航天领域的应用情况，具体内容详见第 4 章。

3) 金属间化合物复合材料

金属间化合物不仅强度较高，而且具有优良的抗氧化和耐腐蚀性能，因此在航空航天材料和高温结构材料领域引起了巨大的关注。将金属间化合物作为基体，加入陶瓷或者难熔金属作为增强体，可以得到金属间化合物复合材料。目前，最常用的金属间化合物基体有 Ti-Al 系、Ni-Al 系和 Nb-Si 系金属间化合物。

Ti-Al 系金属间化合物密度小、比强度和比模量高、抗氧化性强，是一种被广泛研究的轻质高温结构材料。由于 Ti-Al 系金属间化合物结构具有长程有序、滑移系少等特点，因此室温延展性较差，这一缺点严重制约了它的使用发展(Raghavendra et al., 2005)。研究人员尝试采用合金化法和热加工法(Muñoz-Morris et al., 2006)来提高 Ti-Al 系金属间化合物的性能，但收效甚微(Perez-Bravo et al., 2005)。为了提高 Ti-Al 系金属间化合物的高温塑性和室温性能，研究人员借助了复合材料的强韧化机制，选用连续纤维来增强 Ti-Al 系金属间化合物(Zhang et al., 2013)。美国航空航天局的研究表明，使用高强纤维增强的复合材料，高温蠕变实验中基体仅需承担 3%的载荷(Bowman et al., 1989)。由此可知，与增强体进行复合对改善金属间化合物的性能具有重要意义，同时因为增强纤维的密度较小，还可以显著减轻航空航天及发动机高温部件的质量(韩雨蔷等，2018)。

Ni_3Al 金属间化合物为 L12 结构，长程有序。相比镍基高温合金，其比强度较高但密度更低，其熔点为 1390℃，密度 7.5g/cm³，弹性模量为 180GPa(Wang et al., 2011)，是一种相当有潜力的高温结构材料。1979 年，科研人员(Aoki et al., 1979)将微量 B 元素添加到 Ni_3Al 中，发现多晶 Ni_3Al 的室温塑性有了显著改善，之后 Ni_3Al 被作为高温结构材料而进行了大量的研究。本书将重点介绍金属间化合物复合材料的常见分类、各项性能及应用情况，具体内容详见第 6 章。

4) 其他金属基复合材料

随着航空航天领域科技水平的提高，航空航天发动机及其耐热材料也在不断进步。目前，高温合金材料已越来越逼近其物理极限，迫切的需求对新一代耐热材料提出了更高的要求。因此，服役温度更高的难熔合金复合材料的开发应用对航空航天科技的发展具有重要意义。另有高熵合金复合材料、非晶合金复合材料在航空航天领域都有优异的表现。本书将介绍这些复合材料的常见分类、各项性能及应用情况，详见第 6 章。

1.3.2　按增强体类型分类

金属基复合材料的强化效果极大程度上依赖于增强体的种类、含量、分散性等。增强体一般为具有不同几何形状的金属或非金属材料，如碳化硅、氧化铝、碳纤维、硼纤维、钨丝等。作为金属基复合材料的增强体，大多具有以下几点特性：

(1) 自身具有某种金属基复合材料所需的性能，如高强度、高模量、高导热性、低热膨胀系数、强耐磨性等，通过复合效应提高所制备金属基复合材料的某方面性能。

(2) 拥有良好的化学稳定性，不会在制备过程中发生氧化、水解等使自身物理化学性质发生改变的反应，在服役过程中其组织与性能不会发生明显的变化。

（3）增强体与基体金属之间应具有良好的润湿性，仅靠自身性质或表面处理就能获得与基体之间良好的相合性，从而可以均匀地分布在基体中且不会发生过于严重的界面反应。

金属基复合材料的增强体可分为连续纤维、短纤维、晶须、颗粒与混杂增强体。图1.10为金属基复合材料常见增强体。

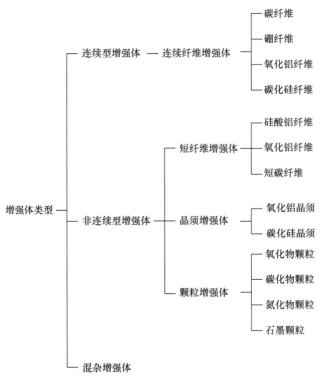

图 1.10　金属基复合材料常见增强体

1. 连续纤维增强体

相比于其他增强体，连续纤维增强体高强度、高韧性的优点尤为突出。在连续纤维增强金属基复合材料中，连续纤维增强体是承受载荷的主要部分，而基体则在黏结和保护连续纤维的同时起到传递载荷的作用(石川等，2017)。此外，连续纤维增强金属基复合材料还具有抗冲击、抗疲劳、抗裂纹扩展和耐热性能良好等优点(刘连涛等，2008)。

通过对基体、纤维类型、纤维体积分数、纤维排布方式等因素进行优化组合，最终可以获得各种高性能的复合材料。值得注意的是，因为连续纤维的排布具有方向性，所以最终形成的复合材料性能同样具有明显的各向异性。在沿着纤维的轴向上，连续纤维增强金属基复合材料往往具备高强度、高模量、高韧性等性能，所以在构件受力情况确定时更加能够发挥其优势，但与之相对，其横向性能并不尽如人意。我们可以通过设计不同方向上连续纤维的排列方式来调控复合材料构件各个部分的性能。已经广泛使用的连续纤维增强体有碳纤维、硼纤维、氧化铝纤维、碳化硅纤维等，下面将对以上 4 种连续纤维增强体进行简要介绍。

1) 碳纤维

碳纤维(carbon fiber，CF 或 C_f)的使用可以追溯到 19 世纪末，并于 20 世纪 50 年代末期开始进行大规模的生产及应用。连续纤维增强金属基复合材料制备成功以来，碳纤维就因其优异的性能引起了广泛的关注。碳纤维具有质量轻、强度高、比模量高、密度低、热膨胀系数低、导电和导热性良好、耐高温和低温等特性，是金属基复合材料的理想增强体。现实生产中的碳纤维并不是理想的石墨点阵结构，而是由乱层石墨构成。碳纤维的基本结构单元是石墨层片，由若干石墨层片构成微晶，由若干微晶组成直径数十纳米，长度达数百纳米的原纤维，再由若干原纤维组成直径数微米的碳纤维单丝。

碳纤维可根据其模量进行分类，大致可分为标模、中模和高模。通常以龙头企业日本东丽公司的产品编号作为行业标准，如 T(表示强度)系列碳纤维的应用最为广泛。表 1.2 是各类碳纤维的性能对比(成小乐等，2022)。在实际生活中，碳纤维由一定数量的碳纤维丝束组成，而非单独存在。一般用单位 K 来表征碳纤维中丝束的数量。1K 就代表该碳纤维由 1000 根丝束组成。小丝束(<24K)碳纤维的生产成本相比大丝束碳纤维更高，但性能也更加优越，因此价格比大丝束碳纤维更加昂贵。小丝束碳纤维被称为"宇航级"碳纤维，广泛应用于航空航天、武器装备等高端领域。若按原材料分类，可以将碳纤维分为聚丙烯腈(PAN)基碳纤维、沥青基碳纤维或黏胶基碳纤维。PAN 基碳纤维的原料来源丰富，且抗拉强度较另外两者更加优越，在航空航天、汽车制造、建筑补强等领域得到了广泛应用(尹洪峰等，2022)。

表 1.2　各类碳纤维性能对比

制造公司/单位	型号	模量/GPa	抗拉强度/MPa	延伸率/%
	T300	230	3530	1.5
	T700S	230	4900	2.1
	T800H	294	5490	1.9
日本东丽公司	T1100G	324	6000	2.0
	T800S	294	5880	2.0
	M40	392	4400	1.2
	M40X	377	5700	1.5

续表

制造公司/单位	型号	模量/GPa	抗拉强度/MPa	延伸率/%
美国 Hexcel	HM54	372	4826	1.3
北京化工大学	M40	400	3250	1.3
中国科学院	M55J	541	4860	1.6
中复神鹰碳纤维 股份有限公司	SYT49	238	5260	2.2

当前工业生产中一般选用 PAN 纤维作为原丝来生产碳纤维,PAN 纤维原丝需要经过氧化、环化、碳化和石墨化处理才能成为碳纤维。碳纤维中存在各种各样的缺陷,如微孔、裂缝等,这就导致碳纤维的实际强度远远低于由 C—C 键能密度计算得到的理论值。根据制备方法、碳含量及石墨化条件等不同,PAN 基碳纤维的抗拉强度为 1～7GPa,弹性模量为 100～850GPa。

2) 硼纤维

硼纤维通常采用化学气相沉积法制成,在基体(钨芯或者碳芯)上沉积硼制成无机复合纤维。硼纤维直径约为 100μm,以共价键结合,所以强度和模量较高。硼纤维的抗拉强度比普通金属高 4~8 倍,密度却只有 2.57g/cm³,硼的莫氏硬度为 9.5,仅次于金刚石。表 1.3 是硼纤维的典型性能(李承宇等,2011)。硼元素是活性的半金属元素,在常温下表现为惰性,与铝、镁等金属基体的反应量较小,所以硼纤维的耐腐蚀能力极强,受酸性及碱性环境的影响极小。硼纤维拥有其他增强纤维没有的性能,即压缩强度是抗拉强度的近 2 倍。室温下硼纤维拥有良好的化学稳定性,比较容易与金属基体复合形成复合材料。

表 1.3 硼纤维典型性能

抗拉强度/ MPa	拉伸模量/ GPa	压缩强度/ MPa	密度/ (g/cm³)	热膨胀系数/ $(10^{-6}℃^{-1})$
3600	400	6900	2.57	4.5

3) 氧化铝纤维

Al_2O_3 纤维(Al_2O_{3f})属于耐火纤维,其发展可以追溯到 20 世纪 40 年代,Babcock 和 Wilcox 的专利中提出以黏土为原材料,通过熔融喷吹方法制备硅酸铝短纤维,被制成用于保温的纤维毯和纤维毡。连续氧化铝纤维分为连续硅酸铝质纤维、$α-Al_2O_3$ 纤维和含氧化锆氧化铝质纤维三种,其强度、模量都很高,且耐高温性优良,是一种高性能的陶瓷纤维。氧化铝纤维化学性质稳定,在氧化和还原性氛围中均能保持良好的化学稳定性,表面活性好,不需要进行表面处理即能和金属形成良好的结合。同时，氧化铝纤维熔点高、导热系数低、热膨胀系数低等特点也使其获得了广泛的应用(乔健等，2015)。目前，美国的杜邦公司和明尼苏达矿业及机器制造公司(3M 公司)、英国的帝国化学工业有限公司(ICI 公司)都已经实现氧化铝纤维的商业化生产，在金属和陶瓷基复合材料中获得了广泛的应用。

　4) 碳化硅纤维

　SiC 纤维(SiC_f)是一种多晶陶瓷纤维，力学性能优异的同时还拥有抗氧化、耐高温、抗蠕变、耐腐蚀的特点，在 1300℃的空气和 1600℃的惰性气体中仍旧可以稳定服役。SiC 纤维强度可达 4410MPa，模量可达 400GPa，被称为 21 世纪高技术领域应用的新材料，广泛应用于金属基复合材料的制造(冀鸽等，2009)。SiC 纤维的发展可分为三代。

　第一代 SiC 纤维为高氧高碳 SiC 纤维，纤维氧含量普遍高于 10%。惰性气氛环境中，较高温度(高于 1200℃)下纤维会发生分解，从而产生大量孔洞和裂纹。在氧化气氛中，纤维分解的同时也会发生氧化反应，会导致力学性能急剧下降。第二代 SiC 纤维氧含量大幅降低，但依旧含有大量碳元素。针对第一代 SiC 纤维的缺点，研究人员改进了处理工序，采用电子束辐照技术，大幅降低了制备过程中引入的氧元素。第二代 SiC 纤维主要由无定型 SiC、β-SiC 及游离碳组成，高温稳定性大大提高。第三代为近化学计量比 SiC 纤维，其在第二代 SiC 纤维的基础上进一步降低了游离碳的含量。该纤维主要由亚微米级的 β-SiC 晶粒组成，同时含有少量游离碳和痕量氧。第三代 SiC 纤维的模量显著提升，同时改善了抗蠕变性能。第三代 SiC 纤维已广泛应用于金属、陶瓷、高分子等基体的复合材料的制备过程，使用 SiC 纤维增强金属基体，不仅能够提升其力学性能，还能使其工作温度提高 100～200℃(李佩桓等，2016)。

　不同类型纤维的比强度和比模量对比如图 1.11 所示(李红英等，2019)。实际生产中可以根据复合材料的设计需求选择合适的增强体。性能优良的连续纤

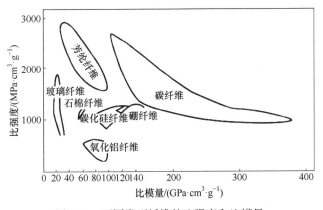

图 1.11　不同类型纤维的比强度和比模量

维增强体可以大大提高复合材料的比强度、比模量，同时兼具良好的导电性、导热性、抗疲劳性，使得连续纤维增强金属基复合材料在航空航天、汽车制造、工业设备等领域具有广泛的应用前景。

2. 短纤维增强体

短纤维的来源可以是天然的纤维制品，也可以由连续纤维剪短获得，其长度一般在几毫米至几十毫米，表面质量良好，无明显缺陷。短纤维低廉的价格和相对简单的制作工艺使其在各个领域逐渐应用发展。目前，常用的金属基复合材料增强体的短纤维主要有硅酸铝纤维、氧化铝纤维、短碳纤维等。和连续纤维相比，短纤维增强的金属基复合材料没有明显的各向异性。一般来说，短纤维增强金属基复合材料在微观尺度上虽然是非均质的，但由于纤维在基体中随机排列，所以依旧可以将其视为宏观各向同性材料(Chao et al., 2022)。相比于长纤维，短纤维在金属基体中更加容易进行分散，不易发生断裂。

1983 年，日本丰田汽车公司成功研制出氧化铝短纤维增强铝基活塞来代替价格高昂的高镍奥氏体活塞，这也是短纤维增强金属基复合材料最早的应用案例。1987 年，该公司又成功研制了硅酸铝短纤维增强铝基复合材料，其性能进一步提高，且成本下降到更低。短纤维增强铝基复合材料活塞已步入稳定化生产，并且产量逐年增加(王左银等，1994)。

短纤维增强金属基复合材料的制备方法主要有粉末冶金法、压力浸渗法等。应用较为广泛的短纤维有硅酸铝纤维、氧化铝纤维和短碳纤维等。

(1) 硅酸铝纤维。硅酸铝纤维机械加工性能良好，一般会将其制成直径 5μm以下的短纤维增强体。作为增强材料而言，硅酸铝纤维拥有较高的抗压强度，且保有一定的韧性。在高温服役环境中展现出了优良的耐高温性能和热稳定性。

(2) 氧化铝纤维。氧化铝纤维抗拉强度和弹性模量高，在高温下的耐热性能良好，抗氧化性也十分优良。与硅酸铝纤维相比，其在更高的工作温度下依然保有较高的抗拉强度，且归因于较高的表面活性，氧化铝纤维与金属基体的润湿性良好，更加容易分散。

(3) 短碳纤维。相比其他短纤维，短碳纤维的主要优势在于其密度低且比强度高，非常适合与金属基体复合化以达到材料轻量化的目的。虽然相比连续碳纤维其综合性能和稳定性有所不足，但短碳纤维仍然具有其他优异性能，如导电和导热性能良好、对低温和高温环境的优良耐性、对酸性环境的优良耐性、防原子辐射等，在众多领域得到了广泛的应用。

3. 晶须增强体

晶须是一种特殊的单晶组织，由高纯材料生长而来，因此内部缺陷极少，只在生长轴上存在一个螺型位错。晶须具有特殊的高度取向结构，且有一定的长径比(一般大于 10)，拥有接近于完美晶体理论值的强度。表 1.4 是常见晶须增强体的基本性能(尹洪峰，2022)。晶须具备极高强度是因为其结构完整，直径极小，甚至不能容纳使自身削弱的缺陷，如位错、空隙等。晶须可分为陶瓷晶须和金属晶须，一般用作增强体的晶须是陶瓷晶须。陶瓷晶须直径较小，只有几微米，拥有多角状的断面。目前，已经开发并投入使用的晶须已多达上百种，包括金属、氧化物、碳化物、氮化物、卤化物等。晶须增强金属基复合材料将晶须的超高强度、刚度与金属基体的高韧性、高延展性有机结合，从而得到拥有优异性能的复合材料。晶须没有明显的疲劳效应，而且加工过程中的各种操作，如切断、磨粉等均不会影响其本身固有的强度。最早的晶须增强金属基复合材料采用的是 Al_2O_3 晶须。Al_2O_3 晶须是一种人工控制合成的单晶材料，具有高弹性模量、强化学稳定性和热稳定性，但其成本高昂，而且晶须的均匀分散也是一个难题，这制约了晶须增强金属基复合材料的发展。随着工业生产技术的进步，SiC 晶须的成本也变得较为低廉，而且对复合材料弹性模量和强度的提高并没有下降，这一点大大促进了晶须增强金属基复合材料研究的发展。SiC 晶须素有"晶须之王"的美誉，是一种具有高度单一取向的单晶短纤维，缺陷极少，性能与晶体材料理论值近似。其颜色呈现黄绿色或灰绿色，直径横跨纳米至微米级。SiC 晶须的晶体结构类似于金刚石，熔点高、抗拉强度与弹性模量高、密度低、热膨胀率低，能与金属或陶瓷基体保持良好的界面结合(王秋红等，2010)。按照其结构特征可以分为 α-SiC_w 和 β-SiC_w 两种。

表 1.4 常见晶须增强体的基本性能

晶须类型	密度/(g/cm³)	熔点/℃	抗拉强度/GPa	弹性模量/GPa
Al_2O_3	3.90	2081	13.8~27.6	482.3~1033.5
AlN	3.30	2199	13.8~20.7	344.5
BeO	1.80	2549	13.8~19.3	689.5
B_4C	2.50	2449	6.9	447.9
石墨	2.25	3593	20.7	978.4
MgO	3.60	2799	24.1	310.1
α-SiC_w	3.15	2316	6.9~34.5	482.3
β-SiC_w	3.15	1316	6.9~34.5	551.2~827.9
Si_3N_4	3.20	1899	3.4~10.3	379.0

4. 颗粒增强体

颗粒增强金属基复合材料(particulate reinforced metal matrix composites,

PRMMCs)是指在金属或者合金的基础上加入第二相颗粒物制备而成的一类复合材料。金属基复合材料的常用颗粒增强体主要有氧化物(Al_2O_3、ZrO_2 等)颗粒、碳化物(SiC、TiC、B_4C 等)颗粒、氮化物(Si_3N_4、AlN 等)颗粒和石墨颗粒等。增强体颗粒以一定的形式分布在金属基体中，其性能(包括密度、熔点、抗拉强度、弹性模量、硬度、热稳定性等)对复合材料整体性能的影响极大。在颗粒增强金属基复合材料中，颗粒增强体一般起着主要承载相的作用，以对基体材料某种性能的不足进行补充及强化，提高强度、硬度、耐磨性等性能。因此，在选择金属基复合材料的颗粒增强体时，不仅要考虑颗粒的各种性能，其与基体的相容性和润湿性也要特别关注，综合各方面的考虑选择出相匹配的基体与增强体，以最大程度发挥其优化组合性能。另外，增强体颗粒的生产成本也是一项重要的参考因素。

按照增强体的特质，可分为刚性颗粒增强体与延性颗粒增强体。刚性颗粒增强体主要是指陶瓷或者石墨等非金属颗粒，这些颗粒一般具有高强度、高模量、耐热、耐磨等性能。常用刚性颗粒增强体的主要性能如表 1.5 所示。延性颗粒增强体主要为金属颗粒，将其加入陶瓷或玻璃陶瓷基体中可以增强韧性。

表 1.5　常用刚性颗粒增强体的主要性能

颗粒增强体	密度/ (g/cm^3)	硬度/ HV	弹性模量/GPa	热膨胀系数/ $(10^{-6}℃^{-1})$
SiC	3.21	2600~3000	480	5.40
Al_2O_3	3.97	1800~2200	460	6.80
TiC	4.25	3000	460	7.95
WC	15.50	2000~3000	731	3.90
VC	5.30	2090	430	4.20
ZrO_2	5.89	1200~1300	132	12.01
AlN	3.26	—	310	4.84
Si_3N_4	3.20	1500~1700	360	2.11

加入增强体颗粒后，基体的微观结构会发生变化，进而导致其性能的改变。增强体种类、尺寸、体积分数和分布方式不同，颗粒增强金属基复合材料也会拥有不同的性能。因此，通过合理的成分设计和工艺调控，将金属基体和颗粒增强体有机结合，可以获得同时具有金属基体与颗粒增强体各自优点的复合材料，颗粒增强金属基复合材料已经在航空航天、船舶和海洋工程装备等领域得到了广泛的应用(马国彬等，2019)。

5. 混杂增强体

通常情况下金属基复合材料的增强体只有一种，一般通过调节增强体的分布方式及调控增强体与基体之间的界面结合来优化复合材料性能。这种强化方式的问题是增强体在提高了复合材料强度和弹性模量的同时，往往导致材料韧性和塑性的急速下降。这一基本矛盾制约了金属基复合材料的发展，限制了其在更加广阔领域的应用。与此同时，聚合物基复合材料中混杂增强的方式因为其各种优点渐渐引起了人们的注意(吕维洁等，2014)，非连续相混杂增强金属基复合材料逐渐进入了研究人员的视野。在混杂增强金属基复合材料中，各种增强体具有不同方面的优越性能，经过设计，可以使其做到相互补充，从而在更大程度上提高金属基复合材料的综合性能。现在所研究的混杂增强金属基复合材料大多选用两种不同的增强体，比较常见的有颗粒+颗粒混杂、短纤维+晶须(短纤维)混杂、颗粒+晶须(短纤维)混杂等不同的组合方式。

混杂增强金属基复合材料性能的影响因素有很多，除了一般复合材料的影响因素之外，所选用的增强体类型、增强体混杂比、增强体混杂方式等均会对复合材料的最终性能产生较大的影响。多相混杂复合材料的性能由各个增强体展现出来的综合效果而决定，其中有些性能符合混合率的关系，但另一些性能则出现或正向(偏高)或负向(偏低)的偏差，这种偏离混合率的现象称为混杂效应。混杂增强金属基复合材料的目的就是利用混杂效应，通过设计增强体的种类、结构、分布等，充分发挥复数增强体的优势，使金属基复合材料展现出更加优良的力学性能、更低的热膨胀系数、更高的导电和导热性等等，同时还能降低原料的获取成本。

对于不同的混杂方式，其混杂机理和目的各不相同。颗粒 + 晶须(短纤维)混杂增强复合材料，添加细小的颗粒增强体能够将晶须(纤维束)分开，从而避免其相互接触，在避免纤维折断的同时有效提高其分散的均匀性，提高复合材料组织的致密性，降低受力过程中的应力集中现象，最终提高复合材料的综合性能(李剑云等，2016)。其他的混杂体系，目的则是使不同增强体的性能相互补充，如将耐磨硬质相和软质减摩相相互混杂，可以制备出既有优良的耐磨性又具有一定减摩效果的复合材料(卢德宏等，2000)。

1.3.3 按材料结构分类

金属基复合材料的性能不仅取决于基体与增强体的种类与含量，增强体在基体中的分布形式也很重要。传统金属基复合材料采用均匀分布模式，即增强体在基体中均匀分布。在关于金属基复合材料的研究中，材料的强度一直是科学家们研究的重点，然而在大多数情况下，金属基复合材料相比基体强度提高的同时，其塑性和韧性会明显下降，表现出典型的强塑性倒置关系。为了解决这个问题，研究人员通过设计材料内部的微观组织结构，对材料进行构型化设计，以求充分发挥复合材料中各组元的协调配合作用，使其在强度大幅提升的同时，塑性和韧性不再下降，甚至能够有所提高。关于复合材料构型设计的研究不断深入，不同构型的复合材料相继表现出优异的性能，如网状构型、层状构型、梯度构型等。这些构型设计的整体思路大都是在复合材料中设计出非均匀的结构，从而控制形变过程中的局部应变，促进均匀的塑性变形，提高材料的塑性和韧性(耿林等，2016)。

随着材料服役条件的日益严苛，金属基复合材料不仅要拥有高强度，对于塑性和韧性的要求也越来越高。越来越多的研究人员开始研究其他结构的金属基复合材料。近年来的实验结果表明，在介观尺度上人为调控的增强体非均匀但有序的分布更有利于发挥金属基复合材料的设计自由度，进一步发掘金属基复合材料的潜力，实现更优的性能。

1. 层状金属基复合材料

层状金属基复合材料(laminated metal composites,LMCs)是指通过复合技术使两种及以上物理、化学及力学性能不同的金属在界面上实现牢固冶金结合，从而制备出的一种复合材料(Ding et al., 2021)。复合材料中增强体分层铺叠，处于相互平行的层面，通过基体材料连接各层。图 1.12 是典型层状金属基复合材料的扫描电子显微镜(SEM)和能量色散 X 射线分析(EDX)表征(Mashhadi et al., 2017)。层状金属基复合材料的特点是各组元之间保持着相对独立性，但性能却不是组元之间的简单叠加，在保持各组分特性的同时，又能起到性能互补的作用(Fan et al., 2017)。合理选择及设计层状复合材料中的组元层，可使该材料拥有多种优异性能。这种层状结构设计建立的理论基础是能量耗散机制，能极大提高材料的能量吸收和位错存储能力(Jiang et al., 2011)。其原理是尽量减小材料的原始裂纹缺陷对力学性能的影响(Was et al., 1996)，增加裂纹偏转和分叉的次数，克服材料韧性不足导致突发性断裂的缺陷(Bloyer et al., 1996)。

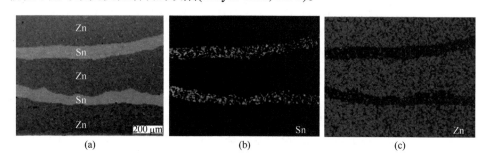

图 1.12　Zn-Sn 层状金属基复合材料的微观结构
(a) SEM 图像；(b) 图(a)中 Sn 元素分布的 EDX 结果；(c) 图(a)中 Zn 元素分布的 EDX 结果

2. 梯度复合材料

梯度金属基复合材料简称梯度复合材料(functionally graded materials,FGMs)是指在材料的制备过程中使结构组成等要素沿预先设定的梯度方向呈连续变化或梯度变化，从而使材料的性质和功能也呈连续变化或阶梯变化的一种非均质复合材料(许富民，2003)。梯度复合材料的最大特点是能够降低不同材料之间的隔阂，使内部没有明显的界面，从而缓和不同种材料热物性的差异而产生的热应力，使得两种材料达到完美的性能过渡。正是因为其性能的可控性、可设计性和可变性，可根据服役条件的不同对结构与组分进行改进以满足使用要求，梯度复合材料才拥有了巨大的应用前景。

为了满足航空先进动力等高新领域对材料性能提出的苛刻要求，日本新野正之等(1987)首次提出梯度复合材料的概念。因为航天器耐热层的特殊服役环境中，所用材料必须既能耐高温，又能承受巨大的内外温差(王扬卫等，2007)。金属材料与增强体结合时会因为热膨胀系数的巨大差异在界面处产生巨大的热应力(Tang et al., 2013)，从而使材料产生剥离、脱落等破坏或使材料耐热性降低(Liu et al., 2009)。梯度复合材料可以通过连续或逐级改变两种材料的组成和结构，达到缓解热应力的目的。时至今日，梯度复合材料的概念已不再局限于热应力缓和的领域。

梯度结构一般可分成两种：结构梯度与化学梯度(杨晓松等，2022)。图 1.13 为梯度结构材料的分类(Li et al., 2020)。结构梯度包含晶粒尺寸梯度、孪晶厚度

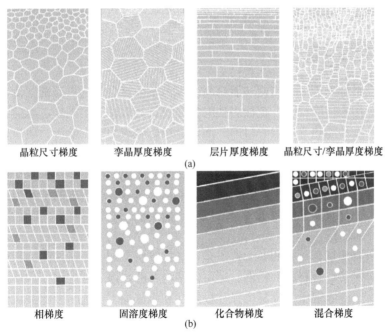

晶粒尺寸梯度　　　孪晶厚度梯度　　　层片厚度梯度　　　晶粒尺寸/孪晶厚度梯度

(a)

相梯度　　　固溶度梯度　　　化合物梯度　　　混合梯度

(b)

图 1.13　梯度结构材料的类型

(a) 结构梯度；(b) 化学梯度

梯度、层片厚度梯度、晶粒尺寸/孪晶厚度梯度；化学梯度包含相梯度、固溶度梯度、化合物梯度、混合梯度(李毅，2016)。这些结构能够有效避免成分结构变化引起的性能突变，还能使不同部位的结构相互协调，提高材料的整体性能。

3. 网状金属基复合材料

19 世纪 50 年代以来，在基体材料中追求增强体的均匀分布已成为世界范围内的普遍做法。虽然由此制备的复合材料比强度、刚度、耐磨性等性能获得了提高，但塑性却往往大幅下降。为了更好地发挥增强体的增强效果，可以使增强体在基体内形成一定的空间排布，一种典型的排布结构是三维网状骨架结构。关于网状金属基复合材料，早在1960 年就有学者(Hansen，1969)结合理论推导和实验验证证实了，网状分布的 Al_2O_3 颗粒可以更加有效地增强 Al 基体。其后，Murphy 等(1998)研究增强体分布方式对金属基复合材料性能的影响，通过控制不同的铸造参数，使增强体颗粒呈现不同的程度团聚行为。研究发现，随着增强体颗粒团聚程度的提高，金属基复合材料的塑性出现明显的下降。后续又有研究人员制备出三维网络状分布的 GR/TC4 复合材料，其强度明显提高，且塑性却并未下降(王娟，2020)。随着粉末冶金技术的发展，网状金属基复合材料的形式也越来越多。

4. 泡沫金属基复合材料

泡沫金属是一种多孔结构功能材料。作为结构材料，它具有密度低、比强度高等优点；作为功能材料，疏松多孔的特性使其具有良好的减振、散热、电磁屏蔽、阻尼、隔音隔热等优点。目前，泡沫金属已经成为航空航天、建筑补强等领域的研究热点。与传统的泡沫金属相比，泡沫金属基复合材料的性能更加优异。泡沫金属基复合材料由金属基体与空心微珠复合而成，是一类优秀的结构功能复合材料。其中增强体空心微珠大大提高了泡沫金属基复合材料的抗冲击及吸能特性，在对缓冲及减振性能要求很高的汽车、航空航天等领域拥有广泛的应用前景(Goel et al., 2015)。

泡沫金属基复合材料的一大特点是可以控制所添加空心微珠的体积分数和密度，从而自定义复合材料的密度，还可以使材料的孔隙更加均匀。另外，泡沫金属基复合材料还展现出了优异的尺寸稳定性和机械加工性能，因此被认为是抗冲击保护的理想吸收体(Mondal et al., 2017)。目前，研究最多的是泡沫铝基复合材料，大致可分为两种：一种是增强体为空心泡沫的铝基复合材料，另一种是先由铝基体形成泡沫金属，然后在其孔洞中引入吸波涂料等功能材料构成的复合材料。

1.3.4　按材料应用分类

按照金属基复合材料用途的不同，可将其分为结构金属基复合材料、功能金属基复合材料和智能金属基复合材料。

1. 结构金属基复合材料

结构金属基复合材料的设计目的是制造承力结构件，增强体组元的作用是承受载荷，金属基体组元的作用是连接增强体并传递载荷，通常以其基体命名区分。结构金属基复合材料的特点是可根据材料服役环境的不同进行组元选材设计，更重要的是还可人为设计增强体的排布方式，合理地满足需要并节约用材。

2. 功能金属基复合材料

功能金属基复合材料是指除机械性能以外还凸显其他物理性能的金属基复合材料，如导电、超导、半导、磁性、压电、阻尼、吸波、透波、摩擦、屏蔽、阻燃、防热、吸声、隔热等。功能金属基复合材料一般由基体组元和功能体组元组成，基体组元能够连接增强体，还能起到协同或加强功能的作用。功能体可由一种或以上功能材料组成。多元功能体的金属基复合材料可以具有多种功能，甚至还可能由于复合效应产生新的功能。功能金属基复合材料设计的自由度极大，应用范围极广，拥有着广阔的前景。目前，功能金属基复合材料也在逐步发展，由单一功能材料向多功能材料发展，进而向智能金属基复合材料的方向发展。

3. 智能金属基复合材料

智能金属基复合材料是20世纪90年代以来迅速发展的一种新型金属基复合材料，能够感知环境变化，对其进行分析处理及判断，并采取一定的措施进行适当响应。智能金属基复合材料将传感器、驱动器、微处理器集中于一体，使材料同时具备感知、驱动和控制这三个基本要素。由于现有的材料功能比较单一，智能金属基复合材料一般是由两种或两种以上的材料复合而成的一种智能材料系统。智能金属基复合材料由以下三个部分组成。

(1) 基体材料：基体材料主要起到承受载荷的作用，一般更偏向较为轻质的材料。有色合金是应用最为广泛的基体材料。

(2) 敏感材料：敏感材料构成智能金属基复合材料的传感器部分，主要用来感知外界环境的刺激，如温度、压力、电磁场等发生的变化，并自动将其转化为相应的电信号。这种材料有压电材料、光纤等。

(3) 驱动材料：驱动材料组成智能金属基复合材料的驱动器部分，其主要作用是在一定条件下产生较大的应变和应力，从而起到响应和控制的作用。驱动材料可根据温度、电磁场的变化引起形状、尺寸位置、阻尼等特性的变化，对外界环境有一定的自适应功能。这种材料有形状记忆合金、磁致伸缩材料等。

1.4　航空航天用金属基复合材料

1.4.1　服役环境

航空是指飞行器在地球大气层中的飞行活动，航天是指进入、探索、开发和利用太空及地球以外天体各种活动的总称。通常可以按照距离地球的高度来区分航空航天，以卡门线为界，地球大气层以外的空间称为"天"，地球表面以上的大气层空间称为"空"。具体来说，20 公里(20000m)以下为航空区域，该区域的飞行器包括飞机、飞艇、氢气球等，但一般而言多指飞机。常见的航空器有战斗机(如歼 20)、民航机、直升机、滑翔机、侦察机、轰炸机、无人机、飞艇、试验机等。距离地面 20～100 公里(20000～100000m)属于空天区域，该区域的飞行器代表有空天飞机，即航空航天飞机。空天飞机是既能航空又能航天的新型飞行器，把空间开发推向了一个新的阶段。当距离地面 100 公里(100000m)以上时，属于航天区域，航天器有卫星、飞船、航天飞机、探测机器人等，此外还有火箭作为运载卫星上天的载体，因其要进入空天及航天空间，对使用材料性能的要求很高(Tiwary et al., 2022)。

进入 21 世纪后，航空航天已经成为多国竞相发展的热门领域，其影响已经远远超出了科学技术本身，对政治、经济、军事等都产生了深远的影响。我国航空航天事业能够取得瞩目成就，与航空航天材料的发展与突破是分不开的。航空航天材料的服役环境向来恶劣，想要进一步发展航空航天科技，就要对材料的性能提出更高的要求。

1. 航空

航空领域对于材料性能的要求很高。飞机机身可分为三个区域：顶部、侧面和底部。飞行过程中的主要载荷来自顶部的拉力、两侧的剪切力和底部的压缩力。这些载荷是机翼在飞行过程中受到的载荷和机舱压力引起的机身弯曲造成的。这就要求航空航天材料要兼顾强度、弹性模量、疲劳起裂、疲劳裂纹扩展、断裂韧性等性能。

(1) 恶劣环境的影响。航空飞行器的工作条件十分复杂，以飞机为例，军用飞机对机动性的要求很高，而且军用飞机常用于海陆空立体化作战，这使得其经历的自然环境更为复杂多变，很有可能遭遇极端恶劣气候。例如，在我国沿海及附近岛屿所建造的机场，气候环境变化极大，高温、高湿度、高盐雾等都是其主要的特点。军用飞机不只会在自然环境中停放，还会面对更多的极端条件，如电磁辐射环境、工业大气环境等。在军用飞机的作战环境中，污染废气、冲击、电磁、振动等都有可能出现，当飞机同时遭遇两种及以上的极端环境时，其性能和功能的发挥会被环境严重影响，甚至会造成事故(吴敬涛，2022)；民用飞机则更重视安全性、经济性，相应地追求大推比和长寿命的发动机及飞机整体的轻量化。从人类研发飞机开始，各种飞行器结构设计的目标之一就是在满足飞行器强度、刚度、功能的同时尽量减轻其质量，所追求的是高速、轻质条件下的高承载能力。

(2) 服役温度的影响。随着飞行速度的增加，飞机气动加热效应开始产生，可使机体蒙皮的工作温度达到 1000℃以上，发动机的工作温度达到 2000℃。先进航空发动机的推重比为 12~15，涡轮前燃气温度为 1800~2100℃。此外，飞机还要承受交变温度的影响，某些服役环境下表面温度甚至会下降到-50℃，温度的大幅度交替变化会使金属构件产生脆化(李红英等，2019)。为了满足高工作温度的要求，各种新型材料，如金属间化合物、陶瓷及各种复合材料正在迅速发展。

2. 航天

航天是指飞行器在大气层外的航行活动，又称空间飞行或宇宙航行。相比飞机，航天飞行器的工作环境则更为复杂。

(1) 极端温度环境。太空中没有空气来进行传热和散热，航天器受阳光直接照射的一面温度能到 100℃以上，背阴的一面温度则可能为-200℃。且温度交变周期极其短暂，仅为 95min 左右，这种环境严重制约了载人航天技术的发展。另外，航天器起飞和返回舱降落途中，表面温度甚至可达 1000℃。

(2) 复杂的受力环境。航天器起飞和返回舱降落时，运载火箭和反推火箭的点火、熄火等动作不仅会产生剧烈的振动和噪声，而且会产生强烈的超重现象，载人航天器升空时超重达 8g，返回时甚至能达到 10g。

(3) 强辐射环境。太空中各处都分布着很强的宇宙射线辐射和太阳辐射，很多天体自带的磁场会捕获这些高能粒子，从而形成辐射性超强的辐射带。因此，航天器所使用蒙皮材料及集成电路都需要有一定的防辐射功能。

(4) 高速度。太空中存在大量高速运动的尘埃、微流星体和流星体，因为相对运行速度极快，所以拥有巨大的动能，仅仅 1mg 的微流星体甚至可以砸穿3mm 厚的铝板。另外，随着航空航天事业的发展，太空中的废弃航天飞行器也逐渐增多。虽然废弃，但它们也会继续地球飞行，长年累月，形成数量庞大的"太空垃圾"，对正在服役的航天器形成了潜在的撞击威胁。

另外，航空航天领域的很多应用场合，如卫星的仪表功能件、导弹与卫星的导航系统等均对于材料的抗机械载荷和热载荷变形能力有很高的要求(樊建中等，2012)。

1.4.2　特点

相比于传统的材料，金属基复合材料在航空航天领域有以下独特优势。

1. 可设计性

传统的材料受工作环境的影响较大。以温度为例，当温度发生波动时，传统材料会产生膨胀、收缩等应激反应，进而影响构件的性能发挥。对于金属基复合材料来说，因其由不同的材料所构成，可以在某一性能上相互补充，对温度波动的适应要优于传统材料。正是因为这种可设计性，金属基复合材料在力学、耐腐蚀、抗疲劳等各个领域的性能都要更高。使用金属基复合材料制成飞机的各个构件，便于维护和施工，对航线维护和定检维护都有很大的作用。

2. 材料与结构的同一性

经过加工后，复合材料的结构和性质仍然可以得到完整的保留，这一点对航空航天材料尤为重要。现今服役的民航客机中，在多种材料连接处容易形成腐蚀位点，从而造成较严重的腐蚀。对于复合材料来说，由于化学电位差的差异减小，腐蚀程度也会大大减轻。

3. 热膨胀系数小，尺寸稳定性好

金属基复合材料的增强体大多具有很小甚至负的热膨胀系数，当其与基体材料复合时，可使得复合材料的热膨胀系数明显下降，通过调整增强体的含量，可获得不同的热膨胀系数，满足各种服役的要求。例如，在AZ91镁合金中加入体积分数为55%的碳纤维后，复合材料的热膨胀系数下降79%(武高辉等，2008)。当温度发生变化时，这种复合材料制成的构件热变形极小，这对于卫星中的精细构件尤为重要。将不同的基体金属及增强体以一定的比例复合，便可得到导热性好、热膨胀系数小、尺寸稳定性好的金属基复合材料。

1.4.3　选择与应用

由于服役环境的特殊性及结构件受载荷的复杂性，航空航天材料的选用标准与普通机械产品的选材有很大区别，往往要更加严苛。作为结构材料，其最基本的作用就是承受载荷及传递载荷，所以必须选择强度和模量较高的材料。随着载人航天领域的急速发展，太空卫星平台也越来越大，对材料性能的要求也越来越高。

1. 全寿命周期设计原则

结构件在服役过程中要承受各种外力和载荷的作用，这就需要材料在规定的期限内不产生超过许可的变形量。早期的航空航天结构件采取静强度设计，对于塑韧性(塑性和韧性)的考虑并不多，从而导致灾难性事故的发生。为了保证航天器整体结构的安全，并在此基础上充分利用所选材料的性能，设计者用损伤容限设计原则替代了强度设计原则，并且渐渐转化为全寿命周期设计原则。全寿命周期设计原则指在航天器的设计阶段就要考虑到每一结构件的寿命历程中的所有环节，对其进行综合优化。这就对航空航天材料提出了新的要求，不仅要具有高强度、高模量，还要有一定的断裂韧性和冲击韧性、抗疲劳性等，针对不同部位选择不同的材料，并有目的地强化某方面的性能。

2. 轻量化

在保证材料性能的前提下，构件的轻量化是工业界的永恒追求。减重对提高飞行器的安全性、机动能力、射程，以及降低燃料和推进剂的消耗等有重要意义。轻量化的实现不仅能够降低成本，而且还能减少环境污染。在汽车工业中，车身质量每降低 10%，平均每公里油耗就会降低 6%～8%。战斗机的质量减轻15%，可以增加其 20%的航程，缩短 15%的滑跑距离。这一点对于发射成本尤为昂贵的卫星而言更加适用。据美国有关部门统计，将航天运载器送入空间轨道时，运载器质量每下降 1kg，发射费用将节省 2 万美元。因此，航空航天领域对于密度较小的材料情有独钟。结合以上对材料强度和模量的要求，需要尽量选用比强度和比模量更高的材料。选用高比模量的材料的意义是可以提高飞行器整体结构的稳定性，保证卫星的正常运转，防止在发射时引起过大的动态载荷并提高卫星薄壁结构的稳定性。对于运载火箭或者导弹这种短时间内一次性使用的飞行器，更要以最小的体积和质量发挥出同等的效果。图 1.14 为飞行器每减重 1kg 所取得的经济效益与飞行速率的关系图(黄亿洲等，2021)。现有研究表明，飞行器每减重 1kg 就会产生显著的经济效益，而且这种经济效益随着飞行器飞行速度的提高而显著提高。

3. 稳定性

航空航天材料服役环境恶劣，因此所选材料还需具备良好的环境稳定性。对于结构材料而言，尤其是暴露在真空条件下的外壁材料，在工作时会受到高能粒子辐射、太阳紫外辐射、原子氧、粒子云、微陨石撞击等因素的影响，但其必须能够保证性能、形状等都不发生明显的变化，从而使航天器可以持续稳定运行。

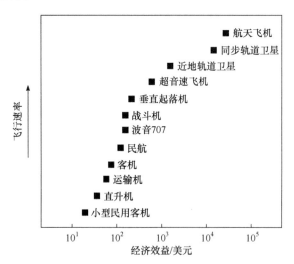

图 1.14 飞行器每减重 1kg 所取得的经济效益与飞行速率的关系

　　航空航天领域对于所用产品的安全系数、使用寿命等同样要求极高，特别是在军用、民用飞机及其零部件的生产上。20 世纪 80 年代，美国就已经在飞机上应用 SiC 颗粒强化 6061Al 复合材料，作为承放电子设备的支架来使用，这是将金属基复合材料作为航空航天材料应用的最早案例。因为服役环境特殊，传统的铝合金在动态交变载荷的作用下会发生严重变形，影响飞机的机体结构和飞行安全。这也使得以颗粒增强铝基复合材料为代表的金属基复合材料广泛应用于飞机，并作为主承载结构件使用。

参 考 文 献

巴颖, 张莉, 程靳, 等, 2014. TiB$_2$P/2024Al 复合材料高周疲劳损伤机制[J]. 哈尔滨工业大学学报, 46(3): 37-42.

曹玉鹏, 戴志强, 刘建涛, 等, 2017. 金属基复合材料研究进展及展望[J]. 铸造技术, 38(10): 2319-2322.

陈锡广, 2012. Ti(C,N)颗粒增强铁基复合材料制备工艺及性能的研究[D]. 南宁: 广西大学.

成小乐, 彭耀, 杨磊鹏, 等, 2022. 连续碳纤维增强金属基复合材料研究进展及展望[J]. 复合材料科学与工程, (10): 119-128.

樊建中, 石力开, 2012. 颗粒增强铝基复合材料研究与应用发展[J]. 宇航材料工艺, 42(1): 1-7.

方俊晓, 董应虎, 张瑞卿, 等, 2020. 制备新一代高导热金刚石/铝复合材料的研究进展[J]. 热加工工艺, 49(22): 8-11.

耿林, 范国华, 2016. 金属基复合材料的构型强韧化研究进展[J]. 中国材料进展, 35(9): 686-693.

韩雨蔷, 蔺春发, 陈长江, 等, 2018. 连续陶瓷纤维增强 Ti-Al 系金属间化合物复合材料研究进展[J]. 上海航天, 35(1): 87-96.

黄亿洲, 王志瑾, 刘格菲, 2021. 碳纤维增强复合材料在航空航天领域的应用[J]. 西安航空学院学报, 39(5): 44-51.

冀鸽, 王玉敏, 石南林, 2009. 近熔态扩散新工艺制备 SiC 纤维增强 Al 基复合材料的界面分析[J]. 材料工程, (6): 46-50.

李承宇, 王会阳, 2011. 硼纤维及其复合材料的研究及应用[J]. 塑料工业, 39(10): 1-4, 11.

李红英, 汪冰峰, 2019. 航空航天用先进材料[M]. 北京: 化学工业出版社.

李剑云, 谢敬佩, 王爱琴, 等, 2016. 非连续相混杂增强金属基复合材料的研究进展[J]. 粉末冶金工业, 26(6): 55-61.

李佩桓, 张勇, 王涛, 等, 2016. 连续 SiC 纤维增强金属基复合材料研究进展[J]. 材料工程, 44(8): 121-129.

李毅, 2016. 梯度结构金属材料研究进展[J]. 中国材料进展, 35(9): 18-25.

刘佳伟, 曹金华, 宋美惠, 等, 2021. 陶瓷颗粒增强镍基高温合金复合材料发展概述[J]. 黑龙江科学, 12(14): 14-17.

刘连涛, 孙勇, 2008. 纤维增强铝基复合材料研究进展[J]. 南方金属, (165): 1-4, 47.

刘相熠, 郑开宏, 罗铁钢, 等, 2018. 自生 TiC 铁基复合材料的三体磨料磨损性能的工艺探究[J]. 铸造技术, 39(5): 976-979.

刘兴军, 陈悦超, 卢勇, 等, 2020. 新型钴基高温合金多尺度设计的研究现状与展望[J]. 金属学报, 56(1): 1-20.

卢德宏, 顾明元, 施忠良, 等, 2000. SiC 和 Gr 颗粒混杂增强 Al 基复合材料的摩擦磨损特性的研究[J]. 复合材料学报, 17(1): 60-64.

吕维洁, 郭相龙, 王立强, 等, 2014. 原位自生非连续增强钛基复合材料的研究进展[J]. 航空材料学报, 34(4): 139-146.

马国彬, 谭建波, 2019. 颗粒增强金属基复合材料的研究现状[J]. 铸造设备与工艺, (2): 50-54.

倪红军, 黄明宇, 张福豹, 等, 2016. 工程材料[M]. 南京: 东南大学出版社.

聂双喜, 2008. 硼酸铝晶须增强铝基复合材料的制备工艺及性能研究[D]. 哈尔滨: 哈尔滨工业大学.

钱钰, 李赛, 崔功军, 等, 2021. 纳米 ZrO_2 增强 CoCrW 基复合材料的制备及高温摩擦学性能研究[J]. 润滑与密封, 46(9): 40-46.

乔健, 刘和义, 崔宏亮, 等, 2015. 连续氧化铝纤维的制备及应用[J]. 中国陶瓷, 51(8): 1-5.

石川, 雷剑波, 周圣丰, 等, 2017. 连续纤维增强金属基复合材料研究进展及其激光熔覆[J]. 激光与光电子学进展, 54(6): 30-40.

陶杰, 2007. 金属基复合材料制备新技术导论[M]. 北京: 化学工业出版社.

王春华, 2007. SiCp/Cu 复合材料电导特征的研究[D]. 郑州: 郑州大学.

王娟, 2020. 网状结构石墨烯增强钛合金基复合材料的制备与性能 [D]. 南京: 东南大学.

王秋红, 郑勇, 孙帆, 等, 2010. 碳化硅晶须的制备及其在复合材料增韧中的应用[J]. 硬质合金, 27: 49-54.

王扬卫, 王富耻, 于晓东, 等, 2007. 梯度陶瓷金属装甲复合材料研究进展[J]. 兵工学报, 28(2): 209-214.

王振兴, 李春海, 谭建波, 等, 2019. 颗粒增强钢铁基复合材料的研究现状[J]. 铸造设备与工艺, (4): 59-63.

王左银, 吴申庆, 1994. 硅酸铝纤维增强铝基复合材料的研究及应用[J]. 材料科学与工程, (1): 30-36.

吴复涛, 于延龙, 李春海, 等, 2022. 纤维增强金属基复合材料研究进展[J]. 铸造设备与工艺, (1): 52-56.

吴敬涛, 2022. 军用飞机气候环境适应性试验剖面研究[J]. 环境技术, 40(2): 29-33.

吴人洁, 2001. 金属基复合材料的发展现状与应用前景[J]. 航空制造技术, (3): 19-21, 59.

武高辉, 姜龙涛, 陈国钦, 等, 2012. 金属基复合材料界面反应控制研究进展[J]. 中国材料进展, 31(7): 51-58.

武高辉, 匡泽洋, 2020. 装备升级换代背景下金属基复合材料的发展机遇和挑战[J]. 中国工程科学, 22(2): 79-90.

武高辉, 宋美惠, 王宁, 2008. 二维碳纤维/镁基复合材料的力学和热膨胀性能[J]. 机械工程材料, (3): 69-71.

许富民, 2003. 梯度分布的 SiC 颗粒增强铝基复合材料的制备、组织和力学行为[D]. 大连: 大连理工大学.

杨超, 2017. 纳米碳化硅弥散强化镍基合金的制备及显微结构与性能研究 [D]. 上海: 中国科学院大学(上海应用物理研究所).

杨晓松, 孙田浩, 邓想涛, 等, 2022. 梯度结构钢铁材料的研究进展[J]. 材料热处理学报, 43(1): 1-9.

杨玄依, 陈彩英, 杜金航, 等, 2021. 石墨烯增强金属基复合材料研究进展[J]. 稀有金属材料与工程, 50(9): 3408-3416.

尹洪峰, 魏剑, 2022. 复合材料[M]. 2 版. 北京: 冶金工业出版社.

于琨, 李成功, 1989. 金属基复合材料的现状与发展[J]. 材料科学与工程, (1): 6-12.

曾从远, 2016. 电子封装用铝基金刚石复合材料的制备及性能研究[D]. 南京: 东南大学.

张荻, 张国定, 李志强, 2010. 金属基复合材料的现状与发展趋势[J]. 中国材料进展, 29(4): 1-7.

张琪, 王全兆, 肖伯律, 等, 2012. 粉末冶金制备 SiC$_p$/2009Al 复合材料的相组成和元素分布[J]. 金属学报, 48(2): 135-141.

赵浩峰, 韩世平, 1999. 特种铸造技术在金属基复合材料制造中的应用及发展[J]. 材料工程, (2): 30-34.

新野正之, 平井敏雄, 渡边龙三, 1987. 倾斜机能材料——宇宙机用超耐热材料を目指して[J]. 日本复合材料学会志, 6: 257.

ANANDARAJ T, SETHUSUNDARAM P P, CHANAKYAN C, et al., 2021. Influence of different reinforcements on properties of metal matrix composites: A review[J]. Materials Today: Proceedings, 37: 3480-3484.

AOKI K, IZUMI O, 1979. Improvement in room temperature ductility of the L12 type intermetallic compound Ni$_3$Al by boron addition[J]. Journal of the Japan Institute of Metals and Materials, 43(12): 1190-1196.

BLOYER D R, RAO K T V, RITCHIE R O, 1996. Resistance-curve toughening in ductile/brittle layered structures: Behavior in Nb/Nb$_3$Al laminates[J]. Materials Science and Engineering: A, 216(1): 80-90.

BOWMAN R, NOEBE R M, 1989. A promising interme-tallic matrix composites[J]. Advanced Materials and Processes, 163(2): 47.

BRENDEL A, POPESCU C, LEYENS C, et al., 2004. SiC-fibre reinforced copper as heat sink material for fusion applications[J]. Journal of Nuclear Materials, 329-333: 804-808.

BRENDEL A, POPESCU C, SCHURMANN H, et al., 2005. Interface modification of SiC-fibre/copper matrix composites by applying a titanium interlayer[J]. Surface and Coatings Technology, 200(1): 161-164.

CHAO X, QI L, MA W, et al., 2022. Monte Carlo based strategy to simulate the microstructure evolution of the short-fiber reinforced metal matrix composites[J]. Materials Today Communications, 33: 104275.

DING H, CUI X, GAO N, et al., 2021. Fabrication of (TiB/Ti)-TiAl composites with a controlled laminated architecture and enhanced mechanical properties [J]. Journal of Materials Science & Technology, 62: 221-233.

FAN M, GUO X, CUI S, et al., 2017. One-step explosive bonding preparation of titanium/aluminum/ titanium laminates with three layers[J].Rare Metal Materials and Engineering, 46: 770-776.

GOEL M D, MATSAGAR V A, GUPTA A K, 2015. Blast resistance of stiffened sandwich panels with aluminum cenosphere syntactic foam[J]. International Journal of Impact Engineering, 77: 134-146.

HANSEN N, 1969. Strengthening of aluminium by a three-dimensional network of aluminium-oxide particles[J]. ACTA METALLURGICA, 17(5): 637-642.

HOSSEINZADEH A Y, 2018. High temperature characteristics of Al2024/SiC metal matrix composite fabricated by friction stir processing[J]. Materials Science & Engineering, A, 731: 487-494.

JIANG L, LI Z, FAN G, et al., 2011. A flake powder metallurgy approach to Al$_2$O$_3$/Al biomimetic nanolaminated composites with enhanced ductility[J]. Scripta Materialia, 65(5): 412-415.

KAN W H, PROUST G, BHATIA V, et al., 2019. Slurry erosion, sliding wear and corrosion behavior of martensitic stainless steel composites reinforced in-situ with NbC particles[J]. Wear, 420-421: 149-162.

LI X, LU L, LI J, et al., 2020.Mechanical properties and deformation mechanisms of gradient nanostructured metals and alloys[J]. Nature Reviews Materials, 5:706-723.

LIU J, CAO X, WANG Z, 2009. Love waves in a smart functionally graded piezoelectric composite structure[J]. Acta Mechanica, 208: 63-80.

MASHHADI A, ATRIAN A, GHALANDARI L, 2017. Mechanical and microstructural investigation of Zn/Sn multilayered composites fabricated by accumulative roll bonding (arb) process[J]. Journal of Alloys and Compounds, 727:1314-1323.

MAURYA P, KOTA N, GIBMEIER J, et al., 2022. Review on study of internal load transfer in metal matrix composites using diffraction techniques[J]. Materials Science and Engineering: A, 840: 142973.

MONDAL D, GOEL M, UPADHYAY V, et al., 2017. Comparative study on microstructural characteristics and compression deformation behaviour of alumina and cenosphere reinforced aluminum syntactic foam made through stir casting technique[J]. Transactions of the Indian Institute of Metals, 71: 567-577.

MUÑOZ-MORRIS M A, CALDERÓN N, GUTIERREZ-URRUTIA I, et al., 2006. Matrix grain refinement in Al-TiAl composites by severe plastic deformation: Influence of particle size and processing route[J]. Materials Science and Engineering: A, 425(1): 131-137.

MURPHY A M, HOWARD S J, CLYNE T W, 1998. Characterisation of severity of particle clustering and its effect on fracture of particulate MMCs[J]. Materials Science and Technology, 14(9-10): 959-968.

PEREZ-BRAVO M, MADARIAGA I, OSTOLAZA K, et al., 2005. Microstructural refinement of a TiAl alloy by a two step heat treatment[J]. Scripta Materialia, 53(10): 1141-1146.

RAGHAVENDRA R, ADHARAPURAPU, KENNETH S, et al., 2005. Fracture of Ti-Al₃Ti metal-intermetallic laminate composites: Effects of lamination on resistance-curve behavior[J]. Metallurgical and Materials Transactions, A. Physical Metallurgy and Materials Science JF, 36A(11): 3217-3236.

RHEE H W, SINGH P K, SACHDEVA A, 2022. Composite Materials: Properties, Characterisation, and Applications[M]. Boca Raton: CRC Press.

TANG J, DU A, XU W, et al., 2013. Fabrication and characterization of composition-gradient CuO/SiO_2 composite aerogel[J]. Journal of Sol-Gel Science and Technology, 68: 102-109.

TIWARY A, KUMAR R, CHOHAN J S, 2022. A review on characteristics of composite and advanced materials used for aerospace applications [J]. Materials Today: Proceedings, 51: 865-870.

WANG J, QIAN J, ZHANG X, et al., 2011. Research status and progress of NiAl based alloys as high temperature structural materials[J]. Rare Metals, 30(S1): 422-426.

WAS G S, FOECKE T, 1996. Deformation and fracture in microlaminates[J]. Thin Films, 286(1): 1-31.

ZHANG W, YANG Y Q, ZHAO G M, et al., 2013. Investigation of interfacial reaction in SiC fiber reinforced Ti-43Al-9V composites[J]. Intermetallics, 33: 54-59.

第 2 章　航空航天用铝基复合材料

以铝及其合金作为基体的铝基复合材料(aluminum matrix composites, AMCs)不仅继承了铝合金选择范围广、易于加工制备及可热处理性能好等优点，同时利用了不同类型增强体的优势，具有良好的力学、物理及化学等性能。高性能的轻质高强铝基复合材料的出现，为满足航空航天领域的应用需求提供了新途径，逐渐替代传统铝合金及其他基体类型的复合材料。为贯彻落实国家"十三五"规划纲要，工业和信息化部、发展改革委、科技部、财政部联合制定了《新材料产业发展指南》，明确指出"突破重点应用领域急需的新材料"。铝基复合材料作为铝合金在航天航空领域中的突破方向，具有广阔的应用前景。因此，发展高性能铝基复合材料刻不容缓。本章将对已经发展的铝基复合材料的分类、性能、制备方法和典型材料等方面进行介绍。

2.1　常 见 分 类

根据增强体的不同，铝基复合材料可以分为纤维增强铝基复合材料、颗粒增强铝基复合材料、晶须增强铝基复合材料及新型铝基复合材料等，如图 2.1 所示。

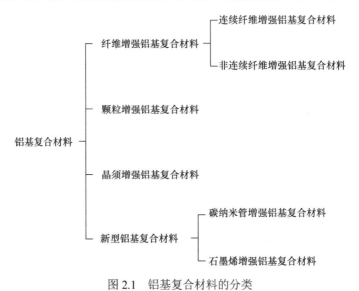

图 2.1　铝基复合材料的分类

纤维增强铝基复合材料具有比强度高、比模量高、尺寸稳定性好等一系列优异性能，主要应用于航天领域，作为航天飞机、人造卫星、空间站等的结构材料。纤维增强铝基复合材料根据增强体尺寸可分为连续纤维增强铝基复合材料和非连续纤维增强铝基复合材料，其中连续纤维的长度可以贯穿整个金属基体，而非连续纤维的长度一般为数毫米。连续纤维增强铝基复合材料具有明显的各向异性，非连续纤维增强铝基复合材料中的纤维在基体内取向随机分布，表现出各向同性。颗粒增强铝基复合材料按照颗粒尺寸可以分为微米颗粒增强复合材料和纳米颗粒增强复合材料，其中纳米颗粒增强大多数表现出更加优异的性能。新型铝基复合材料主要包括一维的碳纳米管增强铝基复合材料和二维的石墨烯增强铝基复合材料。

2.1.1　纤维增强铝基复合材料

1. 连续纤维增强铝基复合材料

连续纤维增强铝基复合材料在材料高温力学性能要求高的零部件中得到广泛应用。在连续纤维增强铝基复合材料中，连续纤维的本征性能对复合材料的性能至关重要。在铝基复合材料中常使用的连续纤维增强体主要包括硼纤维、碳纤维、硅纤维和氧化铝纤维等。图 2.2 为典型的长碳纤维增强铝基复合材料的微观组织(张云鹤等，2007)。

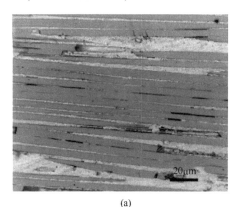 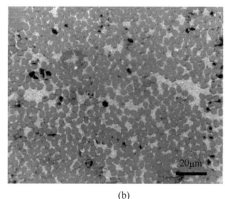

(a)　　　　　　　　　　　　　　　　(b)

图 2.2　长碳纤维增强铝基复合材料的微观组织
(a)平行于纤维；(b)垂直于纤维

由于硼纤维性能较好，且其纤维较粗，制备较为容易，硼纤维增强铝基复合材料是最先研制成功并且得到应用的纤维增强铝基复合材料。硼纤维增强铝基复合材料具备密度低、比强度和比模量高、尺寸稳定性好、抗疲劳性优异等诸多优势，并且在高温环境下服役性能的优越性尤为突出，最高服役温度可达 310℃。

由于硼纤维原料及制备工艺成本较高，21 世纪前主要应用在航天飞机主舱框架承立柱、发动机叶片、火箭等部件，可减轻 20%～60%的质量。此外，由于其热膨胀系数与半导体芯片接近，可作为多层半导体芯片的散热板使用(吴人洁，2000)。

碳纤维增强铝基复合材料除了具备硼纤维铝基复合材料的特点以外，还具备高耐磨性、高导热导电等特性(刘晨曦等，2021)，在航空航天和先进武器装备领域展现出巨大潜力。碳纤维的极限抗拉强度达到 8000MPa，延伸率达到 2%，模量从 230GPa 提高到 300GPa (Hiramatsu et al., 1989)，碳纤维本征性能的提高促使复合材料的性能得到进一步的提升。早在 1991 年，国内学者提出采用压力浸渗法制备连续碳纤维增强铝基复合材料，其极限抗拉强度达到 800MPa，并且提出纤维表面镀层的新思路(李华伦等，1991a，1991b)。通过该镀层思路解决了碳纤维与铝基体不润湿、不利于良好界面的问题，同时避免了高温熔体渗入过程中 Al/C 之间极易反应生成 Al_4C_3 的问题。碳纤维镀层包括金属镀层和陶瓷镀层，常用的金属镀层元素有 Cu、Ni、Ag 等，常用的陶瓷镀层有 Ti-B 镀层等。研究表明，金属镀层有助于提高界面的润湿性，陶瓷镀层有助于保护碳纤维，阻挡 Al/C 反应(郑莹莹，2022)。

碳化硅纤维(SiC_f)是一种多晶陶瓷纤维，具备耐高温、耐腐蚀、抗氧化等特性，且具备优良的力学性能，被称为 21 世纪航空航天及高技术领域应用的新材料(冯春祥等，1999)。美国军方也发展了多种碳化硅纤维增强铝基复合材料的零部件，如航空航天飞机用 Z 型材和整体壁板、战术火箭翼片、轻型便桥的下桁架和桁架中柱及榴弹炮工字梁等(于琨，1992)。制备 SiC_f/Al 复合材料最成熟的方法有热模铸法和固态扩散法等(朱祖铭等，1996)。

2. 非连续纤维增强铝基复合材料

非连续纤维增强铝基复合材料相比连续纤维增强复合材料具备生产成本低的突出优势，并且性能基本相似，同时非连续纤维增强复合材料的结构解决了连续纤维铝基复合材料带来的各向异性等问题，故更易于推广应用。铝基复合材料中常用的非连续短纤维主要包括碳纤维、氧化铝纤维、硅纤维等。图 2.3 为氧化锆硅酸铝短纤维增强铝基复合材料的微观金相组织(Manu et al., 2016)。短纤维比表面积较大，长径比大，制备过程中趋于团聚，同时短纤维相互摩擦会产生静电吸附力，在这些力的综合作用下短纤维难以分散(刘晨曦等，2021)。

为解决短碳纤维难分散的问题，可使用复合熔铸法。该方法只要保证预制体中碳纤维分散均匀即可(范瑞龙等，2016)。此外，液态搅拌法和压力浸渗法也常用于短碳纤维增强铝基复合材料的制备 (邓高生等，2016)。对于短纤维增强铝基复合材料，界面润湿性、短纤维分布方式和均匀程度是成形过程中的难题，这些问题会导致材料内部产生裂纹等缺陷，降低材料的利用率与服役寿命。同时，为降低材料成本，提高综合性能，并且保证材料的稳定性，还需要不断探寻和优化新的制备工艺。

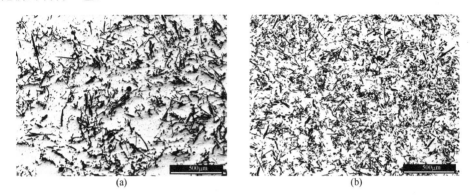

(a)　　　　　　　　　　　　　　　　　(b)

图 2.3　氧化锆硅酸铝短纤维增强铝基复合材料的微观金相组织
(a)15%体积分数；(b)20%体积分数

2.1.2　颗粒增强铝基复合材料

颗粒增强铝基复合材料具有高比强度、高比模量、低密度及良好的耐高温性能，并且兼有耐磨损、耐疲劳、低热膨胀系数及导热性良好等性质，与其他碳纤维、纳米碳等铝基复合材料相比，具备制备工艺相对简单、成本较低等诸多优势，颗粒增强铝基复合材料被誉为 21 世纪最具有发展前景的先进航空材料之一。20 世纪 80 年代起，国外投入大量资金致力于研究颗粒增强铝基复合材料，并用于制造卫星及航天用结构材料、飞机零部件、金属镜光学系统、汽车零部件，此外还可以用来制造微波电路插件、惯性导航系统的精密零件、涡轮增压推进器、电子封装器件等；国内在"863 计划"支持下，取得显著成果。进入21 世纪后，颗粒增强铝基复合材料大部分制备方法已经十分成熟，其中比较典型的制备方法有搅拌铸造法、熔体浸渗法、粉末冶金法、原位自生法、搅拌摩擦焊法等。相比于纤维增强铝基复合材料，颗粒增强铝基复合材料虽然强度上略微逊色，但工艺成本较低，容易实现工业化大规模生产，并且解决了微观组织不均匀、纤维损伤及纤维之间接触反应大等诸多问题，故颗粒增强铝基复合材料的应用价值很高。实际应用中常用的增强颗粒主要包括 SiC、TiC、Al_2O_3、SiO_2、B_4C、Si_3N_4、石墨等。图 2.4 为不同体积分数 SiC 颗粒增强铝基复合材料的显微组织形貌(Song, 2009)。

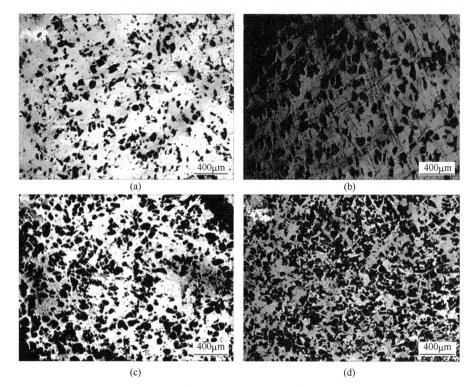

图 2.4　不同体积分数 SiC 颗粒增强铝基复合材料的显微组织
(a) 8%；(b) 12%；(c) 16%；(d) 20%

　　作为颗粒增强铝基复合材料的代表，SiC$_p$ 增强铝基复合材料虽然在机械性能方面，尤其是强度方面难以与连续纤维增强复合材料相比，但在成本方面有着尤为突出的优势，并且相比之下其制备难度小、制备工艺灵活、易于实现批量生产，因此在飞机发动机、空间飞行器等领域得到了广泛应用(董翠鸽等，2021)。

　　颗粒尺寸对复合材料的性能同样具有重要影响。颗粒尺寸较大时，虽然可以有效提高复合材料的强度，但严重恶化了复合材料塑韧性；颗粒尺寸减小时，材料的强度增加。颗粒尺寸进一步细化到纳米级别时，复合材料可以在提高强度的同时不损失塑性(Ostovan et al., 2019; Zhang et al., 2017; Zhou et al., 2015)，特别在添加少量纳米颗粒时，复合材料的强度可与添加较高含量微米尺寸颗粒的复合材料强度相当。由于纳米颗粒增强体比表面积大、界面间作用力强，在铝基体中难以实现良好的分散效果，从而限制了其在复合材料中的添加量，总体来说纳米颗粒增强复合材料中纳米增强体的体积分数一般较小。

　　图 2.5 为采用搅拌熔铸法制备的纳米 TiC 颗粒增强 Al-Cu 复合材料的金相组织，铸件凝固过程产生的树枝状组织清晰可见。Al-Cu 合金中的微观结构由尺寸不均匀的粗 α-Al 晶粒和晶界处的 Al$_2$Cu 相组成；在复合材料中，α-Al 枝晶的平

均尺寸随着纳米 TiC 颗粒的加入而减小。表 2.1 为该复合材料在不同纳米 TiC 质量分数下的力学性能,在 TiC 质量分数为 0.5%时,复合材料的极限抗拉强度和延伸率得到了显著提高,但随着 TiC 质量分数进一步提高,复合材料的延伸率严重恶化。进一步分析表明,纳米 TiC 铝基复合材料强塑性提高的机制归因于组织细化,纳米 TiC 颗粒的引入在凝固过程中充当了 α-Al 的异质形核位点,细化了 α-Al 相,同时在更细小的 α-Al 相中析出了细小弥散的 θ' 相,在晶内弥散分布的纳米 TiC 和 θ' 析出相的共同作用下,提高复合材料强度的同时提高了复合材料的延伸率(Zhou et al., 2015)。此外,采用半固态搅拌结合热挤压的方法制备纳米 SiC_p 增强 2014 铝基复合材料,研究发现加入仅 0.5%(质量分数)的 SiC_p,即可使复合材料的极限抗拉强度在不损失延伸率的情况下得到显著提高(Zhang et al., 2017)。

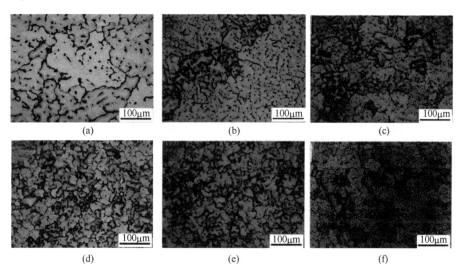

图 2.5　不同质量分数纳米 TiC 颗粒增强 Al-Cu 复合材料的金相组织
(a) 0%;　(b) 0.1%;　(c) 0.3%;　(d) 0.5%;　(e) 0.7%;　(f) 1.0%

表 2.1　不同纳米 TiC 质量分数下复合材料的极限抗拉强度和延伸率

TiC 的质量分数/%	极限抗拉强度 /MPa	延伸率 /%
0	485	6.6
0.1	509	10.7
0.3	522	10.9
0.5	540	19.0
0.7	546	16.2
1.0	552	12.8

2.1.3　微纳米混合增强铝基复合材料

高体积分数纳米颗粒增强铝基复合材料制备比较困难，故纳米颗粒对复合材料的强化效果难以充分体现，极大程度上限制了铝基复合材料在航空航天领域的深入应用，难以满足科技发展对铝基复合材料的应用需求(宋亚虎等，2021)。为解决这一瓶颈问题，微纳米混合增强铝基复合材料 21 世纪以来逐渐进入研究浪潮。2015 年，有研究通过半固态搅拌结合热挤压技术制备了微纳米混杂双峰 SiC_p 增强 2014 铝基复合材料，其透射电子显微镜(TEM)表征见图 2.6。相比于单尺寸增强体强化的复合材料，微纳米混杂双峰强化的复合材料既可以显著细化基体组织，又在基本不损失延伸率的条件下使屈服强度和极限抗拉强度均得到了显著提高(Zhang et al., 2015)。2018 年，吉林大学研究团队(Tian et al., 2018)指出，微纳双峰尺寸的 TiC_p 增强 Al-Cu 合金复合材料的力学性能与 Al-Cu 基体合金和单峰增强的复合材料相比，具有更高的室温和高温抗拉强度及较高的延展性。2020 年，华南理工大学研究团队(Xie et al., 2020)采用高能球磨的办法制备了不同尺寸的非晶颗粒增强体，与 7075 铝合金粉末混合后制备了微纳米混合增强铝基复合材料，显著提高了 7075 铝合金的抗拉强度。微纳米混合增强铝基复合材料强化机制主要包含两方面，一是微米尺寸增强体提供的载荷转移强化，二是纳米颗粒增强体提供的晶粒细化和奥罗万强化，两种机制相互耦合达到了更优的强化效果。

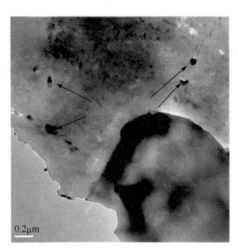

0.2μm

图 2.6　微纳米混杂双峰 SiC_p 增强 2014 铝基复合材料 TEM 表征

除颗粒体积分数、粒径以外，颗粒形状对复合材料的力学性能也有显著影响。增强体颗粒的尖锐化会导致基体内出现严重的应变集中，进而使复合材料塑韧性降低(秦蜀懿等，2000，1998)。此外，有限单元法模拟研究发现，相比于增强体颗粒尺寸和体积分数而言，颗粒角度对复合材料的应力及应变更为敏感，在颗粒尖角附近存在严重的应力集中现象。在较小的外力作用下，小角度颗粒的应力很大，远大于自身强度，将降低复合材料的韧性，随着颗粒角度增大，应力应变集中程度降低，材料的综合性能提高。研究指出，球形颗粒对材料的增强效果欠佳，在制备颗粒增强复合材料时应将颗粒钝化处理，保留颗粒一定的角度有助于提高复合材料的综合力学性能(徐尊平等，2009；强华等，2008)。

2.1.4　晶须增强铝基复合材料

晶须是指以单晶形式生长，形状类似于短纤维，而尺寸远小于短纤维的须状单晶。单晶形式的生长方式使其原子排列高度有序，以至于颗粒界面、孔洞、位错等较大缺陷在晶须中难以容纳，故接近理想晶体，晶须的强度接近材料原子间键合的理论强度，远超其他增强体。相比于颗粒和纤维增强体，晶须增强体能更有效地增强铝基复合材料。除了上述增强体本征强度高以外，晶须尺寸小促进了基体晶粒进一步细化，促使材料强度进一步提高。此外，由于晶须具有一定的长径比，能更有效地发挥晶须增强体的载荷传递效应，同时晶须本身的弹性模量高，晶须增强铝基复合材料的性能更加优异(金培鹏等，2013)，图 2.7 为不同体积分数下硼酸铝晶须增强铝基复合材料的金相组织(Gao et al., 2016)。

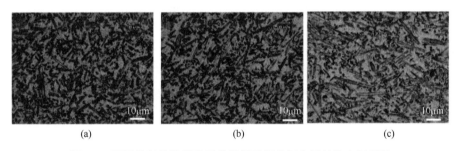

图 2.7　不同体积分数硼酸铝晶须增强铝基复合材料的金相组织
(a)25%；(b)20%；(c)15%

对于晶须增强铝基复合材料，常用的增强体晶须主要包括 $Al_{18}B_4O_{33w}$(硼酸铝晶须)、$Mg_2B_2O_{5w}$(硼酸镁晶须)、SiC_w、Al_2O_{3w} 等。其中，$Al_{18}B_4O_{33w}$ 增强复合材料由于极易发生界面反应生成脆性组织 $MgAl_2O_4$，同时对晶须自身产生较大影响，不利于商业生产；$Mg_2B_2O_{5w}$ 一方面成本低廉，另一方面与铝基体无界面反应发生，同时其热膨胀系数接近铝合金的热膨胀系数，能有效避免应力集中导致复合材料的低应力脆断。综合考虑，$Mg_2B_2O_{5w}$ 增强复合材料具备独特优势；SiC_w/Al 复合材料的性能更加突出，主要集中在同时具备高比强度、高比模量、高硬度、良好的耐磨性、良好的热稳定性和高疲劳强度等优异性能，而且 SiC_w 良好的结构使得复合材料的热稳定性和尺寸稳定性远优于基体，已广泛应用于航空航天、汽车等工业领域(Zhang et al., 2019b)。早在 20 世纪 60 年代美国就开始生产 SiC_w，并开始制造其复合材料，但由于这一时期 SiC_w 生产成本较高，对于 SiC_w 增强铝基复合材料研究十分有限，仅用于军事领域(姚忠凯等，1989)。随着生产工艺不断改进，工艺成本不断降低，SiC_w 增强铝基复合材料得到了广泛研究，并且在许多领域得到广泛应用。

晶须增强铝基复合材料制备的关键在于晶须的完整性、晶须在基体中分布的均匀性及晶须与铝基体的界面结合特性。制备铝基复合材料的方法有很多(Imran et al., 2019)，但适用于晶须增强铝基复合材料的方法主要是铸造法和粉末冶金法。对于 SiC_w 增强铝基复合材料，其主要应用的是压力浸渗法，又称挤压铸造法，其工艺主要分为两部分，一是 SiC_w 预制体的制造；二是在挤压作用下，铝合金液体浸渗入预制件中(焦成革等，1990)，具体参数将在后续章节阐述。哈尔滨工业大学研究人员通过挤压铸造法制备了 Cr_2O_3 包覆的硼酸铝晶须增强的 2024 铝合金复合材料(Yue et al., 2012)，研究了 Cr_2O_3 在硼酸铝晶须上的包覆过程及包覆量对复合材料拉伸性能的影响，发现 Cr_2O_3 均匀地涂覆在硼酸铝晶须表面可以有效地阻止硼酸铝晶须与镁元素的界面反应；另外，随着涂层包覆量增加，复合材料的极限抗拉强度和延伸率呈现先上升再下降的趋势。该团队进一步研究了纳米 $ZnAl_2O_4$ 涂层对 $Al_{18}B_4O_{33w}$ 增强铝基复合材料的影响，研究认为该纳米涂层提高了复合材料高温下的极限抗拉强度(Yue et al., 2008)。2010 年，上海交通大学研究团队同样采用了挤压铸造工艺，成功制备了 SiC_w 增强体的体积分数约为 10% 的复合材料，先将 SiC_w 制成预制件，随后通过挤压铸造法将 6061Al 基体合金渗入，之后将复合材料在 450℃以一定的挤压比进行热挤压，所制备的纤维增强复合材料具备优良的力学特性(卞凯，2010)。

对于 SiC_w 增强 2024 铝合金复合材料，SiC_w 可以有效阻止磨损裂纹的扩展，有效提高复合材料的耐磨性(Iwai et al., 1995)。此外，热挤压对 SiC_w 增强 2124 铝合金复合材料的力学性能和显微组织也存在明显影响，研究发现热挤压可以使 SiC_w 的取向沿挤压方向发生偏转，随着挤压比从 10：1 增加到 25：1，$SiC_w/2124Al$ 复合材料的晶须沿挤压方向的排列性增大，晶须长径比减小，在挤压比为 15：1 时复合材料的抗拉强度最高(Hong et al., 1996)。2019 年，江苏大学研究团队研究了 SiC_w 体积分数对铝基复合材料组织性能的影响(Zhang et al., 2019b)，成形工艺为湿磨 SiC_w、混合湿磨 SiC_w 和合金粉、球磨混合粉、热等静压(HIP)、热压及固溶时效处理，发现随着 HIP、热压 SiC_w/Al 复合材料中 SiC_w 含量的增加，复合材料中颗粒的流动性增加，SiC_w 的团聚和孔隙率导致界面结合力减弱，这将极大程度上削弱复合材料的性能，最终研究发现，2.5%体积分数 SiC_w 的复合材料性能最优。除 SiC_w 之外，Al_2O_{3w} 增强铝合金复合材料也具有良好的性能，研究发现 Al_2O_{3w}/Al 复合材料相比于原始合金的室温和高温力学性能得到了显著提高(Corrochano et al., 2008)。

晶须作为一种新型的增强材料，由于高强度、耐磨、耐热、绝缘、防腐、导电、吸波、减振等众多特殊性能，在金属基复合材料中得到了广泛应用，并且取得许多优异的力学性能。进入 21 世纪，研究人员在晶须增强铝基复合材料的力学性能、腐蚀行为等方面进行了大量的研究，但晶须增强机理、制备工艺和结构特性有待进一步的研究。进一步提高晶须增强铝基复合材料的综合性能，降低生产成本，加快其产业化进程是未来的研究方向。

2.1.5　新型铝基复合材料

随着具有优异热、电、化学、力学性能的新型纳米碳材料(C_{60}、碳纳米管、石墨烯等)相继被发现或合成，国内外学界逐渐掀起纳米碳材料的合成、性能及应用研究的浪潮。由于铝及铝合金轻量化的特性，纳米碳/铝复合材料逐渐受到研究人员的关注，并认为该复合材料在航空航天领域具有独特的发展潜力。本小节将针对一维碳纳米管增强铝基复合材料和二维石墨烯增强铝基复合材料进行介绍。

1. 碳纳米管增强铝基复合材料

碳纳米管(carbon nanotubes, CNTs)由于具有超高强度(约 30GPa)、超高弹性模量(约 1TPa)、高导热系数[约 6600W/(m·K)]、超低热膨胀系数等优异性能(Mohammed et al., 2020)，在聚合物基复合材料中成功应用(Coleman et al., 2006)，引起人们将 CNTs 作为金属基复合材料(MMC)增强体的重视。1998 年，CNTs 增强铝基复合材料第一篇论文报道后(Kuzumaki et al., 1998)，研究人员对 CNTs 增强铝基复合材料进行了深入研究。由于 CNTs 具有长径比大、尺寸极小、难以分散、与 Al 的润湿性差(Mohammed et al., 2020)等诸多问题，CNTs 在 Al 基体中的均匀分散、有效的界面结合及规模化的制备工艺成为其发展二十多年的关键性问题。典型的 CNTs/Al 复合材料 TEM 照片如图 2.8 所示(Xu et al., 2017)，一维 CNTs 均匀分散在基体内，铝基复合材料中 CNTs 的分散方法主要包括物理分散法、化学分散法及物化混合分散法。

2. 石墨烯增强铝基复合材料

2004 年，英国 Geim 和 Novoselov 等采用机械剥离法制备出单层石墨烯(GNs)以来，人们对其性质进行了广泛的研究。石墨烯是具有单层原子层厚的二维晶体，其电、热、光和机械性能优异，是已知材料中最薄的材料，其强度和弹性模量分别可达 125GPa 和 1.1TPa，其优异性能引起了国内外学者的高度重视，于是开始尝试将石墨烯作为增强体制备石墨烯增强铝基复合材料，并探索了多种石墨烯合成方法，包括电化学和化学方法等。

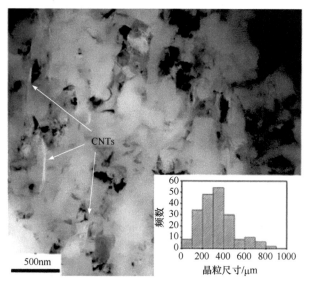

图 2.8　CNTs/Al 基复合材料 TEM 照片

Lee 等(2008)在 2008 年发表了第一篇关于石墨烯增强铝基复合材料的论文，2011 年，Bartolucci 等(2011)开展了关于石墨烯增强铝基复合材料的实验研究。图 2.9 展示了石墨烯和石墨烯增强铝基复合材料研究历史事件的时间轴。近年

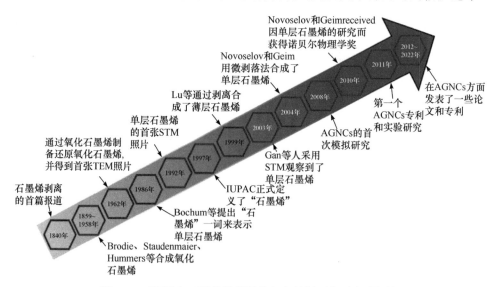

图 2.9　石墨烯和石墨烯增强铝基复合材料研究历史时间轴

STM-扫描隧道显微镜；AGNCs-石墨烯增强 Al 基复合材料；IUPAC-国际纯粹与应用化学联合会

来，由于在航空航天和汽车工业中的多功能特性，石墨烯增强铝基复合材料获得了更多的关注。图 2.10 显示了石墨烯增强铝基复合材料全球研究论文数量的趋势(Kumar et al., 2022)，可见 2014 年以后，关于石墨烯铝基复合材料的研究论文数量有了巨大的增长，预计在未来几年还将继续增长。

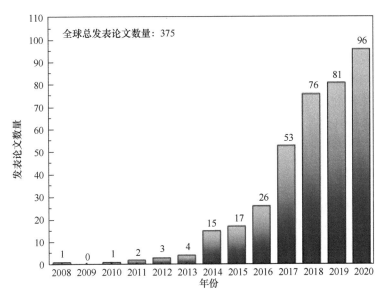

图 2.10　石墨烯增强铝基复合材料研究论文的发表趋势

同碳纳米管增强铝基复合材料一样，石墨烯增强铝基复合材料存在增强体易团聚、制备过程中石墨烯结构损伤及反应严重等问题。2015 年，中国航发北京航空材料研究院指出当石墨烯纳米纤维质量分数超过 0.5%时，出现严重团聚现象，这些团聚的区域很容易形成裂纹，从而降低了复合材料的力学性能(Li et al., 2015)。此外，通过使用超声将 0.25%(质量分数)、0.5%(质量分数)和 1%(质量分数)石墨烯分散到铝基体中，观察到 1%(质量分数)石墨烯在铝基体中出现了团聚现象，从而严重恶化了复合材料的抗拉强度(Bhadauria et al., 2018)。因此，要充分利用石墨烯在铝基体中的优越性能，必须解决团聚问题。

21 世纪以来，研究学者在一维和二维纳米碳增强铝基复合材料领域均取得了优异的成绩，为人们在突破传统铝及铝合金研究道路上打开了新的一扇窗，但相比于其他基体复合材料，铝基复合材料的发展仍任重道远。界面作用机制、复合构型设计、低成本产业化制备、多相成分下材料的强韧化机理等方面有待研究人员展开进一步探索。

2.2　性　　能

铝基复合材料的性能受制于基体合金和增强体的特性、含量、分布等。相比于基体合金，铝基复合材料展现出了更优异的特性。例如，低密度和良好的尺寸稳定性。随着增强体的加入，材料的强度和模量进一步提升，而塑性却相应减小。相较于基础金属，铝基复合材料的疲劳强度通常更高，这与其增强体的刚度和强度有关。然而，疲劳韧性却有所下滑。另外，基体与增强体间的热失配是任何复合材料中不能避免的现象，对材料强度的提升起到了一定的推动作用。本节主要将围绕铝基复合材料的物理性能、化学性能、力学性能和摩擦性能作详细介绍。

2.2.1　物理性能

在物理性能方面，铝基复合材料具有出色的电学性能、热学性能，在导线、半导体、电子封装等领域得到一定的应用，是未来航空航天工业及先进武器系统中不可或缺的优质轻金属导电、导热复合材料。

1. 电学性能

在导电材料方面，研究者们都致力于提高输电导线的传输效率和性能，以此降低导线使用过程中过度升高的温度。导线温度过高会导致一次或多次蠕变损伤、疲劳应力或老化等问题，这些问题大多可以通过研发高性能导线材料得到很好地解决。例如，良好的导线材料需要承受瞬间高温，能够快速传导电、火灾等自然条件下产生的过多热量。即使是在炎热的夏季或旱季，导线材料的热膨胀程度也不能太高，以免引起输电线路的损坏。众所周知，铜具有优良的导电性，但为什么铜并不是架空输电导线的首选材料？这是因为其密度高、成本高、无钝化氧化物及易受腐蚀。然而，由于铝及铝合金缺乏足够的强度、抗蠕变性能、抗疲劳性和热稳定性来改善输电线路所面临的挑战，铝基复合材料逐渐得到了深入的研究。

碳纳米管和石墨烯优异的热、电、机械等性能使其成为铝基复合材料中优异的增强体，用碳纳米管或石墨烯增强的铝及铝合金不仅可以提高强度，还可以提高摩擦学、腐蚀、热学和电学性能。上海交通大学研究团队以化学气相沉积(CVD)生长的石墨烯膜和铝箔为原材料，将石墨烯膜转移至铝箔表面，制备了石墨烯连续分布的叠层石墨烯增强铝基复合材料(Cao et al., 2019)，并采用导电探针原子力显微镜(CP-AFM)分析了复合材料的微观导电性能。叠层石墨烯增强铝基复合材料结构如图 2.11 所示。在该材料中，石墨烯处的最大电流(29.3pA)是附近铝基体电流的 73 倍。当石墨烯含量为 0.15%(体积分数)时(单层石墨烯 0.34nm，铝箔厚度 500nm)，采用该工艺制备的石墨烯增强铝基复合材料导电性能将比纯铝基体材料提高约 10%。综上所述，碳纳米管/石墨烯增强铝基复合材料是一种潜在的导体材料，有望在提高电网功率方面表现出优异的性能。

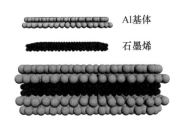

图 2.11　叠层石墨烯增强铝基
复合材料结构示意图

　　在现代电子工业需求的推动下，如电子元件的小型化和大功率微芯片的崛起，研发具有高热传递效率和低热膨胀系数的材料已成为一项主要目标。将两种或多种材料性质进行有机组合，提供定制的高导热系数和低热膨胀系数的材料。例如，通过使用低热膨胀系数的碳纤维、AlN、SiC、金刚石或 BeO 等增强体，来增强铝或铜等高导热金属。值得注意的是，复合材料的热膨胀系数不能过高，以便在使用过程中实现最小的热应力。复合材料的热性能主要取决于增强体、基体和它们之间的界面特性。

　　2. 热学性能

　　在复合材料中，热或电传输受费米能级电子存在的影响。由于较小的颗粒导热路径稳定性高，复合材料的导热系数随着颗粒尺寸的减小而增加。在特定范围内，可以通过选择增强体颗粒的体积分数和粒径来调整复合材料的热特性，以此适用于多种应用。在相同 SiC$_p$ 体积分数，即约 56% 下，当平均粒径分别从 8μm 增加到 170μm，导热系数分别从 151W/(m·K) 增加到 216W/(m·K)，此外，在微纳双峰尺寸颗粒增强铝基复合材料中导热系数随粗颗粒体积分数的增加而增加(Molina et al., 2002)。2000 年，韩国学者研究了在 800℃和 50MPa 条件下通过挤压铸造工艺制造的 SiC$_p$/Al 复合材料的热特性，发现由于粒径较小的 SiC$_p$ 在双峰复合材料中聚集，导热系数从 177W/(m·K)降低到 125W/(m·K)，还发现位于 SiC$_p$ 界面处的 SiO$_2$ 无机残留物阻碍了复合材料中的热量流动。在晶须增强铝基复合材料中，高体积分数的晶须和减小的晶须尺寸会导致界面热阻提高，从而降低复合材料的导热系数(Xu et al., 2005)。

　　热膨胀性能也是热学性能中的一个关键参数。颗粒的体积分数对尺寸稳定性有着重要影响，在 SiC$_p$ 体积分数为 20% 时，铝基复合材料在 100～400℃的温度呈现出更稳定的尺寸(Karthikeyan et al., 2010)。复合材料的热膨胀系数还受到铝合金基体材料和增强材料之间相互作用的显著影响，该相互作用与体积分数成反比(Ramakrishnan et al., 2002)。图 2.12 展示了不同组织结构的 SiC$_p$/Al 复合材料体系的热膨胀系数变化。未增强的 Al-Si 合金在 200～300℃由于 Si 的析出加速了膨胀，但随着 Si 的溶解而进一步下降。研究指出，密集堆积的 SiC 颗粒的热膨胀系数不仅取决于增强体，还取决于基体合金，与无硅的基体合金相比，互联 SiC-Si 网络的形成导致热膨胀系数降低(Nam et al., 2008)。

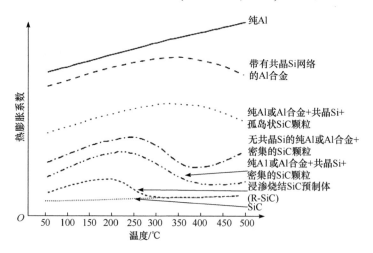

图 2.12　不同组织结构的 SiC_p/Al 复合材料的热膨胀系数比较

2.2.2　化学性能

铝是一种活泼金属，在干燥空气中铝的表面会立即形成厚约 5nm 的致密氧化膜，使铝不会进一步氧化并具备一定的耐腐蚀性，铝基复合材料继承了基体的这种优异化学性能，使其在易腐蚀和低温环境应用产品方面发挥重要作用，如苔藓型和自支撑棱柱 B 型(SPB)储罐(液化天然气运输船绝缘系统)、北极化学加工设备、压力容器、海底管道和钻杆(海上结构)。许多研究主要集中在用于腐蚀和低温环境的替代材料，该材料可以延长使用寿命而不影响性能。

研究者开发了多种测试方法可以研究铝基复合材料中的腐蚀行为，如浸泡测试、侵蚀腐蚀测试、盐雾测试等(El-Aziz et al., 2015)。添加 Al_2O_3 颗粒可提高铝基复合材料的耐腐蚀性(El-Aziz et al., 2015)，图 2.13 为不同 Al_2O_3 颗粒质量分数下铝基复合材料在 3.5% NaCl 溶液中的腐蚀速率。此外，合金和复合材料的腐蚀速率随着暴露时间的延长而降低，复合材料的腐蚀速率低于相应的合金(Krupakara, 2013)。

表 2.2 为不同质量分数 TiB_2 增强 7010 铝基复合材料在特定试剂(每升试剂含 $KNO_3$50g、$HNO_3$6.3mL、NaCl234g)中的腐蚀速率，可以看出，当 TiB_2 的质量分数 $w(TiB_2)$增加时，腐蚀速率降低，耐腐蚀性提高(Mallireddy et al., 2020)。

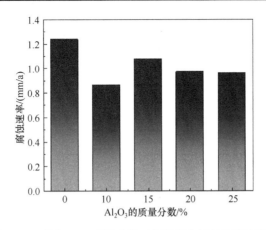

图 2.13 不同 Al₂O₃ 质量分数下铝基复合材料的腐蚀速率

表 2.2　不同质量分数 TiB₂ 增强 7010 铝基复合材料腐蚀速率

编号	$w(TiB_2)$ /%	腐蚀速率/(mm/a)
1	0.0	0.042
2	5.0	0.013
3	7.5	0.011
4	10.0	0.008

　　除了微米增强体以外,纳米颗粒也可作为铝基复合材料的增强体,并且研究发现,纳米颗粒增强铝基复合材料具备更加优异的性能。在铝基复合材料中添加纳米颗粒作为增强体以获得高增强效果之前,需要考虑 4 个重要的强化机制:奥罗万强化机制、位错强化机制、细晶强化机制和载荷转移强化机制,这在 2.2.3 小节将详细讲述。大多数研究表明,碳纳米管可以有效地作为铝基体的增强材料,具有改善机械性能和腐蚀性能的作用。当 4%(质量分数)的碳纳米管分散在铝基体(Ujah et al., 2020)中时,材料在 NaCl 和 H_2SO_4 介质中的腐蚀速率分别降低了 46%和 47%。

　　表 2.3 为在腐蚀介质为 90mL HCl 的条件下不同质量分数 CNTs 增强 5083 铝基复合材料腐蚀速率,碳纳米管质量分数 $w(CNTs)$ 为 0%、1%、1.25%、1.5%和1.75%。相比于 NaCl 溶液,HCl 溶液酸性更强,且随着碳纳米管的质量分数增加,复合材料的耐腐蚀性提高,因此该复合材料可用于腐蚀性环境。与 5083 铝合金相比,碳纳米管增强 5083 铝合金复合材料的寿命更长。当材料为 5083 铝合金添加 1.75%CNTs 时,腐蚀速率为 438.880mm/a,相对较低,因此提高碳纳米管的质量分数可增强材料的耐腐蚀性(Kumar et al., 2018)。综上所述,碳纳米管增强铝基复合材料体系是一种潜在的耐腐蚀铝基复合材料,有望在腐蚀性环境服役方面表现出优异的性能。

表 2.3　不同质量分数 CNTs 增强 5083 铝基复合材料腐蚀速率

编号	w(CNTs)/%	腐蚀速率/(mm/a)
1	0.00	472.836
2	1	468.113
3	1.25	441.456
4	1.5	440.956
5	1.75	438.880

2.2.3　力学性能

表 2.4 为不同制备方法、不同颗粒类型、不同含量以及不同基体的微米颗粒增强铝基复合材料的力学性能，表 2.5 为纳米颗粒增强铝基复合材料的力学性能。可以看出，随着增强体颗粒体积分数的增加，复合材料的弹性模量、屈服强度和极限抗拉强度都有明显提高，而延伸率在逐渐降低；对于纳米级复合材料，当颗粒含量到一定程度时，复合材料的力学性能发生显著下降，对于纳米级颗粒增强铝基复合材料尤为明显。

表 2.4　微米颗粒增强铝基复合材料的力学性能

工艺	材料种类	屈服强度/MPa	极限抗拉强度/MPa	延伸率/%	弹性模量/GPa	参考文献
Duralcan 法 T6	6061	276	310	20.00	69	Ibrahim 等 (1991)
	10%(体积分数) Al_2O_3 - 6061	297	338	7.60	81	
	15%(体积分数) Al_2O_3 - 6061	386	359	5.40	88	
	20%(体积分数) Al_2O_3 - 6061	359	379	2.10	99	
	2014	414	483	13.00	73	
	10%(体积分数) Al_2O_3 - 2014	483	517	3.30	84	
	15%(体积分数) Al_2O_3 - 2014	476	503	2.30	92	
	20%(体积分数) Al_2O_3 - 2014	483	503	0.90	101	
	A356	200	276	6.00	75	
	10%(体积分数) SiC - A356	283	303	0.60	81	

续表

工艺	材料种类	屈服强度/ MPa	极限抗拉强度/ MPa	延伸率/ %	弹性模量/ GPa	参考文献
Duralcan 法 T6	15%(体积分数) SiC - A356	324	331	0.30	90	Ibrahim 等 (1991)
	20%(体积分数) SiC - A356	331	352	0.40	97	
粉末冶金+ 挤压法 (570℃)	纯 Al	56.6	84	26.20	—	Song (2009)
	4%(体积分数) SiC - Al	58.3	91	14.10	—	
	8%(体积分数) SiC - Al	59.7	96	12.50	—	
	12%(体积分数) SiC - Al	61.4	103	9.50	—	
	16%(体积分数) SiC - Al	62.9	115	8.40	—	
	20%(体积分数) SiC - Al	64.6	127	7.20	—	
累积轧制 法	纯 Al	160	186	12.10	—	Zhang 等 (2019a)
	1%(体积分数) Al_2O_3 - Al	193	221	8.50	—	
	2%(体积分数) Al_2O_3 - Al	215	279	7.60	—	
	3%(体积分数) Al_2O_3 - Al	210	257	4.00	—	

注：T6-人工时效。

表 2.5 纳米颗粒增强铝基复合材料的力学性能

工艺	材料种类	屈服强度/ MPa	极限抗拉强度/ MPa	延伸率/ %	弹性模量/ GPa	参考文献
球磨 + 搅 拌铸造法	A356	122	145	6.00	—	Mazahery 等(2012a)
	0.5%(体积分数) SiC - A356	125	219	3.80	—	
	1.5%(体积分数) SiC - A356	133	238	3.80	—	
	2.5%(体积分数) SiC - A356	142	—	3.80	—	
	3.5%(体积分数) SiC - A356	145	285	3.70	—	
	4.5%(体积分数) SiC - A356	135	241	3.60	—	

续表

工艺	材料种类	屈服强度/MPa	极限抗拉强度/MPa	延伸率/%	弹性模量/GPa	参考文献
搅拌铸造法	A356	71	145	—	—	Mazahery 等(2012b)
	0.5%(体积分数) SiC - A356	80	200	—	—	
	1.5%(体积分数) SiC - A356	105	220	—	—	
	2.5%(体积分数) SiC - A356	120	245	—	—	
	3.5%(体积分数) SiC - A356	145	270	—	—	
	4.5%(体积分数) SiC - A356	110	230	—	—	
粉末冶金+挤压法	6061	131	205	16.50	68.5	Knowles 等(2014)
	10%(质量分数) SiC - 6061	192	287	15.00	87.0	
	15%(质量分数) SiC - 6061	229	329	14.00	103.0	
球磨 + 搅拌铸造法	2024	85	153	1.30	—	Su 等(2012)
	0.5%(质量分数) Al$_2$O$_3$ - 2024	139	190	1.20	—	
	1.0%(质量分数) Al$_2$O$_3$ - 2024	155	210	0.90	—	
	1.5%(质量分数) Al$_2$O$_3$ - 2024	150	205	0.70	—	
	2.0%(质量分数) Al$_2$O$_3$ - 2024	145	200	0.50	—	
搅拌铸造法	A356	83	134	1.55	—	Sajjadi 等(2012)
	1.0%(质量分数) Al$_2$O$_3$ - A356	86	144	1.31	—	
	2.0%(质量分数) Al$_2$O$_3$ - A356	98	152	1.21	—	
	3.0%(质量分数) Al$_2$O$_3$ - A356	100	150	1.12	—	

1. 弹性模量

增强体加入基体，铝基复合材料的弹性模量会有显著提高。影响铝基复合材料弹性模量的因素主要有增强体种类、含量、长径比及分布等。基体与增强体之间界面结合力也是影响弹性模量的重要因素，良好的界面结合将赋予铝基复合材料更高的弹性模量。此外，基体与增强体之间的热膨胀系数差异导致的热残余应力分布不均匀也是不可忽略的因素。对于 Al_2O_3 复合材料而言，材料中热残余应力的存在使铝基体处于拉应力状态，当材料受到拉伸载荷时，材料的应变包括弹性应变和塑性应变。

弹性模量是一个对组织结构不敏感的力学性能指标，表示的是材料的本征特性，常采用混合法则来定量估算复合材料的弹性模量，则有式(2.1)：

$$E_c = E_m\left(1-V_f\right) + E_f V_f \tag{2.1}$$

式中，E_c、E_m、E_f分别为复合材料、基体和颗粒的弹性模量；V_f为增强体体积分数。式(2.1)是采用材料力学方法根据等应变假设推导出来的，属并联模型，计算得到的是铝基复合材料的纵向弹性模量，即弹性模量的上限。

如果采用等应力假设，即可得到串联模型，可推导出式(2.2)：

$$\frac{1}{E_c} = \frac{\left(1-V_f\right)}{E_m} + \frac{V_f}{E_f} \tag{2.2}$$

式(2.2)计算的是铝基复合材料的横向弹性模量，即弹性模量的下限。

根据表2.4和表2.5可以看出，增强体体积分数增大，弹性模量也随之增大。另外，选择高弹性模量的 SiC 增强体相比 Al_2O_3 可以获得更高弹性模量的铝基复合材料。复合材料的弹性模量与基体的合金化程度关系不大，而不同铝基复合材料的比模量存在一定差异。界面结合也是影响复合材料弹性模量的重要因素，其对载荷传递的作用严重影响了复合材料的弹性模量。

表2.6 为在不同温度下 SiC_p 增强铝基复合材料的弹性模量，随着 SiC_p 体积分数的增加以及 SiC_p 尺寸的减小，铝基复合材料的强度和弹性模量增加。SiC_p 可明显改善铝合金基体的耐高温性能，并且高温下性能稳定性随着颗粒体积分数的增加而增加。

表 2.6　SiC_p 增强铝基复合材料弹性模量与温度的关系

SiC_p 体积分数/%	SiC_p 尺寸 /μm	弹性模量/GPa				
		室温	100℃	200℃	300℃	350℃
15	3.5	103.2	101.3	97.4	91.7	88.7
15	20.0	93.9	97.7	93.7	91.1	89.8
30	2.0	130.0	127.6	123.1	117.1	116.2

2. 强度

铝基复合材料的强化机制主要分为 4 种，分别是奥罗万强化机制、位错强化机制、细晶强化机制和载荷转移强化机制。

1) 奥罗万强化机制

有理论认为颗粒增强铝基复合材料可以用奥罗万强化机制来解释。在合金中，如果包含第二相，可能存在两种情况：①第二相不可变形，位错只能绕过并留下位错环；②若第二相较软，位错可切过并前进。位错具体切过还是绕过第二相，取决于第二相的本征特性和尺寸，其中位错绕过机制也就是奥罗万强化机制，如图 2.14 所示。在颗粒增强铝基复合材料中，颗粒作为大而硬的第二相，位错只能绕过，位错绕过第二相所克服的阻力是可以通过公式简单计算的，其阻力与第二相的本质无关，仅取决于第二相的间距，其强化效果 $\Delta\sigma_0$ 可以表示为式(2.3)(Kang et al., 2004)：

$$\Delta\sigma_0 = \varphi \frac{Gb}{\lambda} \tag{2.3}$$

式中，φ 为强化系数；G 为基体的剪切模量；b 为伯氏矢量；λ 为增强体颗粒间距。

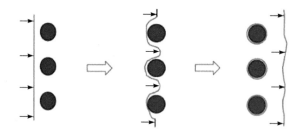

图 2.14　奥罗万强化机制示意图

2) 位错强化机制

仅靠奥罗万强化机制不足以解释增强本质，在热挤压试样中发现基体中位错线形成的强烈位错缠结是胞状结构，其尺寸越小，强化效果越明显，该强化机制称为位错强化机制。由于铝基复合材料中基体与增强体颗粒之间热膨胀系数及弹性模量不一致，在基体和增强体界面产生较大应力，一旦超过基体自身的屈服强度，基体会以变形的方式释放界面应力，从而在靠近界面的基体中产生大量位错，这些位错可以对基体产生强化作用，从而使复合材料的力学性能得到提高，位错强化机制可以表示为式(2.4)(Arsenault et al., 1986)：

$$\Delta\sigma_d = \delta Gb \sqrt{\rho_S + \rho_G} \tag{2.4}$$

式中，δ 为强化系数；G、b 分别为基体的剪切模量和位错的伯氏矢量；ρ_S、ρ_G 分别是基体的统计储存位错密度和几何必须位错密度，ρ_G 计算方法如式(2.5)所示。

$$\rho_G = \frac{B \cdot \Delta T \cdot \Delta\alpha \cdot V_f}{b \cdot d \cdot (1 - V_f)} \tag{2.5}$$

式中，ΔT 和 $\Delta\alpha$ 分别为温差值和热膨胀系数差值；V_f 为增强体体积分数；d 为增强体等效尺寸；B 为一个几何常数，理论上介于 4(一维，如纤维等)和 12(等轴颗粒)之间。由式(2.5)可以看出，当增强体颗粒尺寸越小，体积分数越大时，产生的几何必须位错越多，位错强化效果越明显。

3) 细晶强化机制

细晶强化机制是铝基复合材料中最常见的强化方式，一般来说，材料的强度会随着晶粒尺寸的减小而增加。晶粒细化的原因主要是材料在变形的过程中，晶界会阻碍位错的运动，在晶界处发生位错塞积，随着晶粒尺寸的减小，晶界数量增加，对位错的阻碍作用增加，进而提高材料的强度。这种强化可以在不损失塑性的条件下提高复合材料的强度，大多数颗粒的加入会导致基体晶粒尺寸的细化，细晶引起强化效果可以用 Hall-Petch 关系进行估算，如式(2.6)所示。

$$\Delta\sigma_{GR} = K(D_c^{-0.5} - D_m^{-0.5}) \tag{2.6}$$

式中，$\Delta\sigma_{GR}$ 为晶粒细化引起材料强度的提高量；D_c 和 D_m 为复合材料和对比材料的晶粒尺寸；K 为常数(对于 Al 而言，K=0.04MPa/m)。此外也有研究表明，当晶粒尺寸减小到一定程度时(为 20～30nm)，会出现反 Hall-Petch 效应，即随着晶粒尺寸的减小，材料的强度降低。在粉末冶金工艺中，增强体颗粒的粒径对基体的晶粒尺寸有细化作用，如在高能球磨工艺中，高体积分数的增强体颗粒可以促使基体晶粒细化，进而引起复合材料强度的提高。

4) 载荷转移强化机制

对于短纤维增强铝基复合材料，载荷转移是其独特的一种强化方式。研究认为，当应力作用于复合材料时，载荷或应力可以通过铝基体转移到增强体上，由于增强体的强度远大于基体强度，所以增强体将承担更大应力，从而降低基体的承载水平。载荷转移强化模型通常以 Kelly 和 Tyson 提出的剪切滞后理论模型为指导，在晶须增强金属基复合材料中得到重要应用。该模型建立在载荷可以有效从基体传递到晶须增强体的基础上，其强化效果取决于纤维增强体的临界长度(l_c)，其计算如公式(2.7)所示：

$$l_c = \frac{\sigma_f d_f}{2\tau_m} \tag{2.7}$$

式中，l_c 为纤维增强体的临界长度；σ_f 和 d_f 分别为增强体的抗拉强度和直径；τ_m 为基体的剪切强度，数值一般为基体抗拉强度的一半。当纤维长度小于临界长度时，复合材料断裂时纤维为拔出机制；当纤维长度大于临界长度时，纤维为断裂机制(Chen et al., 2015)。复合材料强度可以由公式(2.8)和公式(2.9)得到：

$$\Delta\sigma_{LT} = \sigma_m(1-V_m) + \sigma_f V_f\left(\frac{l}{2l_c}\right) \quad l < l_c \tag{2.8}$$

式中，σ_m 为基体的强度；V_m 为基体的体积分数；V_f 为增强体的体积分数。

$$\Delta\sigma_{LT} = \sigma_m(1-V_m) + \sigma_f V_f(1-\frac{l_c}{2l}) \quad l \geqslant l_c \tag{2.9}$$

3. 塑性

铝基复合材料的塑性是指其在断裂前能够承受最大变形的容量，而韧性是指复合材料在断裂前吸收的能量。大量文献表明，铝基复合材料的低塑性和低韧性主要有两个因素：

增强体和基体都是影响铝基复合材料塑韧性的重要因素。研究表明，增强体的团聚、断裂、增强体/铝基体界面脱黏及含量都对铝基复合材料的塑韧性有较大影响。脆性增强体的加入和增强体体积分数的增加都可能导致铝基体的塑韧性下降，但复合材料的强化效果越好。对于纤维和颗粒增强的复合材料，纤维的脆性，颗粒的大小、形状、分布及制备工艺等都可能对其塑性和韧性产生深远影响。与此同时，基体的因素，如热膨胀系数差异引起的硬化，塑性流变的限制等，也是密切相关的因素。最新的研究还揭示，采用网状构型的增强体有助于提高复合材料的塑韧性。实际上，所有这些因素都相互影响，共同塑造了铝基复合材料的塑韧性。因此，要全面理解和掌握其塑韧性，就需要综合考虑这些因素的交互作用。

2.2.4 耐磨性

铝基复合材料除了具有优异的物理、化学、力学性能以外，还具备优异的耐磨性。基于以上优点，铝基复合材料成为建筑、结构、热管理和低碳钢轴承应用的首选材料，用于制造气缸套、旋转叶片套筒、制动鼓等部件，以及气缸体、齿轮零件、活塞顶、曲轴、盘式制动器和驱动轴等，在航空航天与国防等领域引起了更多的关注。在其他领域，如精密光学仪器(Mohn et al., 1988)、铁路运输、运动器材(Sijo et al., 2016)、空调压缩机活塞、能源等也受到关注。大多数铝基复合材料零部件易受高磨损率的影响。因此，有必要研究这些复合材料的磨损行为，以增强对其服役行为的理解。

铝基体和复合材料试样的磨损量随着外加载荷的增加而增加(Sun et al., 2005)。在 Si_p 增强铝基复合材料中，复合试样的摩擦系数低于铝基体。当载荷为50.0N 时，铝基体的磨损条件发生转变，与合金试样相比，复合材料试样的耐磨性有所提高。在此阶段，基体合金的磨损量突然增加。实验发现，用 9%(质量分数) Si_p 增强的铝基复合材料比基体合金具有更好的耐磨性。此外，Si_p 可以起到支撑载荷的作用，防止磨面的切割和划伤。这提高了复合试样在低载荷(24.5N 和 49.0N)下的耐磨性。然而，在较高的载荷(73.5N)下，增强颗粒的保护层不再保持稳定，这是由于复合材料变形层中存在较大的塑性应变，空穴形核、亚表面裂纹萌生和扩展。材料表面从磨损表面上去除，裂纹向表面靠近，这会通过分层磨损去除表面层(Ramachandran et al., 1998; Saka et al., 1977)。因此，分层磨损会使大载荷下增强体和基体之间的界面断裂，从而恶化复合材料的耐磨性。同样，在 SiC_p 增强铝基复合材料及 Al_2O_3 增强铝基复合材料体系中，也存在类似的现象(Rajeev et al., 2009)。

此外，实验发现铝基复合材料的摩擦系数随着滑动距离的增加略有增加，这是因为随着滑动距离的增加，接触面之间产生了磨损碎屑，这反过来会导致磨料磨损，并增加接触面之间的摩擦力。在复合材料中添加适量的石墨颗粒，石墨颗粒在滑动磨损过程中由复合材料释放，有助于在磨损表面形成氧化层(Mahdavi et al., 2010)，从而降低界面处的温度，最终降低接触面之间的附着力，提高耐磨性(Patnaik et al., 2010; Alahelisten et al., 1993)。对于固定载荷和速度，随着滑动距离的增加，磨损表面之间的接触时间也增加。在初始磨合期(接近 1000m)，复合材料的磨损率下降，随后进入稳态期，所有试样的磨损率逐渐增加。

2.3　制　备　方　法

对于铝基复合材料而言，成本、性能、应用都直接受制备方法影响，因此研究和开发高效制备方法是铝基复合材料领域的重要问题。铝基复合材料的制备方法主要有搅拌铸造法、液体浸渗法、粉末冶金法和其他方法。

2.3.1　搅拌铸造法

搅拌铸造法是一种改进自传统铸造的方法，具备传统铸造的低成本、简单设备、高生产效率、广泛适用性和可加工大型零部件等优势。与传统铸造相比，搅拌铸造在铸造过程中引入搅拌器对金属熔体和增强体的混合物进行搅拌，能在一定程度上缓解传统铸造中增强体团聚的问题。因此，搅拌铸造法成为工业化生产颗粒增强铝基复合材料的主要制备方式，其原理如图 2.15 所示(Rawal et al., 2022)。将非连续的增强体加入一定温度的金属熔体中，并通过特定的搅拌方式，使增强体均匀且弥散地分布在整个熔体中，形成复合材料熔体，最后进行浇铸成形。根据搅拌过程中金属熔体的温度，可以将搅拌铸造法分为两种：液态搅拌和半固态搅拌(复合搅拌)。液态搅拌时，熔体温度稳定在液相区，采用机械搅拌或电磁搅拌使增强体分布均匀；半固态搅拌时，熔体温度稳定在液固两相区，采用机械搅拌使增强体分布均匀。相较于液态搅拌，半固态搅拌温度低、金属熔体黏度大，增强体更容易均匀分布。然而，半固态搅拌方法只适用于基体结晶温度区间较大的情况，需要严格控制搅拌温度。尽管搅拌铸造法工艺简单、成本低廉，并被广泛运用于生产中，但在以下几个方面仍需要注意。

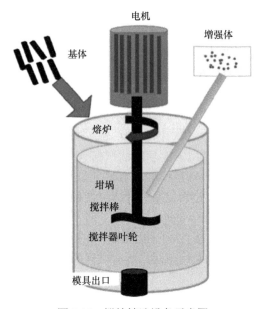

图 2.15　搅拌铸造设备示意图

1. 增强体的分布情况

通常增强体与金属熔体之间润湿性差，且存在密度差异，所以在搅拌过程中增强体难以均匀地分布在熔体中，易产生团聚。如何获得增强体均匀分布的铝基复合材料是搅拌铸造法的重要难题。为获得增强体均匀分布的铝基复合材料，需要考虑以下两个阶段，搅拌过程中增强体的分布情况和铸造过程中增强体的分布情况。

1) 搅拌过程中增强体的分布情况

搅拌过程中增强体的分布情况又可以分为搅拌阶段和搅拌后静置阶段。在搅拌阶段时，增强体的分布主要取决于熔体黏度、增强体本身的特性(影响增强体沉淀的速度)、增强体与基体结合程度、搅拌效果(对团聚增强体的破碎效果、对增强体均匀分散的效果)。金属熔体黏度越小，搅拌过程中增强体分布越均匀，但是在后续的静置阶段就越容易产生沉淀；金属熔体黏度越大，搅拌过程中增强体不易进入金属熔体并均匀分散，但在后续静置阶段更容易保持增强体在搅拌阶段的分布情况。一般而言，熔体氧化膜的机械阻力和增强体与金属熔体界面的动力学、热力学阻力会阻碍增强体进入金属熔体。前者可以通过规范的铸造操作来解决，后者则需要提供动力来克服表面能的阻力，一般采用机械搅拌或电磁搅拌。相比于液态搅拌铸造，半固态搅拌铸造更易使增强体均匀分布。基体温度保持在固液温度区间，复合材料熔体黏度大，即使熔体静置，也不会因为密度差异发生增强体的沉降，所以更容易实现增强体的均匀分布(Hashim et al., 2002)。

待搅拌结束后，复合材料熔体会静置一段时间。在静置过程中，由于密度差异，增强体在该过程中易发生沉降，有研究表明：

(1) 当增强体颗粒尺寸小于 10μm 时，增强体能完全悬浮在金属熔体中，重力作用可以忽略不计；

(2) 当增强体颗粒尺寸为 10~100μm 时，重力对增强体分布有明显效果，会出现增强体的浓度梯度；

(3) 当增强体颗粒尺寸为 100~1000μm 时，增强体仅能在高速搅拌下悬浮分布，静置或搅拌速度低时增强体会直接沉降。

由于增强体比表面积大，容易吸附气体，当增强体尺寸较小时，也可能出现增强体上浮的现象。总体而言，复合材料熔体的静置对增强体的均匀分布存在明显不利影响，所以应该尽可能缩短该阶段。

2) 铸造过程中增强体的分布情况

铸造中凝固过程的增强体再分布会影响后续增强体的分布情况。当含有增强体的金属熔体凝固时，增强体可能远离固液界面，也可能靠近固液界面。靠近固液界面的增强体，会出现被固液界面排斥或吞没的情况，这导致了凝固时增强体的再分布。只有增强体颗粒被生长界面吞没，才可以获得增强体均匀分布的复合材料。有学者总结了凝固时固液界面形状对增强体分布的影响，如图2.16所示。当固液界面为平面状时，增强体被固液界面推动则会产生不含增强体的基体合金，而增强体被固液界面吞没则会产生增强体均匀分布的复合材料；当固液界面为胞状时，增强体在固液界面前端被推动，也会有部分增强体被困在晶界处；当

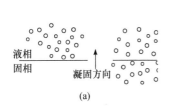 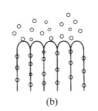 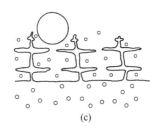

　　(a)　　　　　　　　　　　(b)　　　　　　　　　　　(c)

图 2.16　固液界面形状对增强体分布的影响
(a)平面状；(b)胞状；(c)树枝状

固液界面为树枝状时，小颗粒增强体会被困在枝晶间，而大颗粒增强体相对稳定，会被枝晶尖端推动远离固液界面(Stefanescu et al., 1988)。

2. 复合材料中的孔隙等缺陷

搅拌铸造法需要对熔体进行搅拌形成旋涡，在非真空条件下容易卷入气体，而增强体的加入会降低熔体的流动性，导致气体不易排出，最终形成孔隙，影响复合材料的性能。搅拌铸造过程中形成孔隙的原因主要有以下4点。

(1) 搅拌过程中气体的卷入。搅拌过程中会在熔体表面产生旋涡，而旋涡处负压会将周围空气卷入熔体，若未能及时排出，则会产生孔隙。

(2) 熔体吸入气体。若在制备过程中无气氛保护，铝熔体会直接与空气中的水蒸气发生反应并生成氢气。高温下铝熔体中氢气溶解度高，而凝固时则会析出，形成孔隙。

(3) 增强体表面吸附气体。通常增强体尺寸小，比表面积大，表面容易吸附气体。当增强体进入熔体后，其表面吸附的气体将被一同带入熔体。

(4) 凝固收缩。对于铝合金而言，液态铝合金密度低于固态铝合金，所以凝固过程会出现体积收缩，形成孔隙。

搅拌铸造制备铝基复合材料中气孔含量较高，一般需要通过二次加工来减少气孔。常见的降低气孔含量的方法有：半固态真空搅拌、惰性气体除气、压力铸造、挤压和轧制等。其中，半固态真空搅拌、惰性气体除气和压力铸造都是在铸造过程中抑制气孔产生，挤压和轧制是在铸造后处理中减少气孔含量。

3. 界面反应

在搅拌铸造过程中，金属熔体将会在高温条件下长时间与增强体接触，这容易引起金属熔体与增强体之间过度的界面反应。在Al-SiC系统中，SiC会与Al发生反应形成Al_4C_3，而Al_4C_3是一种脆性相，所以过度的界面反应会影响复合材料的性能。

2.3.2 液体浸渗法

液体浸渗法工艺简单、经济、易于自动化，且产品可获得较高的力学性能。其原理如图2.17所示，先将增强体与黏结剂和造孔剂按一定比例混合后通过机械或气压的方式施以外加压力模压成形，获得多孔预制体，然后将熔融金属引入预制体，在毛细管力或外加压力作用下流入预制体。根据浸渗过程有无外部压力，可以分为无压浸渗工艺、压力浸渗工艺和真空压力浸渗工艺。

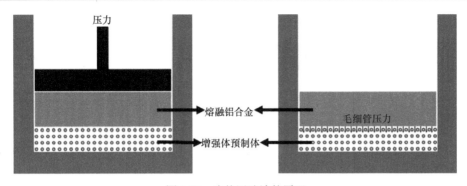

图 2.17　液体浸渗法的原理

1. 无压浸渗工艺

无压浸渗工艺是指金属熔体能在无外界压力作用下，自发浸渗到增强体预制体中，从而形成铝基复合材料。为实现无压浸渗，对金属熔体与增强体存在以下要求。

(1) 铝熔体对增强体浸润。由于无压浸渗工艺不存在外界压力，所以铝熔体能否自发渗入预制体取决于金属熔体是否对增强体浸润。若铝熔体与增强体的浸润角为 0°，当铝熔体与颗粒度为 1μm 粉体压成的预制体接触时，铝熔体所受到的毛细管压力达数百个大气压，这一压力足以使铝熔体自发渗入并自发填满预制体中的所有孔隙。此外，浸润程度还会影响增强体与铝熔体的结合，从而影响增强体的增强增韧作用。

(2) 预制体中具有相互连通的渗入通道。在制备预制体时，需要求预制体内渗入通道的尺寸分布均匀且互相连通，熔体能均匀渗入。

(3) 惰性气体或真空条件。在浸渗发生时需要保证反应腔中无杂质气体，以免产生气孔导致复合材料性能下降。

铝基复合材料中常见的无压浸渗体系主要有 SiC/Al、B_4C/Al 和 Al_2O_3/Al 等。

2. 压力浸渗工艺

压力浸渗工艺是指金属熔体在外界压力下进入增强体预制体中，从而形成铝基复合材料的加工工艺。相比于无压浸渗工艺，压力浸渗工艺对材料体系要求较低，可以通过外加压力克服表面能增加带来的阻力。在压力作用下形成的复合材料具有缺陷少、致密度高等优点。此外，压力浸渗过程时间短，增强体与基体反应时间短，不会出现严重的界面反应。因此，采用压力浸渗工艺制造的铝基复合材料性能较好，已成为制造陶瓷短纤维、颗粒、晶须增强铝基复合材料零部件的主要方法之一。

压力浸渗也存在一定的问题：首先，压力浸渗过程压力较大，可达

100MPa，因此对压室有较高要求；其次，浸渗过程压力大，要求预制体在浸渗过程不会发生变形，因此在制备相应预制体时需要采用合适的工艺；最后，需要制造相应预制体，因此尺寸有限，无法生产大尺寸零件。

3. 真空压力浸渗工艺

真空压力浸渗工艺是指在真空或高压惰性气体条件下将液态金属压入预制体中的复合材料制备工艺。该工艺兼具压力浸渗与真空吸铸的优点，已发展成能够控制熔体温度、预制体温度、冷却速度、压力等工艺参数的工业制造方法。其具体工艺流程为将增强体预制体放入模具中，将铝合金基体装入坩埚，然后将装有预制体的模具和装有铝合金基体的坩埚分别放入浸渗炉的预热炉和熔化炉，密封、加固熔化炉，并对模具和炉腔抽真空。当达到一定真空度后，对熔化炉进行加热使铝合金熔化并对模具开始预热。控制加热过程，使预制体和铝合金熔体均到达预定温度，保温一段时间后，将铝合金熔体浇注进预制体中，随后通入高压惰性气体，使铝合金熔体渗入预制体，经冷却凝固后得到相应的铝基复合材料。由于在压力条件下凝固，基本没有气孔、缩松等铸造缺陷，组织致密，性能较好。

真空压力浸渗工艺主要有以下特点：

(1) 适用面广，不会受到增强体形态的限制，可以制备连续纤维、短纤维、晶须、颗粒增强铝基复合材料，并且增强体含量不受限制；

(2) 真空条件下浸渗，压力条件下凝固，所以最终复合材料几乎没有气孔、缩松等铸造缺陷，致密度高，力学性能好；

(3) 可以实现不同形状、结构的复合材料零件近净成形，基本上不需要二次加工，降低了成本；

(4) 零件表面粗糙度和尺寸精度高；

(5) 工艺参数易于控制，可以根据增强体与金属基体的特性，严格控制工艺参数，获得性能良好的复合材料；

(6) 设备复杂，若需要制备大型零件则需要大型设备，成本高，并且工艺周期长、效率低，但可以通过实现自动化和机械化来提高生产效率并降低生产成本。

2.3.3 粉末冶金法

粉末冶金法是一种将铝合金和增强体粉末混合均匀后压制成形，然后对压制成形的胚块进行烧结的成形方法。相比于其他方法，粉末冶金法有以下优点：

(1) 粉末冶金是在液相线之下或者固液相线之间制备复合材料，所以其制备温度低，有效防止晶粒长大，可以制备超细晶复合材料；

(2) 粉末冶金制备温度较低，可以有效控制复合材料的界面反应，抑制不良

界面反应;

(3) 粉末冶金法直接通过粉末烧结而成,降低了复合材料中增强体的体积分数限制,可以在很大范围内任意调节,并且精确控制组分比例;

(4) 粉末冶金法制备过程中物质运输少,可以通过制备增强体分布均匀的复合材料粉末得到增强体分布均匀的复合材料,且不受增强体与基体润湿性的影响。

由于粉末冶金法需要通过粉末压制成形后烧结,所以该方法周期长、成本高且较难制备结构复杂的复合材料零件。

粉末冶金的烧结方法主要分为热压烧结、微波烧结和放电等离子烧结。

1. 热压烧结

热压烧结是指将冷压成形的坯料放入真空或者惰性气体保护的热压烧结炉中,同时进行加热和加压操作的成形方法。在温度和压力的作用下,粉末发生蠕变,形成高致密度的复合材料。在热压烧结中,存在多种不同的致密化机制,如扩散机制、塑性变形机制和蠕变机制。烧结坯料的主导致密化机制是随材料特性(如颗粒尺寸、初始密度等)、实验条件(如烧结温度、外加压力)和实验进展而变化的。在烧结初期,若施加压力较大时,塑性变形机制为主导致密化机制,但此时的扩散机制也不可忽视;烧结中后期的主导致密化机制则是扩散机制和蠕变机制,且二者对于致密化的贡献取决于材料特性和烧结工艺参数。总体而言,影响烧结致密化速率的主要因素是烧结温度、外加压力和颗粒尺寸,烧结温度提高、外加压力提高和颗粒尺寸减小均能有效提高致密化速率。

相比于其他粉末冶金方法,热压烧结成本低廉、工艺参数简单、可制备大尺寸的铝基复合材料。

2. 微波烧结

微波能是一种频率范围在 300MHz～300GHz 的电磁能。微波加热是材料与微波耦合,材料直接吸收电磁波能量并转化为热量的加热过程。这与传统烧结不同,传统烧结在加热元件处产生热量,然后热量通过传导、辐射和对流的机制传到物品处。在传统烧结过程中,热量首先到达材料的表面,然后向内扩散。这意味着从表面到内部有一个温度梯度,会使材料产生内应力,从而影响材料的性能。微波加热则是先在材料内部产生热量,然后加热整个材料,这样可以避免材料加热不均匀的情况,降低材料的内应力。相比于传统烧结方法,微波烧结具有降低能量损耗、提高加热速度、减少烧结时间、降低烧结温度并改善材料的物理和机械性能等优点。

3. 放电等离子烧结

放电等离子烧结是在粉末颗粒间直接通入脉冲电流进行加热烧结的快速烧结新技术。放电等离子烧结中的等离子为电离的高温导电气体，温度为 4000～10999℃，其气态分子和原子处于高度活化状态，而且离子化程度很高，这些性质使放电等离子烧结成为一种非常重要的材料制备和加工技术。

相比于传统热压烧结，放电等离子烧结并未使用常规的直流或交流电来加热，而是使用直流脉冲电压和电流，所以在制备过程中粉末不仅受电流的焦耳热和压力塑性变形的影响，还会在粉末之间产生强烈的放电现象。放电等离子烧结可以分为以下四个过程：颗粒密集、颈部形成、颈部长大及最终完全致密化。当粉末被装入模具后，会在初始压力的作用下进行初步致密化过程，而初步致密化的效果取决于压力对团聚体的破碎程度，破碎程度高，则致密化效果好(Srivatsan et al., 2002)。在初步致密化后，粉末之间相互接触，并由于施加的直流脉冲电流的作用，在粉末接触点附近局部放电，产生数千摄氏度的高温，使得粉末表面熔化，并在压力的作用下相互联结形成烧结颈。随着直流脉冲电流的施加，烧结颈不断长大，直至最终完全致密化。有学者提出了放电等离子烧结过程中烧结体显微组织演变的自我调节机制，认为粉末间的烧结颈长大速度是变化的，当接触面积小时，会产生大量的焦耳热使得粉末间产生局部高温并使烧结颈进一步长大，而当烧结颈长大到一定程度后会因为接触面积的增大使电流减小，也就是说烧结颈的长大速度是先增大后减小，即早期优先形成的局部致密化组织不能持续粗化，表现为长大速度逐渐降低，最终形成较为均匀的晶粒尺寸分布(宋晓艳等，2005)。

2.3.4　其他方法

铝基复合材料的制备方法除了搅拌铸造法、液体浸渗法和粉末冶金法外，还有许多其他方法，如搅拌摩擦加工、增材制造、原位反应法等。

1. 搅拌摩擦加工

搅拌摩擦加工是一种表面复合材料制备技术，它是在搅拌摩擦焊的基础上改进而来的，最早由 Mishra 等(2000)提出。搅拌摩擦加工可以在不影响材料本体性能的情况下提高材料的耐磨性、硬度、强度、延伸率、耐腐蚀性、疲劳寿命和成形性等表面性能。

搅拌摩擦加工的原理如图 2.18(a)所示，将一个非消耗性的旋转工具插入材料，并向某一方向旋转移动，在旋转移动过程中，工具与材料摩擦产生热量，工具上的探头会搅动被加热的材料；在热量作用下，材料变软，并在探头作用下填充工具后部的空腔，工具周围的材料受到严重的塑性变形和热量辐照，导致加工区域材料的微观结构显著细化。其中，被工具探头搅动过的区域称为搅拌区，动态再结晶是搅拌区中细小等轴晶形成的主要机制，但是在铝及铝合金这种高层错能的材料中，动态回复先于动态再结晶出现(McNelley et al., 2008)。

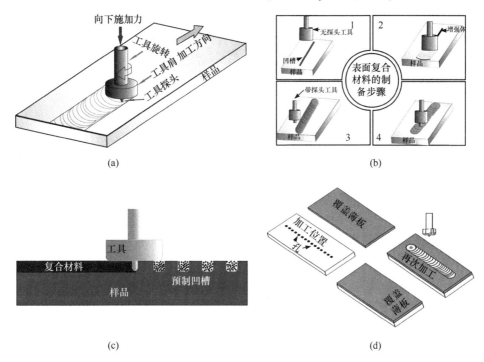

图 2.18 搅拌摩擦加工示意图
(a) 搅拌摩擦加工原理图； (b) 通过凹槽添加增强体； (c) 通过钻孔添加增强体；(d) 通过盖板减少增强体损失

传统的表面复合材料制造技术涉及高温液相处理，如激光熔体处理和等离子体喷涂，这可能使复合材料性能恶化，因为基体与增强体间的界面反应无法控制。此外，为了获得理想的表面凝固后组织，还需要精确控制加工参数，这导致表面复合材料加工工艺成本高昂。搅拌摩擦加工在制备表面复合材料时，基体与增强体间界面反应很少甚至没有。搅拌摩擦加工可以根据增强体的添加方式分为三种。第一种是通过制备凹槽添加增强体，如图 2.18(b)所示，首先在板材上加工凹槽，并将增强体填充进凹槽中；其次将不带探头的工具应用在凹槽上，在这一步中，凹槽被完全填充；最后将带探头的工具应用在填充槽上，使增强体与基体充分混合形成表面复合材料。其中，凹槽的尺寸、形状和数量都可以改变，以满足研究人员需要填充的增强体数量。第二种则是通过钻孔引入增强体，如图 2.18(c)所示，在板材上钻直径为1mm，深度为0.5~2mm的盲孔，以容纳增强体，从而降低了在加工过程中增强体的损失(Li et al., 2013)。在一些研究中，为了避免增强体的损失，会在凹槽或钻孔上覆盖一层薄板，如图 2.18(d)所示(Lim et al., 2009)。

2. 增材制造

增材制造是以一种基于离散-堆积原理，由零件三维数据驱动直接制造零件的加工方法，其基本原理是将金属粉末通过选择性熔化、逐层堆叠形成最终零件。其中，基于高能量热源(如激光、电子束、电弧)的增材制造技术，可满足高熔点金属的加工需求，已成为铝基复合材料制备的研究热点。下面将介绍几种常用的增材制造技术。

1) 选区激光熔化

选区激光熔化技术是采用激光束有选择地分层熔化固体粉末并凝固成形，在激光移动过程中，激光根据设定的扫描策略进行逐行、逐层的区域化扫描，并使成形的固化层层层叠加，获得最终的零件。整个工艺可以分为三个步骤：①通过计算机 3D 设计软件(如 CAD 等)构建零件具体信息；②根据零件信息将其切分为厚度为数十微米的片层；③根据片层信息将粉末均匀铺至粉床上，并通过激光使其熔化、凝固成形。在完成熔化和凝固步骤后，基板下降一个片层的厚度，重复步骤③直至整个零件成形结束。

2) 选区激光烧结

选区激光烧结与选区激光熔化的工作原理类似，区别在于激光成形时粉末的状态。选区激光烧结的成形机制为液相烧结机制，即粉末部分熔化状态下的半固态成形机制，因此成形过程中粉末未完全熔化；选区激光熔化成形过程中粉末完全熔化。相比于选区激光熔化，选区激光烧结中未熔化粉末会一定程度上影响其成形致密度，并且由于成形过程中温度更低，液相表面张力更大，致使"球化"现象严重，更容易产生孔隙等缺陷。

3) 定向能量沉积

不同于铺粉式的选区激光熔化和选区激光烧结，定向能量沉积技术中沉积过程和材料输送是同步进行的，即将粉末输送到同时聚焦激光的基板上，从而使粉末熔化并逐层沉积。由于其独特的成形过程，定向能量沉积能直接成形功能梯度材料及大尺寸零件，但加工过程中更高的热输入会导致较大的残余应力和较低的表面精度。

3. 原位反应法

原位反应法的基本原理是在一定条件下，通过单质之间或单质与化合物之间的化学反应，在铝合金基体内原位生成一种或几种高硬度、高弹性模量的陶瓷或金属间化合物为增强体，从而达到强化的目的。该方法优势在于：首先，原位生成的增强体在热力学上是稳定的，在高温下较难发生分解，高温时性能下降少；其次，增强体表面无污染，与基体的界面清洁，界面结合能力强；最后，通过合理选择反应物的类型和成分等，可以有效控制原位生成增强体的种类、尺寸、数量和分布。下面将介绍几种原位反应制备铝基复合材料的方法。

1) 自蔓延高温合成法

自蔓延高温合成法，又称燃烧合成法，由苏联学者 Merzhanov 和 Borovinskaya 于 1967 年提出。其原理是将增强体的反应原料与基体合金粉末均匀混合并压制成形，随后利用外部提供的能量使反应体系局部发生放热化学反应，放出的热量引起邻近未反应部分继续发生反应，直至整个体系反应完全。自蔓延高温合成法具有制备成本低、生产效率高、能耗低等优点，但采用该方法获得的铝基复合材料孔隙率较高，需要进行二次加工才可获得最终的产品。

2) 放热弥散法

放热弥散法是一种在自蔓延高温合成法上改进的方法，由美国 Martin Marietta 公司在 20 世纪 80 年代发明并申请专利。其基本原理是将一定比例的增强体组分原料和基体粉末混合均匀，压制成预制胚体，然后将预制胚体加热到基体熔点和增强体熔点之间的某一温度。在该温度下，增强体各组分之间发生反应，生成增强体颗粒。放热弥散法无须点火引燃器，将预制体均匀加热即可引发化学反应，因此相比于自蔓延高温合成法设备相对简单，成本更低。

3) 混合盐反应法

混合盐反应法由英国 London Scandinavian Metallurgical 公司于 20 世纪 90 年代发明。该方法基于现有铸造工艺，将含有增强体组成元素的盐混合后加入高温金属熔体中。在一定温度下，盐与金属发生化学反应并生成增强体，随后去除无用的反应副产物，浇铸成形即可获得复合材料。生成的增强体表面可能会被盐膜包覆，影响其强化效果，且反应过程中会产生大量气体，反应过程中需要良好的通风装置。

4) 气液反应合成法

气液反应合成法是由 Koczak 等发明的制备方法。其基本原理是将含氮或含碳的惰性气体通入高温金属熔体中，气体分解所产生的氮或者碳与熔体中的某些元素发生化学反应，合成热力学稳定的增强体。其中，含氮气体一般用 N_2 或者 NH_3，含碳气体一般用 CH_4、C_2H_6 等。该工艺生成的增强体尺寸小、表面干净、分布均匀，但可制备增强体类型有限，且制备过程中需保持长时间高温，易发生氧化。

2.4　典　型　材　料

铝基复合材料作为金属基复合材料的代表之一，具有明显的减重及良好的力学性能，广泛应用于航空航天、交通运输等重要领域。人们面对不同的服役情况，利用不同增强体的特点，从而制备出满足不同服役条件的铝基复合材料，在航空航天领域得到了广泛的关注。铝基复合材料可以根据增强体的不同，分为长纤维增强、短纤维增强、晶须增强、颗粒增强等，下面对不同类型铝基复合材料的代表分别进行介绍。

2.4.1　B_f/Al 复合材料

1. 发展及研究进展

广泛应用的硼纤维(B_f)具有抗拉强度高于高强度钢，密度仅 $2.57g/cm^3$，硬度高(莫氏硬度9.5)等优点。20 世纪 60 年代起，以 B_f 为增强体制备的 B_f/Al 复合材料因其优异的机械性能逐渐被关注，具有重要的应用价值。B_f/Al 复合材料发展较早，且在性能和工艺成熟度上均优于氧化铝增强及碳纤维增强的铝基复合材料，主要用于军事、航空航天领域。仅在 1980 年，估算美国在航空及宇航领域应用的硼纤维高达 23000kg。由于 B_f/Al 复合材料集成了基体铝的良好塑性与硼纤维的高强度、耐烧蚀、低密度等优势，被广泛地用于机身桁架支柱等承力结构件上，取得了明显的收益(李承宇等，2011；闫洁，2009)。针对 B_f/Al 复合材料的研究内容主要包括制备强度高、刚性大、质量轻的构件。改进大型构件的制造技术，提高材料的使用可靠性及寿命，改进 B_f/Al 复合材料的制备技术，降低制造成本也是需要解决的问题。

制备 B_f/Al 复合材料的主要方法有粉末冶金法、液体浸渗法等。其中，采用硼纤维和铝片叠层进行粉末冶金法制备的产品性能最好，尽管硼纤维和铝基体的反应程度相较于其他基体较弱，但为了减少反应程度，保证纤维的完整性，研究人员采用了不同的解决方法。美国的联合飞机公司已较成熟地采用包覆有 SiC 涂层的硼纤维来增强铝基材料，采用了粉末冶金法进行制备。还有学者在硼纤维的表面制备了碳化硅(SiC)或(BN)涂层，来抑制界面反应(孙长义等，1996)。21 世纪以来，随着碳纤维、碳纳米管、石墨烯等新型增强体的研究，硼纤维增强铝基复合材料的研究相对变得较少。

2. 性能及特点

硼纤维增强铝基复合材料作为一种应用最早的纤维增强金属基复合材料，不仅具有较高的抗拉强度及模量，而且具有良好的剪切强度，兼具良好的导热性，是追求轻量化航空航天领域重点关注和研究的材料之一。

硼纤维在与金属复合时，与金属基体之间的润湿性较好，并且反应程度低，因此作为铝基复合材料的增强体具有良好的界面结合。有研究采用粉末冶金法制备了硼纤维增强铝基复合材料并研究了其力学性能，硼纤维与基体之间结合良好，当硼纤维体积分数含量为 20%时，该材料相对密度为 90.5%，具有高强度(460MPa)，在断口呈现纤维拉出的现象，说明在拉伸过程中出现了明显的载荷传递过程。

在航空航天飞行器上，大量地使用了轴向拉-压主承力管状构件，如牵引杆、支撑及桁架等，因此纤维增强的 B_f/Al 复合材料具有良好的轴向力学性能。此外，B_f/Al 复合材料具有高比强度与刚度，已被用于制造航空发动机的冷端叶片，美国普拉特·惠特尼飞机公司(P&WA)于 20 世纪 60 年代试制了 B_f/Al 发动机的一级风扇叶片，其质量比钛叶片轻 40%。B_f/Al 的比刚度高，因此其制备的叶片可以相较于钛叶片结构进一步地简化，同时也提高了发动机的整体性能，该叶片工作温度为 121℃。此外，该公司进一步设计了采用 B_f/Al 复合材料的三级风扇叶片，工作温度 221℃，叶片结构简单，无中间凸台(尹洪峰，2022)。

2.4.2　C_f/Al 复合材料

1. 发展及研究进展

碳纤维(C_f)作为高性能纤维的代表，其发明以来逐渐在高端应用场景得到使用，成为航空航天等领域的核心材料之一。在 2008 年以前，国内碳纤维生产产量小、品质稳定性不高、性价比优势不明显。2008 年后，我国的碳纤维企业在军品纤维生产方面实现了真正的突破，并在低成本民品碳纤维的研发与开发上进行大量投入，以与海外产品展开正面竞争。通过将碳纤维作为纯铝或铝合金的增强体，利用其高比模量及低热膨胀特性，可以获得综合力学性能优异的铝基复合材料。

碳纤维研制成功后立刻引起了学者们的关注，并开展 C_f/Al(碳纤维/铝)复合材料的研究。早在 1961 年，Parikh 和 Keppenal 开始尝试采用粉末冶金方法来制备 C_f/Al 复合材料，但 C 和 Al 容易发生反应，且碳纤维与铝的润湿性差，导致碳纤维的优异特性无法得到充分发挥，在 20 世纪 60 年代，制备成形方法及润湿性差的问题阻碍了 C_f/Al 复合材料的快速发展。到 20 世纪 70 年代，随着界面反应及界面润湿性问题的研究取得进展，C_f/Al 复合材料得到了快速发展。以美国为代表的国家率先将 C_f/Al 复合材料应用于航空航天领域，如 C_f/Al 管材和板材被用于制造卫星支架、卫星天线及太空望远镜镜筒等。到 20 世纪 90 年代，美国3M 公司通过扩散黏结法，制备了 P100 型沥青基 $C_f/6061Al$ 复合材料，并成功用于哈勃望远镜的桅杆(兼做波导管)。

国内 C_f/Al 复合材料的研究主要起步于 20 世纪 80 年代,上海交通大学、中国科学院金属研究所的诸多学者对 C_f/Al 材料中存在的界面润湿、界面反应及材料成形工艺等方面进行了探索性研究。进入 21 世纪,哈尔滨工业大学的武高辉团队着重研究解决界面润湿和界面反应的问题,并成功研制 C_f/Al 复合材料用于空间相机的镜筒,其密度为 2.2g/cm^3,热膨胀系数为 $4×10^{-6}$℃$^{-1}$,空间耐候性好,尺寸稳定不易变形,已于 2007 年正式服役(武高辉,2016)。

2. 性能及特点

碳纤维在高温下会与铝基体发生化学反应,生成碳化铝脆性相,且碳化铝遇水会发生水解反应,生成 CH_4 和 $Al(OH)_3$,因此严重界面反应生成碳化铝的复合材料断裂强度低且容易吸潮并快速腐蚀。如何控制及避免碳化铝的生成是制备 C_f/Al 复合材料首先需要注意的问题。国内外学者针对界面反应中这一问题的主要解决思路是在碳纤维表面进行化学镀,即碳纤维的表面改性。表面改性过程通常较复杂,以化学镀 Ni 为例,包含了去胶、除油、清洗、粗化、清洗、敏化、活化、清洗、化学镀、清洗、烘干等过程,且为了获得良好的镀层效果,化学镀过程对于参数的控制严格。这种复杂的工艺流程不仅增加了制备成本,且处理不当易造成碳纤维表面杂质元素的富集和结构的损坏,因此实现工程应用还有很长的路要走。此外,通过金属基体的合金化也可控制界面的状态,有学者研究了 Ti、Cu、Ce、Zn 等元素通过影响界面的结合状态进而对碳纤维铝基复合材料性能产生影响,其中 Ti 与 C 元素因反应生成自由能更低的 TiC 薄膜,位于铝和碳之间起到隔离效果;Zn、Cu 等元素可以有效改善 C 和 Al 体系之间的浸润,但需要注意界面处可能会反应生成 $CuAl_2$ 等脆性相从而降低复合材料的性能;Ce 与纤维表面的氧结合形成 CeO 从而保护纤维、抑制纤维与基体之间的界面反应(武高辉,2016)。除了控制元素和纤维表面改性方法外,成形过程的工艺参数也是控制界面反应的重要途径,由于高温下增强体与基体 Al 之间的反应趋势明显增加,在高温下停留时间越久反应程度也越高,因此为控制界面反应,低的制备温度及短的保温时间是有效抑制界面反应的途径,如采用等离子烧结工艺制备块体材料。此外,成形后冷却过程也需要避免过快的冷速,过快冷速易产生较大的残余应力,影响材料的最终力学性能。

2.4.3 SiC$_f$/Al 复合材料

1. 发展及研究进展

连续碳化硅纤维(SiC$_f$)是多晶纤维的一种,其主要制备方法有先驱丝法和化学气相沉积(CVD)。国外这两种方式制备的纤维增强体已经得到了应用，如 SiC$_f$ 增强的铁基、铝基复合材料已经用于航天飞机的零部件、发动机部分零件上，成为新世纪航空航天及尖端领域的轻质高强新材料之一(尹洪峰，2022)。随着碳化硅纤维制造技术的不断发展，已经研制出了第三代碳化硅纤维，其在不同温度下的力学性能如图 2.19 所示，可以看出第三代碳化硅纤维可以在 1600℃热处理后仍保持 2GPa 的抗拉强度(Wang et al.，2019)，将其应用于金属基复合材料具有良好的高温应用前景。

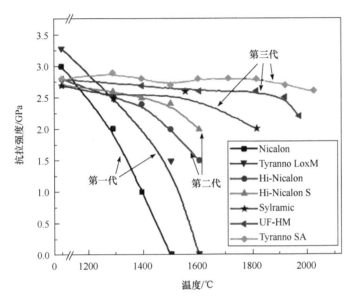

图 2.19　不同品牌三代碳化硅纤维的力学性能(氩气气氛热处理 1h 后)

碳化硅纤维增强铝基复合材料研究较早，且发展较为成熟，碳化硅纤维增强铝基复合材料通常采用液体浸渗法、粉末冶金法、搅拌铸造法等。采用粉末冶金法制备碳化硅纤维铝基复合材料，可有效地控制材料的微观组织结构(孟龙，2009)。此外还可以通过放电等离子烧结方法制备高含量(质量分数约28%)的连续 SiC 纤维增强的铝基复合材料，在铝层内部规律排布，如图 2.20(a)所示(Tamura et al.，2011)。通过传统粉末冶金法制备 SiC 短纤维增强铝基复合材料，机械搅拌和超声分散混合来制备混合粉体，结合干燥和后续的热压环节来制备复合材料。由图 2.20(b)和图 2.20(c)两个不同方向截面组织可以看出，SiC 纤维在基体中均匀分散，采用粉末冶金法实现了良好的分散效果(Moreno et al.，2006)。

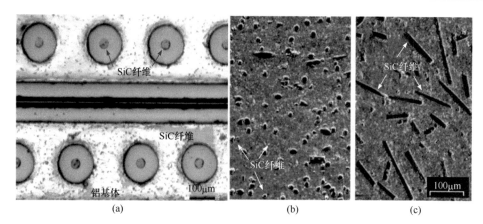

图 2.20　短碳化硅纤维增强铝基复合材料
(a)粉末冶金制备 SiC$_f$/Al 复合材料组织形貌；(b)垂直截面；(c)平行截面

2. 性能及特点

碳化硅纤维增强铝基(SiC$_f$/Al)复合材料具有比强度高、比刚度大、抗疲劳性和高温稳定性好等优点，是一种较为理想的轻质高强复合材料。铝基体加入碳化硅纤维增强后，沿纤维排布方向上的抗拉强度很高，弹性模量也大幅提升，同时在高温400℃内抗拉强度随温度升高降低不明显。当碳化硅纤维增强体在铝基复合材料中的质量分数为30%时，其抗弯强度和抗拉强度分别超过超硬铝80%和30%。因此，在航空领域，飞机结构件使用温度在 100～300℃的钛合金均可以采用碳化硅纤维增强铝基复合材料来进行替换(Wang et al., 2019; 于建彤等，1995)。此外，SiC$_f$/Al 复合材料具有良好的动态力学性能，如图 2.21 所示，采用高速子弹以大于 4km/s 的速度入射材料，通过射穿后的形貌可以看出纯铝样品断面平整，而 SiC$_f$/Al 复合材料出现了明显的层间开裂的现象，复合材料靶的碎片在质量和尺寸上都比纯铝靶的碎片更小，数量也更多，进一步体现 SiC$_f$/Al 复合材料可以吸收更多的能量，在航空航天等国防重要领域具有良好的应用前景(Tamura et al., 2011)。

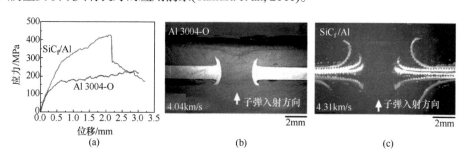

图 2.21　连续纤维 SiC 增强铝基复合材料性能及子弹入射后形貌
(a)Al 3004-O 及 SiC$_f$/Al 复合材料室温拉伸性能；(b)Al 3004-O 子弹入射断裂后形貌；(c)SiC$_f$/Al 复合材料子弹入射断裂后形貌

2.4.4　Al₂O₃f/Al 复合材料

1. 发展及研究进展

氧化铝纤维(Al₂O₃f)属于耐火纤维，可分为连续 Al₂O₃ 纤维及 Al₂O₃ 短纤维，其中连续 Al₂O₃ 纤维分为连续硅酸铝质纤维、α-Al₂O₃ 纤维和含氧化锆氧化铝质纤维三种。Al₂O₃f 的发展可以追溯到 20 世纪 40 年代，1968 年英国授权 Babcock 和 Wilcox 专利，采用溶胶-凝胶法制备 Al₂O₃f。该方法制备的 Al₂O₃f 用于制备金属基复合材料，在柴油发电机中得到了应用(尹洪峰，2022)。

氧化铝纤维增强铝基复合材料是研究工作者关注的铝基复合材料之一，其主要应用于制造航空航天设备、构件，以及盘式制动器转子、连杆、活塞等汽车部件。氧化铝纤维增强铝基复合材料的成形方法主要有液体浸渗法和粉末冶金法，有研究采用挤压铸造法制备出 Al₂O₃f/(TiAl、Ni₃Al、Fe₃Al)等复合材料。氧化铝纤维增强铝基复合材料高温下的比强度、比弹性模量大，即使在 600℃ 左右强度和弹性模量几乎与室温相同，显示出优异的高温力学性能，此外，其抗疲劳强度高且具有比其他纤维增强金属基复合材料更优异的耐腐蚀性(孟龙，2009)。

2. 性能及特点

氧化铝纤维增强铝基复合材料也是纤维增强铝基复合材料中的代表材料之一，因其具有高的强度和刚度，并且抗蠕变、抗疲劳性和耐磨性都很优异，已被应用于交通运输、航空航天等重要领域。纤维含量 10%的氧化铝纤维增强铝基复合材料连杆相较于传统钢制连杆减重 35%，显著降低了发动机的噪声和振动，同时明显减少了质量，有利于发动机的高效运行(张涛等，1991)。微观表征发现氧化铝纤维可以有效阻碍位错的运动，从而提高材料内位错密度，进而提升材料的强度。从工程应力-工程应变曲线可以看出复合材料具有更明显的加工硬化现象，如图 2.22 所

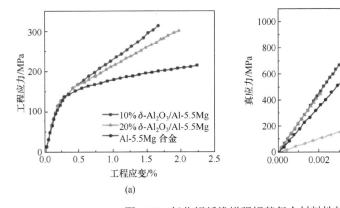

(a)　　　　　　　　　　　　　　(b)

图 2.22　氧化铝纤维增强铝基复合材料性能
(a)工程应力-工程应变曲线；(b)真应力-真应变曲线

示(Kang et al., 2002)。氧化铝在铝合金 6061 基体中也表现出良好的增强效果，且存在涂层的氧化铝纤维增强的 6061 铝合金复合材料具有良好的强度和塑性 (McCullough et al., 1994)。此外，氧化铝纤维的存在也会进一步影响铝基复合材料的摩擦磨损过程，通过加入氧化铝纤维可以明显改善材料的耐滑动摩擦性，因为在变形过程中增强体阻碍了塑性变形并且抑制了裂纹的扩展，氧化铝纤维在摩擦过程中可以起到如图 2.23 所示的效果，从而提高材料的耐磨性(Iwai et al., 2000)。

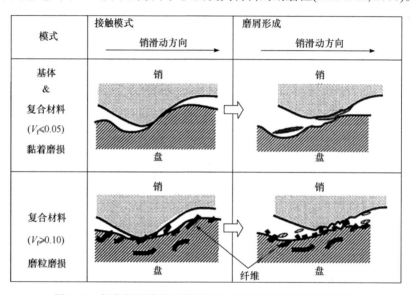

图 2.23　氧化铝纤维增强铝基复合材料磨损过程机理示意图

2.4.5　SiC$_p$/Al 复合材料

1. 发展及研究进展

SiC 根据其尺寸大小可以分为微米级 SiC 和纳米级 SiC，一般是具有六方晶系结构的 α-SiC 颗粒。SiC 颗粒(SiC$_p$)增强铝基复合材料的成形方法多样、制备难度低、成本易控制、尺寸稳定性好，同时制备出的复合材料性能各向同性，无论是室温还是高温均具有良好的综合性能，因此 SiC$_p$ 增强铝基复合材料成为应用十分广泛的铝基复合材料之一。20 世纪 80 年代末，美国首次展示了光学级碳化硅颗粒增强铝基复合材料，并用其代替了钛、铍等材料制作轻型反射镜及惯性导航仪构件。20 世纪 90 年代，美国研制出电子级碳化硅颗粒增强铝基复合材料，并用其代替铜钨合金和可瓦合金作为电子封装件。通常会对制备好的 SiC$_p$/Al 复合材料采用塑性变形的方法进行二次加工，对材料进行塑性变形不仅是为了便于使用或后续加工，还能改善 SiC$_p$/Al 复合材料的微观组织，进一步提高其力学性能。常用的 SiC$_p$/Al 复合材料塑性变形方法有热挤压、热轧制和等通道转角挤压等(薛云飞，2019)。

2. 性能及特点

生产中主要采用粉末冶金法制备 SiC_p/Al 复合材料，当添加小于基体粉末直径的 SiC_p 时，复合材料强度更高，而添加大于基体粉末直径 SiC_p 的复合材料断裂延伸率更高(Wang et al., 2019)。纳米碳化硅对材料强度的提升显著主要是均匀分散的纳米碳化硅颗粒可以起到很好的位错阻碍效果，显著提升了材料内部存在的平均位错密度，如图 2.24 所示，使得材料强度得到明显的提升(Mao et al., 2022)。在引入颗粒增强铝基后，提升最显著的是复合材料的力学性能，其中弹性模量及强度的提升最为明显，而塑性的下降是限制颗粒增强铝基复合材料在工程结构上应用需要解决的主要问题，影响颗粒增强铝基复合材料综合性能的因素主要有增强体的含量、尺寸、分布状态、类型等，同时基体的选择也十分重要。

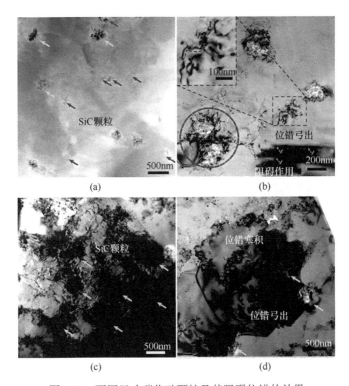

图 2.24　不同尺寸碳化硅颗粒及其阻碍位错的效果
(a)、(b) 纳米级碳化硅颗粒增强铝基复合材料 TEM 图像；(c)、(d) 微米碳化硅颗粒增强铝基复合材料 TEM 图像

对于二系铝合金为基体的复合材料而言，SiC_p 含量的增加会降低 θ' 和 S' 相的形成温度，加速时效硬化过程。SiC_p 增强的铝合金基体复合材料也具有高的比刚

度和比强度,比纯铝和中碳钢都高,且密度仅约为钢的 1/3,在 300～350℃的高温下仍可保持良好的性能。当 SiC_p 体积分数超过 50%时,高含量 SiC_p 增强铝基复合材料具有杰出的结构承载能力、独特的防共振能力和优异的热稳定性,其比模量可达传统 Ti 合金或 Al 合金的 3 倍,热膨胀系数低于 Ti 合金,此外导热系数也明显优于铝合金,其平均谐振频率比传统金属(如钛、铝、钢等)高出 60%。总而言之,SiC_p/Al 复合材料因其高的比强度、比刚度、耐磨性和低的热膨胀系数,在经过数十年的发展后已经具备了较大的使用价值。在应用于航空航天领域之后,随着其市场竞争力的不断提升,SiC_p/Al 复合材料也开始向汽车制造、电子封装和体育用品等方面拓展,具有广阔的潜在应用前景。

　　SiC_p/Al 复合材料凭借其优异的性能在诸多领域得到了广泛应用,但作为一种在工程需求牵引下发展并成功应用的新型材料,SiC_p/Al 复合材料显微组织仍有待优化,以适应更加严苛的工程需求。首先,SiC_p/Al 复合材料引入了硬脆的 SiC_p,降低了基体原本的塑性,使其难以达到部分零件的使用要求。需对 SiC_p/Al 复合材料的增强和增韧机制进行深入研究,进一步完善复合材料的设计准则,改善制备工艺,在提高材料强度的同时尽可能避免或减少塑性的损失。其次,Al 基体中加入 SiC_p 不仅会影响其机械性能,也会使材料的导热导电性能和热膨胀系数等发生变化。因此,进一步发掘材料的功能特性,挖掘其应用潜力,实现结构功能一体化是 SiC_p/Al 复合材料的重要发展方向。

2.4.6　Al_2O_{3p}/Al 复合材料

1. 发展及研究进展

　　氧化铝作为典型的陶瓷颗粒增强体,具有高弹性模量、强度、优异的耐热和化学稳定性等。氧化铝颗粒(Al_2O_{3p})与铝基体之间的界面结合好,无有害界面反应,制备的复合材料具有轻质、高比强度和比刚度、耐高温性能优异、耐磨性好等特点。现已发展制备氧化铝颗粒增强铝基复合材料的方法主要有外加法和原位生成法。原位生成法具有成本低、工艺简单、增强体与基体结合良好、增强效果显著等特点,因而受到人们的关注。20 世纪 80 年代中期以来,用氧化铜、氧化锌等技术氧化物反应制备了氧化铝颗粒增强铝基复合材料,但其获得的氧化铝颗粒尺寸较大,分散性有较大提升空间。进入 21 世纪,有研究采用向 Al 熔体中加入 $NH_4Al(SO_4)_2$ 粉末,从而反应生成了尺寸小(0.2～2μm)、分散性良好的 γ 型氧化铝颗粒,该氧化铝颗粒比表面积大,与铝基体的界面能更低,界面结合性好,用其制备的铝基复合材料具有良好的综合力学性能,未增强的材料硬度为 20～30 HBS,而仅有 5%质量分数的氧化颗粒增强铝基复合材料的硬度可达 63 HBS,氧化铝颗粒增强效果显著(牛玉超等,2001)。此外,可以通过外加氧化铝颗粒作为增强体来制备铝基复合材料, 如通过粉末冶金法制备纳米 Al_2O_{3p} 增强 Al 基复合材料, 研究发现添加体积分数为 1% 纳米 Al_2O_{3p} 时复合材料的力学性能与添加体积分数为 10% 微米 Al_2O_{3p} 相当, 表明纳米级的增强体颗粒更有利于提高复合材料的力学性能。另有研究采用搅拌摩擦的方式来成形复合材料, 利用大塑性变形过程将 Al_2O_{3p} 均匀分散至铝基体内, 获得良好的分散状态(Sadeghi et al., 2018)。图 2.25 为 Al_2O_{3p} 增强铝基复合材料组织, 由图 2.25(a)~(c)可以发现组织存在粗晶和细晶两种区域, 其中粗晶粒区域 Al_2O_3 含量低, 细晶粒区域 Al_2O_3 含量高, 这种双尺度特征的复合材料具有良好的强塑性匹配(Casati et al., 2015)。

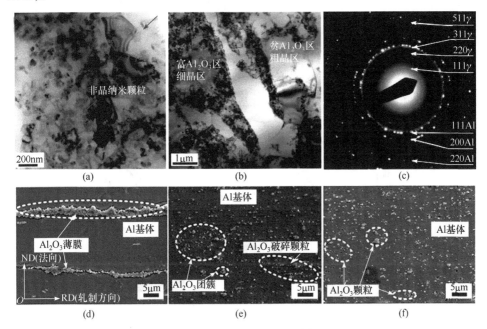

图 2.25　Al_2O_{3p} 增强铝基复合材料组织

(a)、(b)、(c)粉末冶金制备原位生成 Al_2O_{3p} 及相应组织形貌; (d)、(e)、(f)多道次轧制制备外加 Al_2O_{3p} 铝基复合材料组织形貌

2. 性能及特点

对于氧化铝增强铝基复合材料而言, 其性能主要取决于氧化铝颗粒的含量, 即体积分数、颗粒尺寸及颗粒在基体中的分散程度等因素。在相同体积分数的情况下, 弥散分布的纳米氧化铝颗粒相比微米级别的氧化铝颗粒对复合材料的增强效率更高。同时, 纳米氧化铝颗粒增强的铝基复合材料塑性更好。因此, 未来研制出高含量纳米氧化铝颗粒增强的铝基复合材料是进一步提高其力学性能的关键。氧化铝增强铝基复合材料具有良好的耐磨性, 一般随着载荷的增加, 基体材

料的磨损量迅速增加，但与氧化铝颗粒复合后，其磨损量增加会缓慢许多，这是因为氧化铝颗粒具有很好的耐磨性，其弥散分布于铝基体中，显著提高铝材料的耐磨性。通过向铸铝 ADC12 熔体中添加硫酸铝铵，由反应分解原位生成了氧化铝颗粒增强铝基体，与基材相比，氧化铝颗粒增强铝基复合材料的耐磨性与基体材料相比提高了 1～2 倍，硬度提高了 15%(付高峰等，2006)。此外，采用搅拌摩擦方式制备分散良好的氧化铝颗粒增强铝基复合材料，当搅拌转速从1500r/min 增加至 1900r/min，施加力为 10kN 上下时，硬度可以实现从 66HV 提高到 104.23HV 的显著变化(Sadeghi et al.，2018)。除静态力学性能外，在高速子弹射击下的氧化铝增强铝基复合材料也具有良好的动态力学行为，如图 2.26 所示，与未增强的合金相比，3～6μm 氧化铝陶瓷颗粒增强 EN AC-44200 铝合金弹道阻力明显提高。塑性基体和硬陶瓷颗粒的结合阻碍子弹的穿透过程，从而导致更多的动能被吸收并分散在更大的样品表面。氧化铝颗粒在变形的塑料基体中迁移，这对冲击能的减速将会有显著影响(Kurzawa et al.，2018)，可见氧化铝增强铝基复合材料在国防装备领域具有很大的应用潜力。

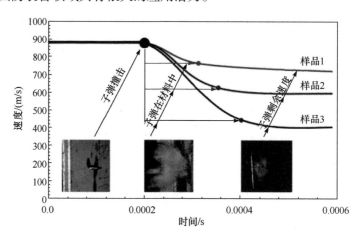

图 2.26　5.56mm SS109 型子弹在射击测试样品时所记录的速度变化

样品 1 为纯铝合金基体；样品 2 为氧化铝含量 20%的复合材料；样品 3 为氧化铝含量 40%的复合材料

　　纳米氧化铝颗粒增强铝基复合材料的制备仍存在需要重点关注的问题，具体表现在两方面：首先是纳米增强体与基体金属之间润湿性较差的问题，纳米颗粒表面容易吸附杂质、水分等，均会造成增强体和基体之间的润湿性较差，从而影响增强体与基体之间的结合。在铸造成形方法中，可以通过给氧化铝颗粒预热的方法来改善氧化铝颗粒和融入铝液之间的润湿性。此外，纳米氧化铝颗粒具有高的比表面能，相较于微米颗粒在成形过程中更易产生团聚，团聚的位置与基体结合差，大大降低了增强体的增强效果，因此在制备高含量纳米氧化铝增强铝基复合材料时，均匀分散是首先需要注意的问题。

2.4.7 SiC_w/Al 复合材料

1. 发展及研究进展

SiC 晶须(SiC_w)增强铝基复合材料的研究始于 20 世纪 60 年代，初期学者们采用了 SiC 晶须、蓝宝石晶须增强各种金属基体。当时发展出了低成本的制备方法，即液体注入、粉末冶金等，但是晶须造价十分昂贵，同时晶须分布并不均匀，导致机械性能不稳定，使得该材料难以发展。直到 1973 年，SiC 晶须的制备技术得到了突破，β-SiC_w 可以通过热分解稻壳这种方式获得，该廉价的方法使 SiC_w 的造价大幅降低，且获得的 SiC_w 尺寸细小，可用常用制备铝基复合材料的方法将 SiC_w 分散至 Al 基体内，自此 SiC_w/Al 复合材料得到了快速的发展。20 世纪 80 年代，哈尔滨工业大学采用高压铸造法制备了 SiC_w/Al 复合材料(郭树起等，1987)，该方法制备的复合材料中晶须无固定取向且分布均匀，复合材料整体呈各向异性。为了实现增强体的均匀分散，大塑性变形也是常采用的制备方法，如采用等静角挤压技术制备 SiC_w 增强铝基复合材料(Ma et al., 2002)，在变形过程中一方面可以使得孔隙度降低，晶粒细化，另一方面使得 SiC_w 分布更加弥散，最终提升复合材料的抗拉强度、抗压强度和硬度等力学性能。

2. 性能及特点

SiC_w/Al 复合材料作为发展时间较久的一种铝基复合材料，具有高的比强度和比模量、耐磨性好、耐高温且热膨胀系数小等性能，得到了国内外学者的广泛关注和研究。复合材料在成形过程如果经历大塑性变形过程，则会产生高应变区，这些区域含有高密度的位错，图 2.27 为 SiC_w/Al 复合材料试样在低温 (400℃)、高应变速率(1 s^{-1})区域变形的 TEM 图像。由于较低的变形温度和较高的应变速率，大量位错在 SiC_w 附近堆积而引起了 SiC_w 的扭曲，说明 SiC_w 在变形过程中可以起到良好的位错阻碍效果，有助于该复合材料力学性能的提升(Xu et al., 2018)。SiC_w/Al 也具有较好的耐腐蚀性，在腐蚀环境的服役过程中，应力腐蚀开裂(SCC)通常没有预兆，是一种潜在的、最危险的腐蚀形式，由于 SiC_w/Al 复合材料中存在大量界面和位错，其对于应力腐蚀较为敏感，潮湿的大气及水蒸气即可作为腐蚀介质，从而使材料慢慢失效。可以通过热处理来改善 SiC_w/Al 材料的耐腐蚀性，这是因为热处理决定了合金的相、析出质点的分布、大小和位置，同时材料内部的位错密度会出现明显的降低，从而降低材料的应力腐蚀倾向。此外，SiC_w/Al 复合材料的成形方法也十分重要，需要控制成形过程，使其应力敏感性降至最低(张兆辉等，2002)。为改变 SiC_w/Al 复合材料内部的残余应力，可以采用退火来改变 SiC_w/Al 复合材料位错密度和屈服强度，退火后的 SiC_w/Al 复合材料基体位错密度随着加热温度的升高出现了明显的下降，但微屈服强度和屈服强度增加，因此热处理是调控 SiC$_w$/Al 复合材料基体中的位错和残余应力的有效方法之一(胡明等，2002)。除力学及耐腐蚀性能外，SiC$_w$/Al 复合材料具有良好的热性能，其导热系数随温度的上升而降低，比热容随着温度的上升而增加，均明显优于基体材料(曹利等，1990)。

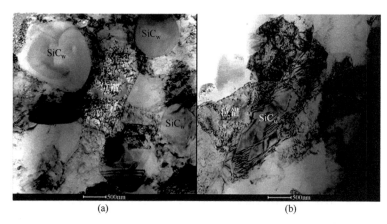

图 2.27　样品在 400℃、应变速率 1 s^{-1} 条件下变形的 TEM 图像
(a)SiC$_w$ 与基体界面位错堆积；(b)SiC$_w$ 内部的层错

2.5　应用情况

　　航空航天的门槛高，对于最基础的材料提出了严苛的要求，铝及其合金具有轻质、耐腐蚀及导热导电性良好等优异性能，成为航空航天、交通运输等国家重大领域的关键材料，被广泛应用于飞行器天线、蒙皮、支撑等重要零部件。随着现代服役条件对材料性能要求的不断提高，传统的 Al 合金材料逐渐难以满足更高的性能需求。以铝及其合金作为基体的复合材料不仅继承了 Al 合金选择范围广、易于加工制备及可热处理性能好等优点，而且兼具良好的综合力学、物理化学性能，得到了广泛的关注和研究。高性能的轻质高强铝基复合材料的出现，逐渐替代了传统的铝及其他类型的复合材料，是航空航天材料中重要的组成部分。图 2.28 为在商业飞机中各种材料占比，可以发现铝因其轻质的特点成为航空领域的重点应用材料(Zhang et al., 2018; Starke et al., 2011)，与其相关的复合材料具有广阔的应用前景。

　　航空领域服役环境苛刻，需选用性能优异的材料，如飞机起落架材料需要满足高的比强度及高的低频疲劳抗力，尤其当材料较薄且需要承受很高应力时，对强度和韧性的要求更高。轻质高强材料不仅有利于减重，也进一步提高发动机的推重比。连续纤维增强金属基复合材料的比模量及强度均明显高于未加增强体的传统材料。此外，复合材料的室温综合力学性能提升，高温强度明显提高，疲劳

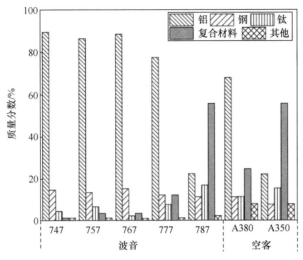

图 2.28 商业飞机中材料及复合材料的使用占比情况

强度得到显著提升，这些性能的改变有利于其应用于航空领域，铝基复合材料作为金属基复合材料的代表得到了广泛的研究和应用。铝基复合材料因增强体种类、纤维截面形状、增强体尺寸、制备工艺的不同而获得不同的组织结构，从而满足不同航空服役条件下的要求。

2.5.1 铝基复合材料在航空领域的应用

20 世纪 60 年代起，氧化铝纤维、硼纤维等增强体制备工艺的成熟，使得增强体可以用于制备铝基复合材料。以美国和苏联为代表的国家将复合材料用于实际生产，代表的材料有 B_f/Al 复合材料，作为实际应用较早的金属基复合材料之一，在航天飞机中机身框架、支柱及起落架拉杆等部位均应用了该材料。此外，B_f/Al 复合材料具有良好的导热性，热膨胀系数与半导体芯片非常接近，有利于元器件发热时最大限度地降低接头处的应力集中，因此在结构件、散热结构中也有广阔的应用场景。B_f/Al 复合材料在喷气发动机风扇叶片、结构支撑件、飞机机翼蒙皮、飞机垂直尾翼、飞机起落架部件、导弹构件等航空结构件均有应用前景。20 世纪 70 年代，高性能的 Nicalon 碳化硅纤维由日本碳素有限公司成功制备，作为增强体进一步提升了铝基复合材料耐热性和室温/高温力学性能。对于无芯 Nicalon SiC 纤维增强的铝基复合材料，当 SiC 体积分数达到 35%时，其室温抗拉强度处于 800~900MPa，弹性模量为 100~110GPa，抗弯强度(又称"弯曲强度")为 1000~1100MPa，并且在室温至 400℃的高温时仍能保持较高的强度。优异的室温及高温力学性能有助于 SiC_f/Al 复合材料在飞机、发动机构件及导弹结构件、飞机尾翼平衡器等位置得到应用。此外，美国主力战机猛禽 F-22

中的发电单元、电子计数测量阵列、自动驾驶仪上均采用了 SiC 颗粒增强铝基复合材料来代替传统的封装材料。美国洛克希德·马丁公司用碳化硅颗粒增强6061Al 基体，其中 SiC 颗粒含量为 25%，该复合材料具有良好的综合力学性能，被用于制造飞机上放置电气设备的支架，其刚度比其所替代的 7075 高强铝合金高 65%，可以有效防止飞机在空中旋转和转弯时引起的弯曲现象。

20 世纪 90 年代末，SiC_p/Al 复合材料在大型客机上得到了广泛应用，美国惠普公司从 PW4084 发动机开始，采用 DWA 公司生产的挤压态 SiC_p 增强变形铝合金复合材料来制造风扇出口处的导流叶片，最终应用于波音 777 客机。此外，英国的航天金属基复合材料公司采用经典的粉末冶金法制备了颗粒增强铝基复合材料，也已在飞机制造业中推广。其成功制备以来，SiC_p/Al 复合材料已经成功应用于包括战斗机腹鳍、飞机发动机导流叶片及直升机旋翼连接件等关键结构件上，DWA 公司与洛克希德·马丁公司制备的 SiC_p/6092Al 复合材料被应用到 F-16 战斗机的腹鳍上，较原有的铝合金材料刚度提高了约 50%，使用寿命提升至约8000h。英国航天金属基复合材料(AMC)公司利用机械合金化粉末冶金法制备的SiC_p/Al 复合材料生产了直升机旋翼系统连接用的模锻件，且已成功应用于 EC-120 及 N4 新型民用直升机上，如图 2.29 所示。相比铝合金，SiC_p/Al 复合材料的

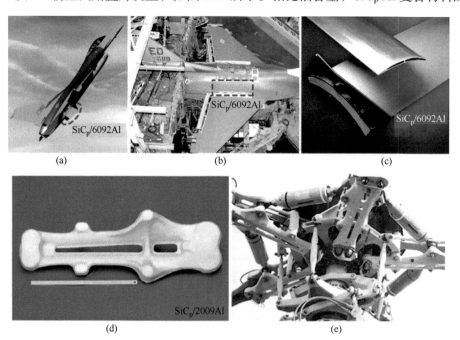

图 2.29　SiC_p 增强铝基复合材料在航空航天领域的应用

(a)美国 F-16 战机腹鳍；(b)F-16 战斗机中心机架 23 号舱门；(c)风扇出口引导叶片； (d)、(e)EC120 直升机转子叶片套筒

刚度提高约 30%，寿命提高约 5%；相比钛合金减重 25%，如铝蜂窝复合板是较节省材料的结构。航空航天领域使用的铝基复合材料如图 2.30 所示。用这种基层做的板材强度大、质量轻、平整度高、容量大、极其坚固，而且不易传导声和热，是建筑及制造航天飞机、宇宙飞船、人造卫星等的理想材料(Borchardt, 2004)。

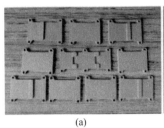  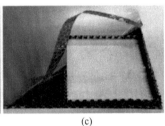

(a)　　　　　　　　　　　(b)　　　　　　　　　　　(c)

图 2.30　航空航天领域使用的铝基复合材料
(a)、(b)金刚石/Al 基复合材料；(c)铝蜂窝复合板

我国 20 世纪 60 年代开始进行复合材料在飞机结构上的应用研究，70 年代中期成功研制了复合材料战斗机进气道壁板，1985 年带有复合材料垂尾的战斗机成功首飞，1995 年成功研制带有整体油箱的复合材料机翼。直至 2023 年，国内几乎所有在役军机在不同部位采用了金属基复合材料。这是因为在航空的条件下，飞机的工作环境特殊，飞机上采用的材料是强度高、耐腐蚀、耐高温，同时具有轻质的特点，传统材料难以同时满足这些要求，复合材料的研制可以满足以上要求。复合材料因其在飞机上运行的安全性、经济性和可靠性等优点，迅速得到了发展，成为飞机制造中四大结构材料之一。20 世纪 80 年代~21 世纪初，复合材料在飞机制造中的比例显著提升，由 5%迅速涨至 46%。其中，铝基复合材料因其轻质高强的特点，在飞机零部件中得到了广泛的应用。在一些流行的商用飞机中，大约 50%的结构质量来自复合材料，如航空飞机主要框架、机身/机翼皮和相关的桁材是由碳纤维增强的复合材料制造的。中国有研科技集团有限公司采用粉末冶金法研制的 SiC/Al 复合材料、B_4C/Al 复合材料及喷射沉积法制备的 Si/Al 复合材料已成功在航空领域的直升机、相控阵雷达等得到应用(武高辉等，2020)。此外，Al_2O_3 颗粒增强的铝基复合材料具有高强度、韧性的特点，增强体与基体之间界面结合良好。20%的 Al_2O_3 颗粒增强 6061Al 复合材料在飞机驱动轴上已经得到了应用，不仅利用了其高强度和韧性，同时利用了其低密度的特点，减重后的驱动轴进一步提高了飞机的性能。成形过程采用复合材料坯由芯杆穿孔，然后通过无缝挤压制成管状轴杆，获得的轴杆最高转速提高了约 14%。

2.5.2 铝基复合材料在航天领域的应用

航天事业是世界高新技术发展水平的集中体现，是衡量一个国家综合国力的重要标志。无论是人造卫星、载人航天还是深空探测，对材料的要求均十分严苛。主体结构材料必须具备高刚度以避免振动，耐高温以承受气动加热，高强度以承受大过载。20 世纪 20 年代起，以美国为代表的国家逐渐开始了航天探索，并在 20 世纪 60 年代成功应用铝基复合材料于航天领域。例如，硼/铝复合材料具有良好的室温及高温强度，同时具有优异的疲劳强度，当含硼纤维体积分数为 47%时，10^7 次循环后室温疲劳强度约为 550MPa。硼/铝复合材料在航天器上首次应用是美国航空航天局(NASA)将 B_f/6061Al 复合材料作为航天飞机货仓段(轨道器中段)机身构架的加强桁架的管形支柱，整体机身构架含有 300 件带有端接头和钛套环的硼纤维增强铝基复合材料管形支撑件。与未采用该复合材料的传统设计相比，其减重 145 kg，减重效率达 44%。碳化硅纤维增强铝基复合材料也在 20 世纪 90 年代应用于弹体(含弹头)和宇航器，能够有效减轻宇航器的结构质量，从而进一步提高其承载能力，此外该复合材料的高温力学性能要优于传统的 LD10 铝合金，能够更加适应宇航的严苛环境要求。此外，碳纤维增强铝基复合材料因其超低轴向热膨胀、高轴向强度、轻质等特性，已被应用于哈勃望远镜并于 1990 年成功发射，该材料位于波导(高增益天线悬架)上，悬架长度达 3.6m，碳纤维增强铝基复合材料兼具良好的综合力学性能和导电性，同时可以有效抵抗放射性离子，对宇宙环境的适应能力良好，因此碳纤维增强铝基复合材料也被应用于卫星抛物面天线、红外发射镜等。

我国铝基复合材料在 2000 年左右也开始逐渐应用于航天器上，中国航发北京航空材料研究院研制的三种碳化硅颗粒增强铝基复合材料精铸件，包括支撑轮、镜身和镜盒，用于某型号卫星的遥感器定标装置，并成功地研制出空间光学反射镜坯缩比件(尹洪峰，2022)。哈尔滨工业大学团队制备出的 SiC/Al 复合材料管件成功应用于某型号卫星的天线丝杠，同时制备的 C_f/Al 复合材料也已经用于复杂薄壁舱体结构，显示出优异的静态和动态力学特性，解决了对质量、强度、刚度、空间耐候性等综合性能有着严格要求的航天结构件材料选用问题(武高辉等，2020)。中国科学院金属研究所采用粉末冶金法生产的 17%SiC/Al 复合材料列入航天材料采购目录，已批量用于空间飞行器结构。此外，上海交通大学制备了高性能原位自生纳米颗粒增强及碳化硅颗粒增强的铝基复合材料，具有轻质高强的特点，且在宽温度变化情况下尺寸稳定性好，具有优异的阻尼性能，能够满足航天恶劣环境服役条件的要求。这些材料已正式在"天宫二号"空间实验室的量子密钥、激光通信、冷原子钟和光谱仪等多种精密关键构件上得到了应用，为这些精密设备仪器的安全稳定运行提供了强力保障。高性能轻质高强铝基复合材料构件也成功在"玉兔号"月球车的车轮和"嫦娥三号"的多种遥测遥感仪器中得到了应用,助力"玉兔号"和"嫦娥三号"圆满完成任务。

碳纳米管 1991 年被发现以来,作为比碳纤维直径更细且长径比更大的一维增强体,逐渐成为新一代轻质高强铝基复合材料的重要增强体之一。2019 年,上海交通大学金属基复合材料国家重点实验室张荻、李志强研究团队与航天部门联合研制的某型新一代运载火箭碳纳米管铝基复合材料舱体,顺利通过了轴压静力试验考评。如图 2.31 所示,该舱体属于国内首个,也是国际上首次采用碳纳米管铝基复合材料的航空航天产品。轴压静力试验证明了该材料在多次轴压载荷下的性能稳定性,达到了结构优化设计的目标,验证了新材料的航天产品应用可行性,也证明金属基复合材料国家重点实验室在碳纳米管铝基复合材料制备、成形及应用技术方面达到了国内外领先水平。碳纳米管铝基复合材料舱体轴压静力试验的成功,为我国航天结构轻量化设计提供了新的材料选择。

图 2.31　上海交通大学团队研制的某新一代运载火箭用碳纳米管铝基制备的结构件及舱体

2.5.3　新型铝基复合材料的发展及应用展望

与传统铝合金相比,铝基复合材料具有更高的模量和强度,更高的使用温度及热稳定性、更优异的耐磨性和抗疲劳性,同时兼具良好的阻尼性能、低热膨胀系数等特点,是研究最多、应用最广泛的金属基复合材料。表 2.7 总结了纤维及颗粒增强铝基复合材料的性能及用途,可以看出纤维及颗粒增强铝基复合材料具有优良的力学性能,并广泛应用于航空航天领域。随着研究者们对铝基复合材料研究的不断深入,以及对双尺度晶粒增强机制、增强体强化机制认识的不断深入,逐渐制备出高性能的铝基复合材料,以满足航空航天更恶劣的工况条件。随着增强体的发展,以碳纳米管、石墨烯为代表的高性能一维、二维增强体成为铝基复合材料新型增强体,可以实现更高力学性能的突破,同时对耐磨性、导电性、导热性等均有明显的提升作用。此外,采用过渡金属碳化物/氮化物/碳氮化物(如 Ti_3C_2)衍生的二维层状材料(MXene)也成为 21 世纪新型增强体的代表之一,在铝基复合材料中得到应用。这些新型铝基复合材料相比传统的铝基复合材料具有更加优异的性能,在航空航天领域具有广阔的应用前景。

表 2.7 纤维及颗粒增强铝基复合材料的性能及用途

增强体	铝基复合材料的性能	铝基复合材料的用途
B 纤维	沿纤维方向抗拉强度达 1500MPa，弹性模量为 210GPa，疲劳强度稍低于碳纤维增强复合材料	航天飞机构件、飞机机身结构和飞机发动机风扇叶片、压缩机叶片等零部件
C 纤维	高强度、高弹性模量，耐磨性和导电性好，有优异的耐热性能，250℃的抗拉强度保持在室温的 80%以上，疲劳强度比铝合金高近 40%	航天器构件、飞机构件、发动机零部件、集成电路的封装件、电子设备的基板等
SiC 纤维	质量轻，高比强度，高比刚度，优良的抗疲劳性	飞机、导弹及发动机结构件，可替代 100~300℃服役的钛合金零件
Al_2O_3 纤维	比强度及比模量大，600℃的强度和弹性模量几乎与室温下相同，疲劳强度高，耐腐蚀性能比其他纤维增强复合材料更优	航天器中某些设备和构件
碳纳米管	质量轻，高强度，高弹性模量，室温及高温力学性能优异，400℃抗拉强度保持 200MPa	运载火箭碳纳米管铝基复合材料结构件及舱体
石墨烯	良好的综合力学性能，高比强度及比刚度，良好的导电及低的热膨胀系数	航空航天轻质构件，电子封装
SiC 颗粒	密度低，比强度及比模量高，导热系数高，与基体热膨胀匹配，尺寸稳定性好	微电子器件、飞机蒙皮、发动机构件、设备支架、卫星支架、波导天线、导弹翼等
Al_2O_3 颗粒	密度低，比刚度高，韧性好	Al_2O_3/6061Al 用于飞机零部件

参 考 文 献

卞凯, 2010. SiC_w/Al 复合材料的喷丸强化及数值模拟[D]. 上海: 上海交通大学.

曹利, 姚忠凯, 雷廷权, 1990. 碳化硅晶须增强铝复合材料的热性能[J]. 航空学报, (6): 308-310.

邓高生, 杨瑞宾, 刘忠侠, 2016. 短碳纤维增强 2024 铝基复合材料微屈服行为研究[J]. 特种铸造及有色合金, 36(6): 637-640.

董翠鸽, 王日初, 彭超群, 等, 2021. SiC_p/Al 复合材料研究进展[J]. 中国有色金属学报, 31(11): 3161-3181.

范瑞龙, 赵玉华, 刘世龙, 等, 2016. 复合熔铸法制备短碳纤维增强铝基复合材料[J]. 热加工工艺, 45(18): 127-128.

冯春祥, 范小林, 宋永才, 1999. 21 世纪高性能纤维的发展应用前景及其挑战:(Ⅰ)硅化物陶瓷纤维[J]. 高科技纤维与应用, 24(4): 1-8.

付高峰, 姜澜, 刘吉, 等, 2006. 反应自生氧化铝颗粒增强铝基复合材料[J]. 中国有色金属学报, 16(5): 853-857.

郭树起, 曹利, 韩圭焕, 等, 1987. 碳化硅晶须增强铝复合材料的研究[J]. 复合材料学报, 4(3): 32-39, 95-96.

胡明, 郑馥, 费维栋, 等, 2002. SiC 晶须增强铝基复合材料热膨胀行为与内应力关系的研究[J]. 复合材料学报, 19(5): 57-61.

焦成革, 姚忠凯, 1990. SiC 晶须增强铝复合材料[J]. 材料工程, (1): 16-19.

金培鹏, 韩丽, 王金辉, 2013. 轻金属基复合材料[M]. 北京: 国防工业出版社.

李承宇, 王会阳, 2011. 硼纤维及其复合材料的研究及应用[J]. 塑料工业, 39(10): 1-4, 11.

李华伦, 毛志英, 商宝禄, 等, 1991a. 铸造高强度 C/Al 复合材料[J]. 复合材料学报, (1): 21-25.

李华伦, 商宝禄, 毛志英, 等, 1991b. 铸造碳纤维增强铝基复合材料[J]. 航空学报, 12(12): 565-569.

刘晨曦, 于惠舒, 张楠楠, 等, 2021. 碳纤维增强铝基复合材料的研究现状[J]. 钢铁研究学报, 33(12): 1205-1218.

孟龙, 2009. 纤维增强铝基复合材料的研究现状[J]. 科技信息, (18): 437-438.

牛玉超, 耿浩然, 崔红卫, 2001. 反应生成 Al$_2$O$_3$ 颗粒增强铝基复合材料[J]. 山东机械, (6): 29-30.

强华, 徐尊平, 2008. 颗粒几何特征对 SiC 颗粒增强 Al 基复合材料力学行为的影响[J]. 轻合金加工技术, 36(10): 46-49.

秦蜀懿, 王文龙, 张国定, 1998. 颗粒形状 SiC$_p$/LD2 复合材料塑性的影响[J]. 金属学报, 34(11): 1193-1198.

秦蜀懿, 张国定, 2000. 改善颗粒增强金属基复合材料塑性和韧性的途径与机制[J]. 中国有色金属学报, 10(5): 621-629.

宋晓艳, 刘雪梅, 张久兴, 2005. SPS 过程中导电粉体的显微组织演变规律及机理[J]. 中国科学, 35(5): 459-469.

宋亚虎, 王爱琴, 马窦琴, 等, 2021. 微纳米混杂颗粒增强铝基复合材料的设计与研究进展[J]. 材料热处理学报, 42(7): 1-12.

孙长义, 蔡杉, 佘冬苓, 1996. 硼／铝复合材料管构件的界面特性[J]. 材料工程, (6): 33-35.

吴人洁, 2000. 复合材料[M]. 天津: 天津大学出版社.

武高辉, 2016. 金属基复合材料设计引论[M]. 北京: 科学出版社.

武高辉, 匡泽洋, 2020. 装备升级换代背景下金属基复合材料的发展机遇和挑战[J]. 中国工程科学, 22(2): 79-90.

徐尊平, 程南璞, 强华, 等, 2009. 几何特征对 SiC 颗粒增强 Al 基复合材料力学行为的影响[J]. 稀有金属材料与工程, 38(11): 1974-1977.

薛云飞, 2019. 先进金属基复合材料[M]. 北京: 北京理工大学出版社.

闫洁, 2009. 硼纤维增强铝基复合材料的研究进展[J]. 上海金属, 31(6): 47-51.

姚忠凯, 耿林, 1989. SiC 晶须增强铝复合材料研究进展[J]. 兵器材料科学与工程, (8): 65-73.

尹洪峰, 2022. 复合材料[M]. 北京: 冶金工业出版社.

于建彤, 李春志, 1995. 碳化硅纤维增强铝基复合材料的界面组织研究[J]. 材料工程, (4): 32-34.

于琨, 1992. 金属基复合材料现状与存在的问题[J]. 材料工程, (S1): 45-53.

张涛, 王晓薇, 吴运学, 1991. 碳化硅纤维增强铝基复合材料截锥壳外压强度试验研究[J]. 宇航材料工艺, (6): 45-50.

张兆辉, 邓建汉, 周明, 等, 2002. 碳化硅晶须增强铝基复合材料的腐蚀行为研究进展[J]. 中国锰业, (2): 39-41.

张云鹤, 武高辉, 2007. 一种轻质高强碳纤维增强铝基复合材料[J]. 科技咨询导报, (14): 14.

郑莹莹, 2022. 连续碳纤维增强 Al 基复合材料及其趋势发展[J]. 现代制造技术与装备, 58(2): 93-101.

朱祖铭, 石南林, 王中光, 等, 1996. SiC 纤维表面改性对 SiC$_w$/Al 复合材料界面强度的影响[J]. 金属学报, 32(9): 1003-1008.

ALAHELISTEN A, BERGMAN F, OLSSON M, et al., 1993. On the wear of aluminium and magnesium metal matrix composites[J]. Wear, 165(2): 221-226.

ARSENAULT R J, SHI N, 1986. Dislocation generation due to differences between the coefficients of thermal expansion[J]. Materials Science and Engineering:A, 81: 175-187.

BARTOLUCCI S F, PARAS J, RAFIEE M A, et al., 2011. Graphene-aluminum nanocomposites[J]. Materials Science and Engineering: A, 528(27): 7933-7937.

BHADAURIA A, SINGH L K, LAHA T, 2018. Effect of physio-chemically functionalized graphene nanoplatelet reinforcement on tensile properties of aluminum nanocomposite synthesized via spark plasma sintering[J]. Journal of Alloys and Compounds, 748: 783-793.

BORCHARDT J K, 2004. Unmanned aerial vehicles spur composites use[J]. Reinforced Plastics, 48(4): 28-31.

CAO M, LUO Y Z, XIE Y Q, et al., 2019. The influence of interface structure on the electrical conductivity of graphene embedded in aluminum matrix[J]. Advanced Materials Interfaces, 6(13): 1900468.

CASATI R, FABRIZI A, TUISSI A, et al., 2015. ECAP consolidation of Al matrix composites reinforced with in-situ

γ-Al_2O_3 nanoparticles[J]. Materials Science and Engineering: A, 648(11): 113-122.

CHEN B, LI S, IMAI H, et al., 2015. Load transfer strengthening in carbon nanotubes reinforced metal matrix composites via in-situ tensile tests[J]. Composites Science and Technology, 113: 1-8.

COLEMAN J N, KHAN U, BLAU W J, et al., 2006. Small but strong: A review of the mechanical properties of carbon nanotube-polymer composites[J]. Carbon, 44(9): 1624-1652.

CORROCHANO J, CERECEDO C, VALCÁRCEL V, et al., 2008. Whiskers of Al_2O_3 as reinforcement of a powder metallurgical 6061 aluminium matrix composite[J]. Materials Letters, 62(1): 103-105.

EL-AZIZ K A, SABER D, SALLAM H E D M, 2015. Wear and corrosion behavior of Al-Si matrix composite reinforced with alumina[J]. Journal of Bio- and Tribo-Corrosion, 1(1): 2-10.

GAO X, YUE H Y, GUO E J, et al., 2016. Design and tensile properties of aluminum borate whiskers reinforced aluminum composite with low whisker volume fraction[J]. Composite Interfaces, 24(4): 371-379.

HASHIM J, LOONEY L, HASHMI M S J, 2002. Particle distribution in cast metal matrix composites-Part I[J]. Journal of Materials Processing Technology, 123(2): 251-257.

HIRAMATSU T, NISHIMURA T, 1989. Recent technological progress of PAN-based carbon fibre[J]. Materials & Design, 10(2): 93-100.

HONG S H, CHUNG K H, LEE C H, 1996. Effects of hot extrusion parameters on the tensile properties and microstructures of SiC_w-2124Al composites[J]. Materials Science and Engineering: A, 206(2): 225-232.

IBRAHIM I A, MOHAMED F A, LAVERNIA E J, 1991. Particulate reinforced metal matrix composites-A review[J]. Journal of Materials Science, 26(5): 1137-1156.

IMRAN M, KHAN A R A, 2019. Characterization of Al-7075 metal matrix composites: A review[J]. Journal of Materials Research and Technology, 8(3): 3347-3356.

IWAI Y, HONDA T, MIYAJIMA T, et al., 2000. Dry sliding wear behavior of Al_2O_3 fiber reinforced aluminum composites[J]. Composites Science and Technology, 60(9): 1781-1789.

IWAI Y, YONEDA H, HONDA T, 1995. Sliding wear behavior of SiC whisker-reinforced aluminum composite[J]. Wear, 181: 594-602.

KANG G Z, YANG C, ZHANG J X, 2002. Tensile properties of randomly oriented short δ-Al_2O_3 fiber reinforced aluminum alloy composites. I. Microstructure characteristics, fracture mechanisms and strength prediction[J]. Composites Part A: Applied Science and Manufacturing, 33(5): 647-656.

KANG Y C, CHAN S L I, 2004. Tensile properties of nanometric Al_2O_3 particulate-reinforced aluminum matrix composites[J]. Materials Chemistry and Physics, 85(2-3): 438-443.

KARTHIKEYAN L, SENTHILKUMAR V S, PADMANABHAN K A, 2010. On the role of process variables in the friction stir processing of cast aluminum A319 alloy[J]. Materials & Design, 31(2): 761-771.

KNOWLES A J, JIANG X, GALANO M, et al., 2014. Microstructure and mechanical properties of 6061 Al alloy based composites with SiC nanoparticles[J]. Journal of Alloys and Compounds, 615(S1): S401-S405.

KRUPAKARA P V, 2013. Corrosion characterization of Al6061/red mud metal matrix composites[J]. Portugaliae Electrochimica Acta, 31(3): 157-164.

KURZAWA A, PYKA D, JAMROZIAK K, et al., 2018. Analysis of ballistic resistance of composites based on EN AC-44200 aluminum alloy reinforced with Al_2O_3 particles[J]. Composite Structures, 201: 834-844.

KUZUMAKI T, MIYAZAWA K, ICHINOSE H, et al., 1998. Processing of carbon nanotube reinforced aluminum composite[J]. Journal of Materials Research, 13(9): 2445-2449.

KUMAR P L, LOMBARDI A, BYCZYNSKI G, et al., 2022. Recent advances in aluminium matrix composites reinforced with graphene-based nanomaterial: A critical review[J]. Progress in Materials Science, 128: 100948.

KUMAR P S S R, SMART D S R, ALEXIS S J, 2018. Corrosion behaviour of aluminium metal matrix reinforced with multi-wall carbon nanotube[J]. Journal of Asian Ceramic Societies, 5(1): 71-75.

LEE W, JANG S, KIM M J, et al., 2008. Interfacial interactions and dispersion relations in carbon-aluminium nanocomposite systems[J]. Nanotechnology, 19(28): 285701.

LI B, SHEN Y, LUO L, et al., 2013. Fabrication of TiC_p/Ti-6Al-4V surface composite via friction stir processing (FSP): Process optimization, particle dispersion-refinement behavior and hardening mechanism[J]. Materials Science and Engineering: A, 574: 75-85.

LI J L, XIONG Y C, WANG X D, et al., 2015. Microstructure and tensile properties of bulk nanostructured aluminum/graphene composites prepared via cryomilling[J]. Materials Science and Engineering: A, 626(25): 400-405.

LIM D K, SHIBAYANAGI T, GERLICH A P, 2009. Synthesis of multi-walled CNT reinforced aluminium alloy composite via friction stir processing[J]. Materials Science and Engineering: A, 507(1-2): 194-199.

MA D, WANG J, XU K, 2002. Equal channel angular pressing of a SiC_w reinforced aluminum-based composite[J]. Materials Letters, 56(6): 999-1002.

MAHDAVI S, AKHLAGHI F, 2010. Effect of SiC content on the processing, compaction behavior, and properties of Al6061/SiC/Gr hybrid composites[J]. Journal of Materials Science, 46(5): 1502-1511.

MALLIREDDY N, SIVA K, 2020. Investigation of microstructural, mechanical and corrosion properties of $AA7010-TiB_2$ in-situ metal matrix composite[J]. Science and Engineering of Composite Materials 27: 97-107.

MANU K M S, RAJAN T P D, PAI B C, 2016. Structure and properties of squeeze infiltrated zirconia grade-aluminosilicate short fiber reinforced aluminum composites[J]. Journal of Alloys and Compounds, 688: 489-499.

MAO D, MENG X, XIE Y, et al., 2022. Strength-ductility balance strategy in SiC reinforced aluminum matrix composites via deformation-driven metallurgy[J]. Journal of Alloys and Compounds, 891: 162078.

MAZAHERY A, SHABANI M O, 2012a. Characterization of cast A356 alloy reinforced with nano SiC composites[J]. Transactions of Nonferrous Metals Society of China, 22(2): 275-280.

MAZAHERY A, SHABANI M O, 2012b. Nano-sized silicon carbide reinforced commercial casting aluminum alloy matrix: Experimental and novel modeling evaluation[J]. Powder Technology, 217: 558-565.

MCCULLOUGH C, DEVE H E, CHANNEL T E, 1994. Mechanical response of continuous fiber-reinforced Al_2O_3 Al composites produced by pressure infiltration casting[J]. Materials Science and Engineering: A, 189(1): 147-154.

MCNELLEY T R, SWAMINATHAN S, SU J Q, 2008. Recrystallization mechanisms during friction stir welding/processing of aluminum alloys[J]. Scripta Materialia, 58(5): 349-354.

MISHRA R S, Mahoney M W, MCFADDEN S X, et al., 2000. High strain rate superplasticity in a friction stir processed 7075 Al alloy[J]. Scripta Materialia, 42: 163-168.

MOHAMMED S, CHEN D L L, 2020. Carbon nanotube-reinforced aluminum matrix composites[J]. Advanced Engineering Materials, 22(4): 26.

MOHN W R, VUKOBRATOVICH D, 1988. Recent applications of metal matrix composites in precision instruments and optical systems[J]. Journal of Materials Engineering, 10(3): 225-235.

MOLINA J M, SARAVANAN R A, ARPÓN R, et al., 2002. Pressure infiltration of liquid aluminium into packed SiC particulate with a bimodal size distribution[J]. Acta Materialia, 50(2): 247-257.

MORENO M F, OLIVER C J R G, 2006. Compression creep of PM aluminum matrix composites reinforced with SiC short fibres[J]. Materials Science and Engineering: A, 418(1-2): 172-181.

NAM T H, REQUENA G, DEGISCHER P, 2008. Thermal expansion behaviour of aluminum matrix composites with densely packed SiC particles[J]. Composites Part A: Applied Science and Manufacturing, 39(5): 856-865.

OSTOVAN F, HASANZADEH E, TOOZANDEHJANI M, et al., 2019. A combined friction stir processing and ball milling route for fabrication Al5083-Al_2O_3 nanocomposite[J]. Materials Research Express, 6(6): 065012.

PATNAIK A, SATAPATHY A, BISWAS S, 2010. Investigations on three-body abrasive wear and mechanical properties of particulate filled glass epoxy composites[J]. Malaysian Polymer Journal, 5: 37-48.

RAJEEV V R, DWIVEDI D K, JAIN S C, 2009. Effect of experimental parameters on reciprocating wear behavior of Al-Si-SiC composites under dry condition[J]. Tribology Online, 4(5): 115-126.

RAMACHANDRAN K, SELVARAJAN V, ANANTHAPADMANABHAN P V, et al., 1998. Microstructure, adhesion, microhardness, abrasive wear resistance and electrical resistivity of the plasma sprayed alumina and alumina-titania coatings[J]. Thin Solid Films, 315(1): 144-152.

RAMAKRISHNAN V, RAMASAMY A, GUPTA P, et al., 2002. Thermal characterization of aluminum and magnesium MMCs by TMA[C]. Thiruvananthapuram: Indian Society for Advancement of Material and Process Engineering National Conference.

RAWAL S, DAS T, SIDPARA A M, et al., 2022. Fabrication and characterization of Al/GNPs composite by bottom pouring stir casting[J]. Materials Letters, 327(15): 133002.

SADEGHI B, SHAMANIAN M, ASHRAFIZADEH F, et al., 2018. Friction stir processing of spark plasma sintered aluminum matrix composites with bimodal micro- and nano-sized reinforcing Al_2O_3 particles[J]. Journal of Manufacturing Processes, 32: 412-424.

SAJJADI S A, EZATPOUR H R, TORABI PARIZI M, 2012. Comparison of microstructure and mechanical properties of A356 aluminum alloy/Al_2O_3 composites fabricated by stir and compo-casting processes[J]. Materials & Design, 34: 106-111.

SAKA N, SUH N P, 1977. Delamination wear of dispersion-hardened alloys[J]. Journal of Engineering for Industry, 99(2): 289-294.

SIJO M T, JAYADEVAN K R, 2016. Analysis of stir cast aluminium silicon carbide metal matrix composite: A comprehensive review[J]. Procedia Technology, 24: 379-385.

SONG M, 2009. Effects of volume fraction of SiC particles on mechanical properties of SiC/Al composites[J]. Transactions of Nonferrous Metals Society of China, 19(6): 1400-1404.

STARKE E A, STALEY J T, 2011. Application of modern aluminium alloys to aircraft[J]. Progress in Aerospace Science, 32(2-3): 131-172.

STEFANESCU D M, DHINDAW B K, 1988. ASM Handbook[M]. New York: ASM International.

SU H, GAO W, FENG Z, et al., 2012. Processing, microstructure and tensile properties of nano-sized Al_2O_3 particle reinforced aluminum matrix composites[J]. Materials & Design, 36: 590-596.

SUN Z Q, ZHANG D, LI G B, 2005. Evaluation of dry sliding wear behavior of silicon particles reinforced aluminum matrix composites[J]. Materials & Design, 26(5): 454-458.

SRIVATSAN T S, RAVI B G, PETRAROLI, et al., 2002. The microhardness and microstructural characteristics of bulk molybdenum samples obtained by consolidating nanopowders by plasma pressure compaction[J]. International Journal of Refractory Metals and Hard Materials, 20: 181-186.

TAMURA H, TANAKA Y, SAITO F, et al., 2011. Quantitative analysis of debris from SiC-fiber-reinforced aluminum-alloy targets impacted by spherical projectiles[J]. International Journal of Impact Engineering, 38(8-9): 686-696.

TIAN W S, ZHAO Q L, ZHANG Q Q, et al., 2018. Enhanced strength and ductility at room and elevated temperatures of Al-Cu alloy matrix composites reinforced with bimodal-sized TiC_p compared with monomodal-sized TiC_p[J]. Materials Science and Engineering: A, 724(2): 368-375.

UJAH C O, POPOOLA A P I, POPOOLA O M, et al., 2020. Influence of CNTs addition on the mechanical, microstructural, and corrosion properties of Al alloy using spark plasma sintering technique[J]. The International Journal of Advanced Manufacturing Technology, 106(7-8): 2961-2969.

WANG P, LIU F, WANG H, et al., 2019. A review of third generation SiC fibers and SiC_f/SiC composites[J]. Journal of Materials Science & Technology, 35(12): 2743-2750.

XIE M S, WANG Z, ZHANG G Q, et al., 2020. Microstructure and mechanical property of bimodal-size metallic glass particle-reinforced Al alloy matrix composites[J]. Journal of Alloys and Compounds, 814(25): 152317.

XU R, FAN G, TAN Z, et al., 2017. Back stress in strain hardening of carbon nanotube/aluminum composites[J]. Materials Research Letters, 6(2): 113-120.

XU W, JIN X, XIONG W, et al., 2018. Study on hot deformation behavior and workability of squeeze-cast 20 vol%SiC_w/6061Al composites using processing map[J]. Materials Characterization, 135: 154-166.

XU Y, TANAKA Y, MURATA M, et al., 2005. Thermal conductivity of unidirectionally aligned SiC whisker reinforced Al alloy matrix composite with interfacial thermal resistance[J]. Materials Transactions, 46(2): 148-151.

YUE H Y, GUO E J, FEI W D, et al., 2012. Effects of Cr_2O_3 coating of whiskers on the tensile properties and thermal stability of aluminum borate whiskers reinforced 2024Al composite[J]. Materials Science & Engineering: A, 533(30): 33-37.

YUE H Y, WANG L D, FEI W D, 2008. Improvement of the tensile strength of $Al_{18}B_4O_{33w}$/Al composite at elevated temperatures by change of interfacial state[J]. Materials Science and Engineering: A, 486(1-2): 409-412.

ZHANG G P, MEI Q S, CHEN F, et al., 2019a. Production of a high strength Al/($TiAl_3$+Al_2O_3) composite from an Al-TiO_2 system by accumulative roll-bonding and spark plasma sintering[J]. Materials Science and Engineering: A, 752(3): 192-198.

ZHANG L J, QIU F, WANG J G, et al., 2015. Microstructures and mechanical properties of the Al2014 composites reinforced with bimodal sized SiC particles[J]. Materials Science and Engineering: A, 637(18): 70-74.

ZHANG L J, QIU F, WANG J G, et al., 2017. Nano-SiC_p/Al2014 composites with high strength and good ductility[J]. Science and Engineering of Composite Materials, 24(3): 353-359.

ZHANG X, CHEN Y, HU J, 2018. Recent advances in the development of aerospace materials[J]. Progress in Aerospace Sciences, 97: 22-34.

ZHANG X, XU X, JIANG Z, et al., 2019b. Effect of SiC_w volume fraction on microstructure and properties of SiC_w/Al composite fabricated by hot isostatic pressing-hot pressing[J]. Materials Research Express, 6(11): 1165f4.

ZHOU D, QIU F, JIANG Q, 2015. The nano-sized TiC particle reinforced Al-Cu matrix composite with superior tensile ductility[J]. Materials Science and Engineering: A, 622(12): 189-193.

第3章 航空航天用钛基复合材料

钛基复合材料(titanium matrix composites, TMCs)是 21 世纪初兴起的一种新型材料,其通过增强体与钛合金基体复合的特点,实现钛合金结构强度和功能特性的进一步提升。例如,SiC 和 C 等材料作为增强体制备的 TMCs 展现出超高的室温、高温强度及耐磨性,弥补了钛合金导热性能和耐高温性能差等不足,有望成为突破大推重比航空航天飞行器的关键技术之一。增强体材料和 Ti 基体合金巨大的物理化学性质差异,以及钛合金活泼的化学特性,加剧 TMCs 的制备难度和加工成本,如何制备组织稳定的大型 TMCs 构件成为推动其应用的关键问题之一。3D 打印等新型成形工艺技术的兴起,有效地扩宽了 TMCs 的成形工艺窗口,并有望降低加工成本,实现 TMCs 复杂构型产品的一体化生产。目前,欧、美、日等发达国家及地区已经在航空发动机和飞机侧翼等关键部位采用 TMCs 的结构件,对航空飞机的关键部位进行升级,使得飞机的服役性能进一步提高。我国在该领域研究起步较晚,但发展迅速,已在飞机的一些关键部位实现应用,并有望进一步实现航空飞机结构材料的升级,成为我国下一代航空航天关键零部件材料产业升级的关键因素之一。

3.1 常 见 分 类

增强体的特性、含量和分布对 TMCs 的性能和应用起决定性作用,故可根据所选用的增强体进行分类,主要分为连续纤维增强钛基复合材料和非连续增强钛基复合材料。下面将根据此种分类方式进行简要介绍。

3.1.1 连续纤维增强钛基复合材料

连续纤维增强钛基复合材料是一种在钛合金基体中引入连续长纤维增强体的复合材料。当外载荷作用在复合材料时,外力通过界面传递至纤维增强体,使得长纤维成为承载的主体。常见的部分商用连续纤维增强体如表 3.1 所示。SiC_f 具备优良的高温强度、热稳定性和抗氧化性。以 Al_2O_{3f} 为代表的单晶纤维,具有优异的热稳定性和力学性能,热膨胀系数更接近钛合金基体,且增强体与基体热应力小,制备及热循环过程中不易形成微裂纹。目前,Al_2O_{3f} 保护涂层工艺不成熟,价格昂贵,仍待进一步开发探索。此外,C_f 和 B_f 也是 TMCs 中常用的纤维增强体，但由于二者都易与钛基体发生反应，严重影响增强效果，相关的界面改性工艺成本昂贵，其商业应用较少。

表 3.1　部分商用连续纤维增强体

类型	名称	直径/μm	抗拉强度/GPa	模量/GPa	保护涂层	涂层厚度/μm
SiC$_f$	σ-SM1140+	106	3.4	400	—	—
SiC$_f$	σ-SM1240	100	—	—	C+TiB	1.3+1.3
SiC$_f$	SCS-0	140	—	—	无涂层	—
SiC$_f$	SCS-6	140	4.0	400	富碳双涂层	2~4
SiC$_f$	SCS-ultra	140	6.2	420		
SiC$_f$	Trimarc	125	3.5	410	三层碳涂层	3
Al$_2$O$_{3f}$	Sapphire	120	3.4	410	—	—

图 3.1 展示了 SiC$_f$/Ti64(Ti-6Al-4V)复合材料的金相组织及界面结构。连续纤维增强 TMCs 中的纤维排布受制备方法的限制，此外，不同制备方法所得复合材料中纤维增强体的体积分数也有所不同，最高不超过 80%。图 3.1(a)中所示的 SiC$_f$/Ti64 复合材料的纤维呈不规则排布，纤维分布均匀，其体积分数约为33%。由于连续纤维增强 TMCs 中，基体所受载荷通过复合界面传递至纤维，复合材料的界面结合状态、化学反应和残余应力状态对材料的性能有直接影响。图 3.1(b)所示的复合材料界面中，SiC$_f$ 与 Ti64 基体之间存在较薄的 C 涂层。C 涂层的主要作用是保护纤维整体不受界面反应损害，常见的保护涂层有 TiN 涂层和 C 涂层等。当使用 C 作为保护涂层时，界面反应产物通常为 TiC。此外，Ti64 基体的组织细小，在靠近界面处主要由等轴 α 相和残余 β 相板条组成。该微观组织的形成与成形过程中的元素扩散和应力分布有关(Feng et al., 2015)。

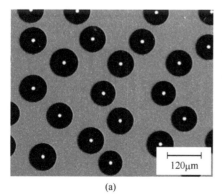
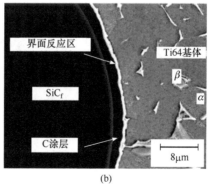

(a)　　　　　　　　　　　　　　(b)

图 3.1　SiC$_f$/Ti64 复合材料金相组织及界面结构
(a) 金相组织；(b) 界面结构

3.1.2　非连续增强钛基复合材料

非连续增强钛基复合材料是在钛合金基体中引入非连续增强体的复合材料。非连续增强体主要包括颗粒、晶须和短纤维，这三类增强体在形状尺寸上存在显著区别，如表 3.2 非连续增强体形状参数所示。相较于连续纤维增强 TMCs，非连续增强 TMCs 解决了制备过程复杂、工艺不成熟、成本过高等问题。非连续增强体在基体中的弥散分布，具有各向同性和更好的机械加工性，适用于承受复杂应力状态。在航空航天用非连续增强 TMCs 中，TiC_p 和 TiB_w 是较为常见的增强体，二者的热膨胀系数和热力学属性与 Ti 基体十分接近，且具备优异的物理性能和力学性能。图 3.2 展示了三种不同非连续增强体增强的 TMCs 金相组织。图 3.2(a)中的 TiC_p 是 Ti_3SiC_2 与 Ti64 基体原位反应产物，在 β 转变温度以上时，这些 TiC_p 在晶界处生成并钉扎晶界，抑制 β 晶粒的粗化(Huang et al., 2021b)。图 3.2(b)中的 TiB_w 是 TiB_2 与 Ti64 基体原位反应生成的，存在于粉末边界，形成准连续网状微观结构。Ti64 基体中的 α 相呈片层状，其间分布着细小的 β 相；TiB_w 主要呈针状，这是因为 TiB 在[010]择优生长(Zhang et al., 2022)。图 3.2(c)中的 TiB 短纤维在经过热拉拔后由均匀分布的杂乱取向变为了沿变形方向的平行排列。由于短纤维增强体具有较大的长径比，可以通过热变形控制其排布方向，以强化材料的单向力学性能，但此时的复合材料也会呈现各向异性(Gaisin et al., 2015)。

表 3.2　非连续增强体形状参数

增强体种类	直径/μm	长径比	晶粒
颗粒	0~100	<10	单晶/多晶
晶须	<1	>10	单晶
短纤维	7~10	10~100	多晶

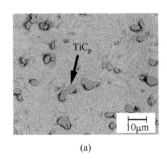 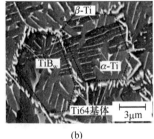 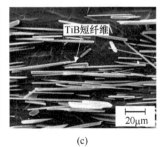

(a)　　　　　　　　　　　　(b)　　　　　　　　　　　　(c)

图 3.2　不同非连续增强体增强的 TMCs 金相组织

(a)TiC_p；(b)TiB_w；(c)TiB 短纤维

除 TiC_p 和 TiB_w 以外，其他多种陶瓷材料也可作为非连续增强体被应用于 TMCs 中。Ti_5Si_3 具有高比强度和高熔点，尤其在高温下具有良好的抗氧化和抗蠕变性能，其热膨胀系数也与 Ti 基体相近，故 Ti_5Si_3 颗粒增强 TMCs 是潜在的高温结构材料，且在耐磨和耐腐蚀领域也有广阔的应用前景。除陶瓷材料外，纳米碳材料也成为用于 TMCs 的新型增强体。纳米碳材料主要包括 CNTs、石墨烯纳米片(graphene nanoplatelets, GNPs)和纳米金刚石(nano diamond, ND)。

CNTs 作为一种纳米增强体展现出比 SiC_p 和 TiC_p 等增强体更显著的强化效果(Liu et al., 2022; Munir et al., 2017)。CNTs 易与 Ti 基体发生反应，在 CNTs 缺陷处形成 TiC_p，细化晶粒的同时提高了组织的致密度。图 3.3 展示了纯 Ti 与 CNTs/Ti 复合材料的金相组织，其中箭头所指处即为外加的 CNTs。由图 3.3 可知，CNTs 的引入对基体晶粒组织产生了显著的细化作用，且随 CNTs 质量分数的上升，生成的 TiC 增多，Ti 基体晶粒尺寸减小(Li et al., 2013)。

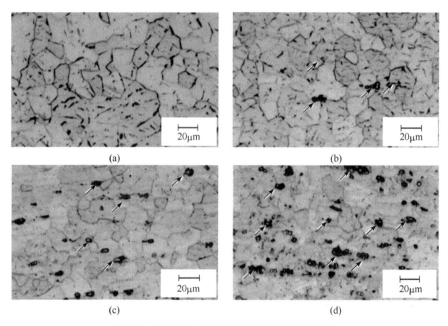

图 3.3　纯 Ti 与 CNTs/Ti 复合材料金相组织
(a) 纯 Ti；(b) CNTs 质量分数为 0.1 %；(c) CNTs 质量分数为 0.2 %；(d)CNTs 质量分数为 0.4 %

GNPs 具有单碳原子层结构、轻质和高强度的特性，有望大幅度提高航空航天用 TMCs 性能并实现减重(Yan et al., 2022)。在钛合金中引入微量的 GNPs 能有效提高钛合金的强度，而不降低塑性(Mu et al., 2017)。图 3.4 展示了粉末冶金法制备的不同质量分数(0.05%～0.3%)石墨烯增强 TC21 复合材料 SEM 图像。图 3.4(a)为 0.05%(质量分数)GNPs/TC21 复合材料，其组织为典型的魏氏组织，由板状 α 相、晶界 α 相和残余 β 相构成。当石墨烯质量分数超过 0.1% 时[图 3.4(b)和(c)]，在晶界处出现了原位 TiC 包裹的石墨烯带，且随石墨烯含量增加，Ti 基体晶粒尺寸减小，说明加入石墨烯也能有效细化晶粒(Yu et al., 2021)。

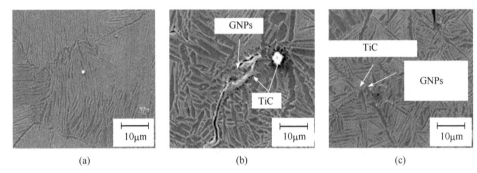

(a)　　　　　　　　　(b)　　　　　　　　　(c)

图 3.4　不同质量分数石墨烯增强 TC21 复合材料 SEM 图像
(a) 石墨烯质量分数为 0.05 %；(b) 石墨烯质量分数为 0.1 %；(c) 石墨烯质量分数为 0.3 %

ND 具有纳米材料与金刚石的双重特性，既具有高硬度、高耐磨性、良好的相容性等基本特性，又具有小尺寸效应、表面与界面效应等物理效应特征，是集优异的物化性能与力学性能于一体的增强体材料(Yushin et al., 2005)。图 3.5 展示了不同质量分数 ND/Ti 复合材料的金相组织。烧结态的复合材料均由等轴晶 α 相作为基体。烧结过程中部分 ND 与 Ti 基体反应生成 TiC，在金相组织中表现为分布于 Ti 基体晶界处的深色区域。随 ND 质量分数增加，晶界处原位生成的 TiC 增多，晶粒尺寸减小(刘苏丽, 2018)。

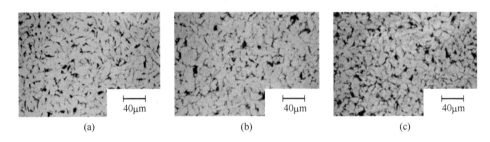

(a)　　　　　　　　　(b)　　　　　　　　　(c)

图 3.5　不同质量分数 ND/Ti 复合材料的金相组织
(a) ND 质量分数为 0.1 %；(b) ND 质量分数为 0.25 %；(c) ND 质量分数为 0.5 %

3.2　性　　能

钛及钛合金具有高比强度、良好的抗蚀性和优良的生物相容性等优点。

TMCs 是指在钛及钛合金的基础上引入增强体，使增强体的高强度、高模量与钛基体的延展性及韧性结合起来，从而表现出更为优异的物化性能、力学性能和耐磨性。

3.2.1　物化性能

1. 导热性能

钛及钛合金虽然具有优异的力学性能，但其导热性能较差，纯 Ti 室温导热系数仅为 16W/(m·K)，极大影响了其加工性能，限制其在工业上的进一步应用。常见的 TMCs 增强体，如 TiC_p 和 TiB_w 导热系数也较低，难以改善 TMCs 的导热性能。纳米碳材料具有极佳的导热性能，在室温下，单壁 CNTs 的导热系数高达 6600W/(m·K)，单层石墨烯的导热系数较高，为 4840~5300W/(m·K)。根据混合法则预测 TMCs 的导热系数可知，当加入 5%(体积分数)CNTs 时，TMCs 的室温导热系数由 26W/(m·K)提升至 174W/(m·K)。实验研究中，纳米碳材料的加入会导致 TMCs 导热性能的下降。钛基体通过电子的热运动传递能量，而含有 C—C 非金属键结构的石墨烯主要以声子运动传热，二者传递能量的方式和声子密度之间的差异导致复合界面处易产生很强的界面热阻。随石墨烯含量的增加，石墨烯与钛基体之间的界面增多，也会导致界面热阻上升(Yang et al.，2016)。此外，石墨烯团聚诱发界面裂纹和孔洞等缺陷，导致界面热阻急剧上升。因此，要调控好石墨烯的分布及界面大小，减小界面热阻，才能有效提高 TMCs 的导热系数。

2. 高温抗氧化性能

钛及钛合金具有良好的生物相容性和耐腐蚀性。在航空航天领域中，钛合金及 TMCs 也因其良好的高温抗氧化性能而备受关注。对于在高温条件下工作的金属或合金，判断其高温抗氧化性能优劣的重要标准是在含氧气氛下能否保持优良的使用性能，而其关键在于金属或合金表面能否形成一层均匀致密且附着性好的保护性氧化层(Tao et al.，2005)。室温条件下，纯钛的氧化层主要由金红石型和锐钛矿型的 TiO_2 组成。温度高于 700℃时，锐钛矿型 TiO_2 向结构疏松的金红石型 TiO_2 发生不可逆转变，难以起到保护钛基体的作用，同时也容易发生剥落。在 Ti 中添加 Al、Ni、Nb、V、Mo、Mn 和稀土等合金元素能显著提升钛合金的高温抗氧化能力，即利用合金元素的吸氧反应抑制间隙氧原子的扩散，并形成保护性氧化层代替 TiO_2 抑制氧化(Gyoergy et al.，2007)。

增强体的引入使得 TMCs 的氧化过程变得更为复杂，航空航天用 TMCs 中常用的增强体是 TiC_p 和 TiB_w。TiC_p 与 Ti 基体的界面结构存在大量空位，在一定温度下氧原子不需要较高的扩散激活能就能沿界面扩散，有利于在复合界面处快速形成致密的氧化层，对基体内部起到保护作用，呈现出较强的抗高温氧化性能。TiC_p 在 $1100\sim1200℃$ 的高温下仍能保持较好的抗氧化性，能显著提升 TMCs 的高温抗氧化能力。TMCs 氧化初期，氧化反应由基体晶界向基体晶内推进，最后与 TiC_p 发生反应。因此，TMCs 中基体与增强体的氧化机制不同，整体表现为非均匀氧化，其氧化物的形成受 TiC_p 和复合界面的影响。TiC_p 的引入能够降低TMCs 的热膨胀系数并细化晶粒，抑制了氧化过程中材料内部微裂纹的形成和扩展。均匀分布的 TiC_p 还提供了众多的 TiO_2 形核位点，促进在材料表面形成细小致密的氧化物，且 TiC_p 含量越高，生成的 TiO_2 尺寸越小，对 Ti 基体有更好的保护效果(Qin et al., 2005)。

TiB$_w$的抗氧化性能与 TiC 相似，TiB$_w$增强 TMCs 也以非均匀氧化机制为主。均匀分布的 TiB$_w$不仅能够细化 Ti 基体晶粒，而且作为 TiO_2 非均质形核的形核位点，同时提高材料与氧气接触面积并降低形核间距，促进局部致密氧化层的形成。细小的 TiO_2 颗粒通过塑性变形和蠕变释放氧化过程中产生的生长应力和热应力，确保氧化层的致密度。此外，TiB$_w$ 的热膨胀系数与 Ti 基体及氧化层相似，可以降低氧化过程中的热应力，抑制氧化层的开裂倾向。在 $550\sim650℃$下，TiB$_w$/Ti 复合材料的氧化层与 TiC_p/Ti 复合材料类似，都由金红石型 TiO_2 构成。TiB$_w$/Ti 复合材料表面氧化层更为致密、均匀，故具有更好的抗高温氧化性能(覃业霞等，2005)。

3.2.2　力学性能

1. 准静态拉伸性能

1) 连续纤维增强 TMCs

在室温及高温服役条件下，沿纤维排布方向的单向拉伸力学性能是连续纤维增强钛基复合材料最突出的优势。以 SiC_f/Ti 复合材料为例，图 3.6 展示了 SiC_f/Ti复合材料及其基体合金在 $25\sim800℃$ 的抗拉强度。由图可知，传统的 $\alpha+\beta$ 钛合金(Ti64)、TiAl(Ti$_3$Al)和 Ti-Al-Nb(Ti-14Al-21Nb)的抗拉强度在室温下为 $400\sim1200MPa$，800℃时为 $250\sim500MPa$；SiC_f/Ti 复合材料在室温下的抗拉强度为$1500\sim2300MPa$，800℃时仍高达 1700MPa，说明 SiC_f 的加入不仅显著提高了TMCs 的室温性能，同时也有效抑制了高温环境下钛合金力学性能的显著下降。连续纤维增强钛基复合材料的力学性能具有强烈的各向异性，导致其应用受限。

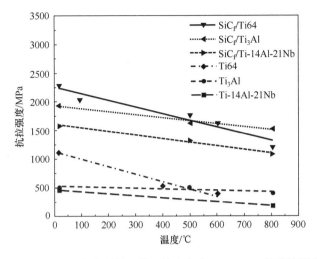

图 3.6 SiC$_f$/Ti 复合材料及其基体合金在 25～800℃的抗拉强度

2) 非连续增强 TMCs

相较于连续纤维增强 TMCs，非连续增强 TMCs 具有各向同性性质，能够服役于更为复杂的应力条件。图 3.7 展示了非连续增强 TMCs 及其基体合金在 25～800℃的抗拉强度。非连续增强体的加入提高了材料的抗拉强度，且随温度的升高，增强效果趋于明显。TMCs 中的增强体颗粒能通过阻碍位错运动，提高复合材料的抗拉强度。相较于通过固溶时效原位析出的硬化相，非原位增强体在高温下更稳定，具有较好的增强效果。表 3.3 统计了部分非连续增强 TMCs 的拉伸力学性能。非连续增强体的体积分数上升能够提高 TMCs 的强度，但会使其塑性降低。

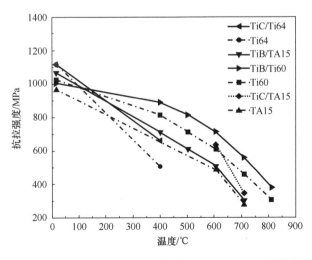

图 3.7 非连续增强 TMCs 及其基体合金在 25～800℃的抗拉强度

对增强体分布进行设计，制备的异质结构 TMCs 有望提升复合材料的塑性，并显著增加室温和高温下的强化效果。此外，使用多种增强体对 Ti 基体进行混合强化也有利于复合材料力学性能的综合提升。

表 3.3　部分非连续增强 TMCs 的拉伸力学性能

基体	增强体及其体积分数	制备工艺	屈服强度/MPa	抗拉强度/MPa	延伸率/%	参考文献
Ti	5% TiB	熔炼+热旋锻	639	787	12.5	Tsang 等 (1997)
Ti	10% TiB	熔炼+热旋锻	706	902	5.6	
Ti	15% TiB	熔炼+热旋锻	842	903	0.4	
Ti-6Al-4V	11% TiB	粉末冶金	—	1470	3.1	Chandran 等 (2002)
Ti	20% TiB	粉末冶金	—	673	0	
Ti-6Al-4V	20% TiB	粉末冶金	—	1170	2.5	
Ti-6.4Fe-10.3Mo	34% TiB	反应烧结+热压+热处理	—	736	0.5	Panda 等 (2003)
Ti-24.3Mo	34% TiB	反应烧结+热压+热处理	—	1105	0.5	
Ti-53Nb	34% TiB	反应烧结+热压+热处理	710	724	1.7	
Ti-6Al-4V	20% TiB	粉末冶金	1181	1215	0.5	Gorsse 等 (2003)
Ti-6Al-4V	40% TiB	粉末冶金	—	864	0	
Ti-22Al-27Nb	6.5% TiB	熔炼+热轧+热处理	818	992	4	Emura 等 (2004)
Ti-22Al-27Nb	6.5% TiB	粉末冶金+热轧+热处理	1068	1260	2.3	
Ti	0.18% CNTs	放电等离子烧结+热挤压	590	682	34.2	Kondoh 等 (2009)
Ti	0.24% CNTs	放电等离子烧结+热挤压	633	704	38.1	
Ti	0.35% CNTs	放电等离子烧结+热挤压	697	754	34.8	
Ti	4% TiB+0.97% TiC	粉末冶金	656	876	14.2	Li 等 (2015)
Ti	6.49% TiB +1.61% TiC	粉末冶金	766	995	7.8	
Ti	10.93% TiB +2.81% TiC	粉末冶金	916	1138	2.6	

续表

基体	增强体及其体积分数	制备工艺	屈服强度/MPa	抗拉强度/MPa	延伸率/%	参考文献
Ti-6Al-4V	5% TiC	放电等离子烧结	995	1076	3	Lagos 等 (2016)
Ti-6Al-4V	10% TiC	放电等离子烧结	1060	1116	3	
Ti-6Al-2Zr-2Mo-1V	5% TiC	增材制造	926	1086	4.32	Liu 等 (2009)
Ti-6Al-2Zr-2Mo-1V	10% TiC	增材制造	845	897	1.23	
Ti-6Al-2Zr-2Mo-1V	15% TiC	增材制造	806	886	1.33	

2. 抗疲劳性

1) 连续纤维增强 TMCs

高刚度的陶瓷增强体能够大幅提高 TMCs 的抗疲劳性，显著优于基体合金(MacKay et al., 1991)。图 3.8 展示了 SiC_f 增强 TMCs 及其基体合金的应力幅值-循环周次(S-N)曲线，由图可知，SiC_f 能显著提升 TMCs 的抗疲劳性，在低周疲劳和高周疲劳状态下，TMCs 的应力幅值都显著高于其基体合金。Ti-6Al-4V(Ti64)合金的使用寿命极限约为 500MPa，而 SiC_f/Ti64 的使用寿命极限为 750MPa(Hayat et al., 2019)。相关研究发现，随服役温度的提高，抗疲劳性的改善更为显著(Dunn et al., 1994)。

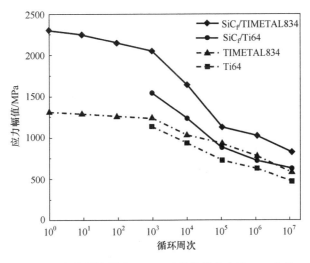

图 3.8　连续纤维增强 TMCs 及其基体合金的 S-N 曲线

2) 非连续增强 TMCs

与连续纤维增强 TMCs 相比，非连续增强 TMCs 的抗疲劳性显著降低。图 3.9 为非连续增强 TMCs 及其基体合金的 S-N 曲线。Lorca(2002)研究表明，TiC_p 的加入会导致 TMCs 的抗疲劳性下降，而 TiB_w 提高了 TMCs 的抗疲劳性，这说明非连续增强体对 TMCs 抗疲劳性的影响与增强体的形状和尺寸有关。此外，非连续增强 TMCs 的疲劳行为与增强体含量密切相关。增强体含量增加，复合材料 S-N 曲线向更高的应力幅值偏移，并在高周循环状态下趋于平缓，显著减轻其疲劳失效倾向，但会造成复合材料的塑性和断裂韧性下降(Leyens et al.，2003)，可通过对增强体和基体组织进行结构设计进一步增强其抗疲劳性。

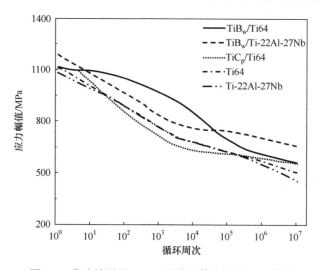

图 3.9　非连续增强 TMCs 及其基体合金的 S-N 曲线

3. 抗蠕变性能

材料的抗蠕变性能是影响其耐高温性能的重要因素，金属材料的蠕变分为三个阶段：减速蠕变阶段，蠕变速率随时间延长而下降；稳态蠕变阶段，蠕变速率保持不变(稳态蠕变速率简称"蠕变率")，并贡献了最大的蠕变应变，是最重要的蠕变阶段；加速蠕变阶段，蠕变速率随时间延长而增加。

1) 连续纤维增强 TMCs

连续纤维增强 TMCs 通常具有优异的抗蠕变性能，这是因为 SiC_f 等常用陶瓷纤维具有显著高于 Ti 基体的抗蠕变性能，能够阻碍基体蠕变。图 3.10 展示了不同基体的连续纤维增强 TMCs 纵向加载的稳态蠕变速率，在更高的蠕变温度和应力水平下，TMCs 相比钛合金拥有更低的稳态蠕变速率。连续纤维增强 TMCs 蠕变过程中，载荷由基体通过界面转移到纤维增强体(加载阶段)，基体中发生应力松弛。当应力较高时，高负荷纤维的缺陷富集处易产生应力集中，发生断裂导致基体塑性变形。基体的塑性变形会导致复合材料中局部应力的重新分配，使邻近的纤维来承受载荷，这种纤维的断裂在整个稳态蠕变阶段以几乎恒定的频率发生。因此，如果载荷从基体转移到纤维的速率、纤维断裂速率及载荷重新分配到纤维的速率处于平衡状态，则材料的蠕变速率恒定，即稳态蠕变。在持续的蠕变载荷下，复合材料内部多数增强体纤维发生断裂，纤维的断裂频率和最小蠕变率随外加应力的增大而增大；最终纤维断裂部位损伤累积、纤维强度降低和界面脱黏导致失效(Miracle et al., 1999)。

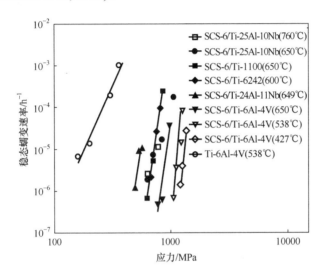

图 3.10　不同基体的连续纤维增强 TMCs 纵向加载的稳态蠕变速率

2) 非连续增强 TMCs

非连续增强体同样对 TMCs 的抗蠕变性能有显著影响。图 3.11 展示了 550℃时非连续增强 TMCs 及其基体合金稳态蠕变速率，非连续增强体虽然强化了纯 Ti 基体抗蠕变能力，但是 Ti64 合金基体体系中的非连续增强体反而导致了稳态蠕变速率的上升。在纯 Ti 基体的 TMCs 中，抗蠕变性能随增强体含量的增加而提高(Tsang et al., 1997)。非连续增强体的引入主要通过两个机制提高 TMCs 的抗蠕变性能，即增强体和基体间的载荷传递导致的高模量及增强体阻碍位错运动引起的强化效果。在 Ti64 合金中，抗蠕变性能与各相形貌、含量及晶粒尺寸有关。Ti64 合金本身具有较高的抗蠕变性能是因为 α/β 相界面能够阻碍位错运动，较大的晶粒尺寸也有助于减少晶界滑移和位错源，但增强体的引入会对上述参数造成影响，从而影响抗蠕变性能(Barboza et al., 2006)。

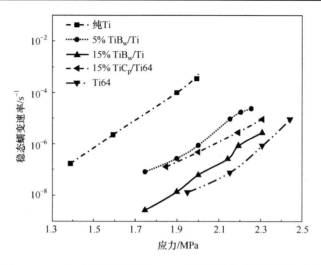

图 3.11　550℃时非连续增强 TMCs 及其基体合金稳态蠕变速率

5%、15%为对应增强体的体积分数

异质结构 TMCs 的发展为提高复合材料的抗蠕变性能提供了新思路，通过构建 TiB$_w$ 网络，可以显著提高 TiB$_w$/Ti64 复合材料的抗蠕变性能。TiB$_w$ 增强体的网状分布延缓了 Ti64 合金的变形，降低了复合材料的蠕变率；当 TiB$_w$ 处的裂纹失稳扩展，网状 TiB$_w$ 和基体之间的脱黏，最终发生断裂。因此，通过控制增强体在基体内部的含量与分布，能显著提高非连续增强 TMCs 的抗蠕变性能(Wang et al., 2017)。

4. 断裂韧性

1)连续纤维增强 TMCs

TMCs 的断裂韧性取决于基体和增强体的性能、加工方法、增强体在基体中的取向、分布和界面结合强度。SiC$_f$ 增强 TMCs 的断裂韧性相比传统钛合金较差，尤其是 SiC$_f$/TiAl 复合材料，该复合材料的抗冲击性能和损伤容限性较差。将具有韧性的 Ti64 合金与 TiAl 合金结合作为基体，SiC$_f$ 作为增强体制备复合材料有望提高其断裂韧性。在该复合材料中，高韧性的 Ti64 层作为柔性层来容纳残余应力，大幅提升 TiAl 基复合材料的断裂韧性。此外，Ti64 层能够有效抑制由脆性层引发的微裂纹扩展，并提高 TMCs 的断裂韧性和损伤容限性。纤维增强复合材料的增韧机制是纤维桥接的外源性增韧、增强体与基体界面(裂纹偏转或停止扩展)和基体塑性变形本征增韧的综合作用。在外加载荷的作用下脱黏，塑性变形区在裂纹尖端形成。随着载荷增大，基体和增强体的变形差异导致增强体与基体界面发生脱黏，纤维增强体拔出。因此，纤维增强 TMCs 的断裂韧性与基体、增强体的性能及界面结合强度有关。SiC$_f$/Ti64 合金的断裂韧性达到约

50MPa·m$^{1/2}$(纯钛及其合金断裂韧性为 28～108MPa·m$^{1/2}$)。在热处理后复合材料的断裂韧性降低，这是因为 SiC$_f$ 与 Ti64 基体间发生了深度的界面反应(Yang et al., 2010)。

2) 非连续增强 TMCs

在非连续增强 TMCs 中，增强体颗粒处应力集中形成的微裂纹可以通过韧性基体开裂桥接裂纹实现基体增韧。常见的钛合金增韧可以通过微裂纹成核产生的应力释放，连接微裂纹的剪切韧带形成，以及裂纹偏转或裂纹尖端钝化使得应力强度因子降低来实现。在 TiB$_p$ 增强 Ti-6Al-2Sn-4Zr-2Mo 合金(TMCs)中是通过 TiB$_p$ 的脱黏和断裂来实现增韧的，随着 TiB$_p$ 含量的增加，静态和动态断裂韧性都降低。TiB$_p$ 对裂纹扩展的阻力较小，且 TiB$_p$ 的存在提供了裂纹扩展路径，裂纹偏转小，因此随着 TiB$_p$ 含量的增加，裂纹扩展趋势增大，进一步降低了断裂韧性(Wang et al., 1999)。TiB$_w$ 作为增强体则能改善 TMCs 的断裂韧性。在晶须增强 TMCs 断裂过程中，载荷通过晶须增强体的大界面有效传递到增强体。此外，在晶须增强体断口周围存在撕裂棱，表明在完全断裂前基体发生了一定程度的塑性变形。因此，合理控制增强体的形状、尺寸能够提高 TMCs 的断裂韧性。此外，部分研究表明，纳米碳材料(如 CNTs)作为增强体能大幅提升 TMCs 的断裂韧性。

3.2.3　耐磨性

钛基体中加入硬质增强体能显著提升 TMCs 的硬度，有望改善其耐磨性。连续纤维增强 TMCs 由于成本高且具有各向异性，在耐磨领域的研究和应用较少，而非连续增强 TMCs 是常用的耐磨材料(Hayat et al., 2019)。

TMCs 摩擦磨损机制主要有磨粒磨损、黏着磨损和氧化磨损。TMCs 摩擦过程中，摩擦副表面温度升高，材料硬度降低、塑性升高，则会伴随黏着磨损和氧化磨损。此外，增强体在磨损过程中脱落，易与磨屑形成磨粒，发生磨粒磨损。若加入石墨等有润滑作用的增强体，增强体脱落反而起到自润滑作用。与传统钛合金相比，TMCs 耐磨性总结如下(钟亮等，2021)。

(1) TMCs 具有较高的硬度，从而减轻材料所受到的磨损。

(2) TMCs 优异的强度和剪切抗力。摩擦过程中，材料表面同时受到正应力和剪切应力，剪切抗力的提高能够降低磨损面受到的剪切作用，降低磨损率。

(3) TMCs 摩擦系数较低，且增强体含量越高其效果越明显。在相同载荷下，材料的摩擦系数越低，表面剪切应力越小，耐磨性更优异。增强体含量过高可能使 TMCs 脆性增加，磨损时易形成磨屑，发生严重的磨损现象。因此，适量的增强体有利于 TMCs 耐磨性的提高。

(4) 增强体能够延缓氧在钛基体中的扩散，减少 TMCs 的氧化磨损。

　　TMCs 虽具有优良的综合性能，但对 TMCs 进行耐磨设计能进一步提高其耐磨性。通常选择具有良好韧性的 $\alpha+\beta$ 钛合金或 β 钛合金为基体，如 Ti-1300、Ti-153 和 β-21S。以 TiNiAl 等金属间化合物作为基体能提供较高的强度，显著提升耐磨性。另外，选择硅化物(SiC、Si_3N_4、Ti_5Si_3)、纳米碳材料(石墨烯和 CNTs)、MAX 相等具有高硬度或自润滑特性的增强体，MAX 相是 $M_{n+1}AX_n$ 的缩写，其中 M 表示早期过渡金属元素，A 表示主族元素，X 表示 C 或 N。Si 元素的加入可以以原子形式固溶于基体或形成硅化物析出，起到固溶强化和析出强化作用，此外还能提高抗蠕变性和抗氧化性，有利于耐磨性的提高。石墨本身具有良好的润滑性，作为增强体能在 TMCs 摩擦磨损时起到润滑作用，提高耐磨性。MAX相的摩擦系数低，且具有自润滑的特性，此外还具有良好的抗氧化和耐腐蚀性能，能起到较好的保护作用，是作为耐磨 TMCs 增强体的理想材料。

　　图 3.12 展示了不同增强体种类及质量分数的 TMCs 耐磨性提高率。图中，GNPs 增强的 TMCs 具有优良的耐磨性，而使用 SiC_p 修饰的 GNPs 作为增强体，在复合材料界面原位生成固溶了 Si 原子的 TiC，提高复合材料的耐磨性；进一步提高 SiC_p 的含量，使复合材料形成 Ti_5Si_3+TiC 的界面结构和复合材料的耐磨性再次提升(Yan et al., 2022)。

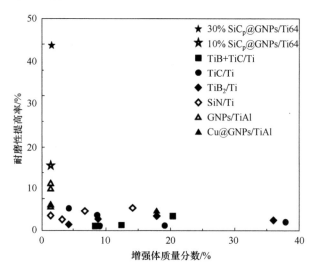

图 3.12　不同增强体种类及质量分数的 TMCs 耐磨性提高率

　　为提高 TMCs 的耐磨性，对耐磨 TMCs 的表面改性处理也是重要的途径。TMCs 表面改性处理技术包括电镀、化学镀、阳极氧化、微弧氧化、激光熔覆、渗镀(氮、碳、硼、钼等合金元素)、离子注入等。例如，碳氮共渗处理，在 TMCs 表面形成 TiN 和 TiC 改性层，从而改善 TMCs 的耐磨性。此外，还可以将先进喷射成形技术、增材制造技术应用于耐磨 TMCs 成形制备，提高其耐磨性(钟亮等，2021)。

3.3　制 备 方 法

　　TMCs 的制备始于 20 世纪 70 年代的美国，以连续纤维增强 TMCs 为主，随后扩展至英国、日本等国家。外加法由于操作简单、成本低廉，是当时主要的制备方法。外加法制备的复合材料强度往往不高，很难应用于高性能要求的结构材料。直至 1990 年前后，原位合成法的 TMCs 进一步优化复合材料的成形性。原位合成法利用钛基体和其他组分的化学反应原理，在复合材料内部原位合成尺寸细小、分布均匀、稳定性优异的增强体，提高基体和增强体之间的相容性与润湿性，显著强化复合材料的力学性能。该工艺制备非连续 TMCs 逐渐受到人们的关注。

　　TMCs 根据制备工艺可分为固态成形与液态成形两大类，如图 3.13 所示。液态成形是指原料在制备过程中经历固-液相变过程的 TMCs 制备方法，包括熔铸法、快速凝固、激光增材制造和气液合成技术等；固态成形是指粉末颗粒、铸锭或多孔片层等固体钛材料通过加热加压或者沉积的方式与增强体冶金结合制备 TMCs 的工艺方法，包括粉末冶金和纤维热压法等。其中，纤维增强 TMCs 常采用纤维热压法、熔铸法、粉末冶金等工艺(袁武华等，2005)；颗粒增强 TMCs 常采用熔铸法、粉末冶金和激光增材制造等方法。

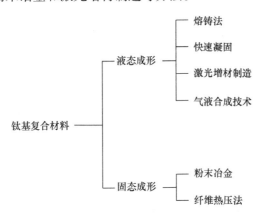

图 3.13　TMCs 的制备工艺分类

3.3.1　液态成形

1. 熔铸法

　　熔铸法是一种采用钛基体和增强体前驱物加热熔炼的成形方法。熔铸法适用于原位合成法，有利于增强体均匀分布，可以通过调整基体和增强体成分或凝固过程来获得期望的增强体尺寸、分布和界面。设计基体成分时，提高低扩散元素(如 Al、Mo、V 等)的含量可以减轻钛合金与增强体之间的反应，且部分合金元素的存在还会改善增强体的形貌或性能。例如，Al 会促进 TiC 颗粒由枝晶转变为短棒状或板状(吕维洁等，1999)；硼元素可以有效控制 TMCs 中基体的凝固组织和增强体的形貌，形成的 TiB 会进一步提高 TMCs 的强度(Sen et al., 2007)。此外，增强体形貌也会受到前驱体含量的影响，当碳含量较低时，TiC 呈短棒状或板状，增加碳元素可以促进枝晶 TiC 的生长(Yang et al., 2001)。该方法简单灵活，便于操作，可以在不改变钛合金熔炼设备的条件下直接制备复合材料大尺寸铸锭，适合工业化大规模生产，如真空电弧熔炼技术和感应凝壳熔炼技术、熔模铸造和离心铸造(周洋，2023)。

一方面，钛在熔融态下几乎可与所有耐火材料和气体发生反应，熔铸法全程需要惰性气体保护，这会导致该工艺的能耗增大且操作复杂。另一方面，熔铸法制备的 TMCs 铸锭往往晶粒粗大，增强体分布不均匀，并存在烧损、气孔、裂纹和元素偏析等问题，如图 3.14 所示，熔铸法制备的粗大 TiB_w 与基体具有较差的变形协调性，在外力的作用下，裂纹将优先在 TiB_w 中产生并扩展至基体中，这使得 TiB_w 过早失去了载荷传递作用，复合材料性能难以有效发挥(潘登，2022; Pan et al., 2022; Wang et al., 2015)。因此，熔铸法往往需要通过锻造、挤压或热等静压等后处理来消除缺陷、提升性能，生产成本和操作难度提高。

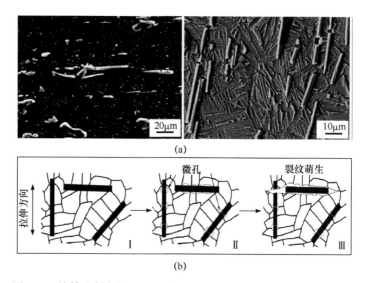

图 3.14 熔铸法制备的 TiB_w/Ti 复合材料的增强体形貌及断裂示意图
(a) 增强体形貌；(b) 增强体断裂示意图

2. 快速凝固

快速凝固是一种利用超高过冷度提高晶粒生长速率并实现快速成形的技术，即合金熔体快速冷却或遏制非均质形核的过程。快速凝固具有扩大固相平衡溶解度极限，减少偏析并获得超细的晶粒、非晶相和亚稳相，并抑制增强体粗化等特点，能显著提高复合材料力学性能，如通过等离子体电弧熔化离心雾化等技术制备含有高体积分数增强体(B 或 Si)的 TMCs。

快速凝固可以分为急冷法和深过冷法。急冷法的关键是冷却速率，冷却速率的增加会抑制晶粒生长，形成微晶或纳米晶，一般采用的冷却速率为 $10^3 \sim 10^6$K/s，适合小尺寸的铸件，包括模冷技术、雾化技术、熔融与沉积技术。深过冷法利用过冷度原理，将液态金属保持在液相线以下数百度以获得超大的过冷度，通过爆发形核获得细小的快速凝固组织，该工艺可以在较慢的冷却条件下制备大尺寸铸件(王涛等，2011)。

3. 激光增材制造

增材制造(additive manufacturing, AM)通常被称为3D 打印，是一种材料逐层可控沉积成形技术。该技术可以直接利用原始粉末或丝材高效生产出复杂的产品，极大地简化和加速了零件的生产制造过程。增材制造试样可获得与传统制造产品相当甚至更好的力学性能，同时还具备近净成形能力、极大的设计灵活性及高效低成本的优势。

AM 可分为固态成形(如固相摩擦挤压增材制造工艺、粉末超音速喷涂等)和液态成形两类。激光增材制造属于液态成形，包括激光粉床熔化(laser powder bed fusion, L-PBF)和激光近净成形(laser engineered net shaping, LENS)技术。

1) 激光粉床熔化

激光粉床熔化通常被称为选区激光熔化(selective laser melting, SLM)，SLM工艺制备的内容详见 2.3.4 节，是生产 TMCs 最主流的增材制造技术，成形的 TMCs 在工艺和组织性能上有以下特点。

(1) SLM 对粉末的球形度、流动性、表面质量及粉末的粒径分布范围等要求更为严格。

(2) TMCs 的最终成形质量、组织和力学性能与工艺参数密切相关。工艺窗口受设备、基体、增强体含量和种类的影响，图 3.15(a)为 Ye 等(2023)关于不同 SLM 参数下 TMCs 的组织形貌和力学性能的结果。

(3) 高能束增材制造技术有利于提高产品的致密度，可获得高性能 TMCs。随着增强体含量的提升，打印件的致密化程度会逐渐下降(Attar et al., 2018)。

(4) 除了难熔颗粒外，增材制造技术适用于原位合成法。图 3.15(b)展示了不同增强体在 SLM 制备 TMCs 中的组织形貌(Zhou et al., 2023)，析出的 TiB$_w$ 常分布于晶界处，形成了准连续的网状结构并钉扎晶界。TiC 在基体中均匀分布，以晶须状和树枝状为主(Gu et al., 2011)。

(5) 激光形成的小熔池可实现快速凝固，可以获得优于传统工艺的细晶组织和纳米级增强体(Banerjee et al., 2005)。

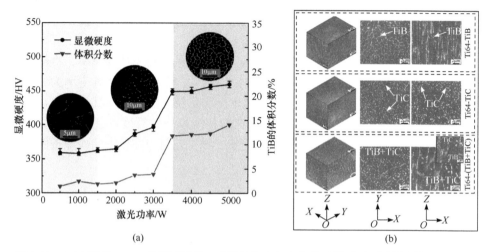

(a)　　　　　　　　　　　　　　　(b)

图 3.15　SLM 制备 TMCs 的组织形貌、力学性能和打印参数的关系及不同增强体的 SLM 打印件的组织形貌

(a) 组织形貌、力学性能和打印参数的关系; (b) 不同增强体 SLM 打印件的组织形貌

2) 激光近净成形技术

激光近净成形技术由美国桑迪亚国家实验室(Sandia National Laboratory)于 20 世纪 90 年代开发，通过激光在沉积区域产生熔池并持续熔化粉末或丝状材料而逐层沉积生成三维物件，图 3.16 展示了 LENS 工作过程(Hu et al., 2018)。LENS 技术由许多大学和机构独立研发，LENS 技术也称激光金属沉积(laser metal deposition, LMD)、直接金属沉积(direct metal deposition, DMD)、直接激光成形(direct laser fabrication, DLF)、激光快速成形(laser rapid forming, LRF)或直接能量沉积(directed energy deposition, DED)。

LENS 技术的打印效率高、工艺灵活性强，同时复合粉末/线材经历凝固后会形成与 SLM 类似的准连续网络结构或均匀分布组织。LENS 熔池尺寸较大，温度梯度和凝固速率降低，这导致沉积式增材制造打印 TMCs 零件的致密度、晶粒尺寸和强度均低于 SLM。此外，LENS 可以用于钛合金的表面涂覆，通过 TMCs 涂覆层提升零件的耐磨性。

4. 气液合成技术

气液合成技术是一种利用气体与液相金属反应制备复合材料的方法(Koczak

et al., 1989)，其原理是采用惰性气体(Ar)为载体，将含碳或氮的反应气体(CH_4、N_2、NH_3)通入含 Ti 元素的高温熔体中，原位生成热力学稳定的碳化物、氮化物等陶瓷颗粒作为增强体(李奎等，2002)。该方法成本低、连续性好，生产的增强体颗粒尺寸较小且没有夹杂，但增强体种类和体积分数有限，并且容易产生偏析，恶化性能。图 3.17 为气液合成技术的实验装置原理图，热电偶用于测定熔体温度，通过改变电感线圈功率可调节温度(张宇等，2014)。氮气经过刚玉

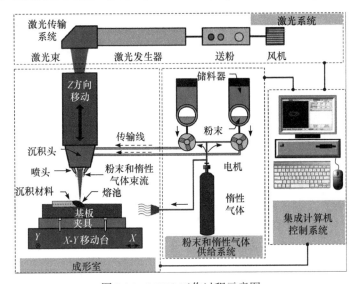

图 3.16　LENS 工作过程示意图

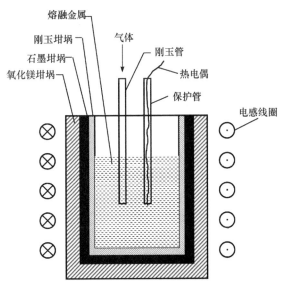

图 3.17　气液合成技术的实验装置原理图

管通入钛合金熔体中，搅拌过程中与钛充分接触并反应，原位生成 TiN 颗粒 ($2Ti+N_2 \longrightarrow 2TiN$)。增材制造工艺可与气液反应结合，如调整沉积腔室 N_2 气氛浓度，原位制备 TiN/Ti64 复合材料(朱磊等，2022)。

3.3.2 固态成形

1. 粉末冶金

美国 Dynamet Technology 公司最早通过粉末冶金工艺成功制备出 TiC 颗粒增强 TMCs(Konitzer et al., 1989)。粉末冶金的工艺流程包括合成和预制复合粉、压制成形、烧结等，图 3.18 为粉末冶金制备 TMCs 的工艺流程图。材料的烧结温度常在熔点以下，在温度和压力的共同作用下，通过金属基体粉末与增强体材料之间的冶金结合和固态扩散成形，其增强体尺寸受原料尺寸、含量及烧结温度等因素的影响。

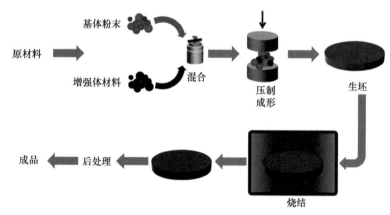

图 3.18　粉末冶金制备 TMCs 的工艺流程图

粉末冶金适用于原位合成法，且粉末的粒度越小，原位生成的增强体也越小 (Jurczyk et al., 2013; Niespodziana et al., 2006)。根据 Hashin-Shtrikman 理论 (Konitzer et al., 1989)，增强体均匀分布难以达到复合材料理论强度的上限，粉末冶金可以更灵活地控制增强体的分布。例如，以异质材料的微观模型为基础，哈尔滨工业大学黄陆军教授团队设计出非连续网状增强 TMCs，促使 TMCs 的力学性能大幅提升(Qi et al., 2018; Liu et al., 2017)。

粉末冶金的难点之一在于获得分散均匀的混合粉末，尤其是二者物理化学性质差异较大时。复合粉末的成形工艺主要有超声辅助分散法、高能球磨法和二者结合的工艺，以上工艺可提高增强体粉末在钛基体粉末中的分散性。真空热压 (vacuum hotpressing, HP)和热等静压(hot isostatic pressing, HIP)等是粉末冶金中常用的烧结成形方法，通过调控温度(熔点以下)、压力、加热加压时间和气体环境制备所需的复合材料(益小苏，2006)。粉末冶金和其他工艺相结合有利于调整 TMCs 的组织和力学性能，如粉末冶金和旋锻工艺结合制备含铁 TMCs(Lin et al., 2020)，烧结后进行热挤压可以减少 TiB$_w$ 团簇的形成(Ni et al., 2006)。

粉末冶金根据粉末混合和烧结方式可以划分为热压烧结(hot pressing sintering, HPS)、自蔓延高温合成(self-propagating high-temperature synthesis, SHS) 法、放热弥散(exothermic dispersion, XD^{TM})法和机械合金化(mechanical alloying, MA)等技术。

1) 热压烧结

热压烧结包括放电等离子烧结(spark plasma sintering, SPS)、反应热压(reactive hot pressing, RHP)法和真空热压烧结。

SPS 采用高能量密度对固体粉末进行压缩烧结成形，装置原理如图 3.19 所示 (Okoro et al., 2019)。SPS 有利于获得细小分散的增强体和细晶组织，大幅度提高 TMCs 的力学性能(Wei et al., 2017)。

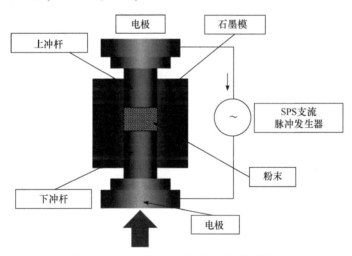

图 3.19　放电等离子烧结装置原理示意图

反应热压法将生成增强体的两种粉末与基体钛合金粉末按照一定比例组成，通过冷压、加热、保温和热压处理的方式原位合成 TMCs。该方法将放热反应和致密化过程合二为一，具有工艺简单、便于操作、生产成本低、可实现近净成形等优点。此外，反应热压法常被用于制备多组元增强 TMCs(Huang et al., 2010; Geng et al., 2008; Radhakrishna et al., 2002)。反应热压法可能会导致增强体和基体结合较差，出现室温下增强材料的脱黏现象(Zhou et al., 2011)。

2) 自蔓延高温合成法

SHS 法又名燃烧合成法(Borovinskaya et al., 1974)，可分为以下步骤：将组分粉末按比例混合、压坯；在真空或惰性气体下预热压坯内部并点火，引起组分之间发生放热化学反应；放出热量蔓延引起邻近反应部分继续燃烧反应，直至反应全部完成。图 3.20 为自蔓延高温合成法的原理示意图(Wang et al., 2016)，其主要优点是产品的高纯度及高产率，可制备抗拉强度和弹性模量优异的 TMCs(Lagos et al., 2016)。SHS 法可以解决 SPS 不能大规模生产的问题，成功将 SPS 转变为一种工业技术。此外，该方法也可以和熔铸法结合，已经用于制备 TiC/Ti、TiB/Ti 和(TiB+TiC)/Ti 复合材料(Ranganath et al., 1996)。

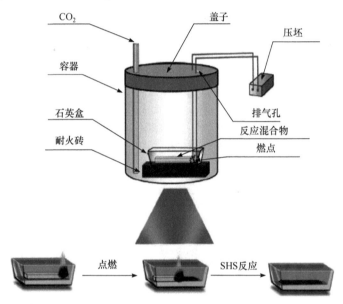

图 3.20　自蔓延高温合成法的原理示意图

3) 放热弥散法

XD^{TM} 法是在 SHS 法的基础上开发的用于制备金属基复合材料的方法(Christodoulou et al., 1984)。XD^{TM} 法属于原位合成法的一种，通过将增强体和基体的混合粉末预热到基体熔点和增强体熔点之间，促使其发生放热反应，最终在基体中生成弥散分布的亚显微尺寸增强体。这种方法避免在增强体和基体界面生成氧化物，有效改善了复合材料性能。XD^{TM} 法可以用于制备钛基或钛铝合金基复合材料，增强体包括硼化物、氮化物和碳化物，生成的增强体形状不同，有颗粒状、片状或者晶须状。

4) 机械合金化

机械合金化是一种对粉末进行预处理的工艺。该工艺通过高能球磨将粉末样品反复变形、焊合、破碎、冷拔，最终获得纳米级粒度和高表面活性的粉末，混合粉末被压制成形和烧结获得复合材料产品。然而，钛材料活性高，在球磨过程中极易被氧化，机械合金化制造 TMCs 较为困难。

2. 纤维热压法

纤维热压法利用了固态扩散焊接原理，将处理好的带状纤维增强材料和金属基体薄片组合可以获得纤维/基体预制片并裁剪处理和叠层排布，在真空或惰性气体保护下对其加热或加压以获得全致密复合材料的制备方法。这种方法利用长时间的高温和塑性变形促进增强体与基体界面的原子扩散和结合，可用于制备航天飞机的承受力柱、发动机叶片、火箭部件等。

纤维热压法制备的复合材料质量受到预制片制备工艺和加热加压时的扩散过程控制。根据预制片的处理方式，热压法可以分为箔-纤维-箔(foil-fiber-foil, FFF)法、基体涂层单带(matrix coated monotape, MCM)法、基体涂层纤维(matrix coated fiber, MCF)法三种，纤维热压法的工艺流程如图 3.21 所示(Guo, 1998)。表 3.4 和图 3.21 总结了箔-纤维-箔法、基体涂层单带法和基体涂层纤维法的特点和工艺流程。

表 3.4　箔-纤维-箔法、基体涂层单带法和基体涂层纤维法的特点

方法	沉积方式	优点	缺点
箔-纤维-箔法 (FFF 法)	—	成本低	对材料的塑性要求高、 增强体分布不均匀
基体涂层单带法 (MCM 法)	真空等离子喷涂、 化学/电化学涂层、 化学/物理气相沉积	可实现近净成形	纤维易受损、 设备昂贵
基体涂层纤维法 (MCF 法)	电子束蒸发沉积技术、 三极管溅射技术、 磁控溅射技术	可实现近净成形、 纤维分布均匀、 成分和界面可控	生产效率低、 金属利用率低、 成本较高

FFF 法是一种经典的 TMCs 热压工艺，通过对交替排布的纤维层和钛合金箔进行真空热压或热等静压以获得高致密度的复合材料。FFF 法要求基体金属箔厚度均匀、表面光滑清洁及成形性好，可以通过涂层技术提高纤维和金属箔之间的复合效果(薛春岭等，2012)。原材料成本高、纤维分布难度大和产品形状限制等因素也进一步限制了该方法的应用推广。熔丝 3D 打印技术是在 FFF 法的原理上演变的一种增材制造技术(Lee et al., 2019)。

MCM 法采用编织纤维叠加排列成特定几何形状，固结获得复合材料。与FFF 法相比，该方法对基体金属延展性的要求降低，其原料可以是合金粉末或金属丝。包覆在基体中的纤维带通常通过真空等离子喷涂、化学涂层、电化学涂

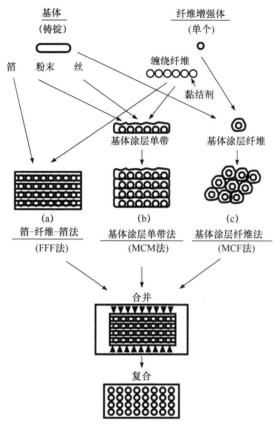

图 3.21　纤维热压法的工艺流程图
(a)箔-纤维-箔法；(b)基体涂层单带法；(c)基体涂层纤维法

层、化学气相沉积和物理气相沉积等方式预处理。其中，真空等离子喷涂是一种相对简单且成本较低的技术，它可以生产出具有良好黏附性的薄复合单带。

　　MCF 法常利用物相沉积法(磁控溅射技术、三极管溅射技术和电子束蒸发沉积技术)将基体材料沉积到单个纤维上，调整沉积层的厚度可以控制纤维的体积分数。该工艺易于控制纤维的分布和体积分数，而且获得的涂层纤维比较柔韧，具有效率高和可实现近净成形的优势。通过基体涂层纤维法制备出 SiC(SCS-6)增强体体积分数为 45%的单向排列 SCS-6/Ti10V2Fe3Al 复合材料，其室温抗拉强度达到了 1503MPa，与热轧态 Ti10V2Fe3Al 合金相比提高了近 60%(杨延清等，2002)。单向排列制备的连续长纤维增强 TMCs 的力学性能具有极强的各向异性，仅适用于受单向载荷的服役工况，且纤维/基体界面的结合强度不足，使复合材料的横向力学性能较差(黄孝余等，2022)。将各层纤维呈一定角度交叉排列的 TMCs 微观结构可以解决这一问题(刘文祎等，2020)，如纤维层 90°旋转排列的结构牺牲了纵向强度，但其横向强度获得了提高，并且可通过调整铺叠角度调节连续纤维增强复合材料的力学性能。

3.4　典　型　材　料

20 世纪，美国 SR-71 黑鸟 3 马赫侦察机在美苏争霸中的卓越表现，使得钛合金成为航空工业中重要的战略资源，航空钛材料已成为当今世界大国军备竞赛的利器。航空工业中极端的服役条件，对钛材料提出更高的要求，高强高韧的钛基合金材料成为航空材料的热点之一。TMCs 快速发展过程中，诞生诸多性能卓越的 TMCs，如连续 SiC_f 增强 TMCs、连续 C_f 增强 TMCs、TiC_p 增强 TMCs 及 TiB_w 增强 TMCs。这些 TMCs 弥补了传统钛合金强度不足和高温服役性能差等弊端，提高了钛合金高温条件下的服役强度和室温强度，延长了航空钛材料的寿命，极大地推动了航空材料的发展。

3.4.1　SiC_f/Ti 复合材料

在 TMCs 服役过程中，增强体是承载的主体，其强度直接决定了 SiC_f/Ti 复合材料的服役性能上限。因此，制备超强的 SiC_f 成为突破钛合金服役性能的关键。

1. 研究进展

20 世纪 80 年代，以英美为首的西方发达国家率先研制出连续高强的长纤维，并在钛合金材料体系中有所应用。目前，国外市场已有工艺成熟的商用 SiC_f，主要分为 SCS 系列和 Sigma 系列，其室温断裂强度可以高达 4GPa(Leucht et al., 1994)。图 3.22(a)和(b)(Lowell, 2023)为 SCS-6 的横截面形貌和碳芯 SiC_f 界面组织示意图，包含 C 芯和 SiC 外层以及两相过渡层。Sigma 系列主要为 W 芯的 SiC_f，W 芯与 SiC 之间会产生较薄(0.3μm)的界面反应层，其断面形貌图如图 3.22(c)所示(Wu et al., 2023)。

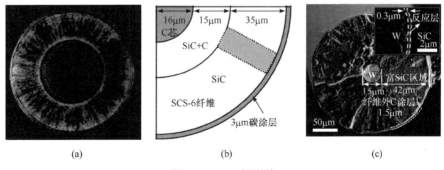

图 3.22　SiC_f 的形貌

(a) 横截面形貌；(b) 界面组织示意图；(c) 断面形貌图

　　我国对 SiC$_f$ 的研究起步较晚，在国际局势引发的技术封锁下，连续纤维的前期研究进展较慢，国内的高强纤维严重依赖于国外市场(王玉敏等，2016)。20 世纪末，石南林等采用 CVD 工艺成功自主研发出连续 SiC$_f$，标志着我国已具备自主制备高强 SiC$_f$ 的能力，打破了国外的技术封锁并填补了国内市场的空白，但其存在产量低、质量不稳定等问题，难以与国外市场竞争。此后，中国科学院金属研究所提出了气体还原清洗技术和基于气流控制的温度调控技术成功制备出高质量国产 SiC$_f$-IMR-2(图 3.23)，其弹性模量高达 4GPa。采用 SiC$_f$ 可以极大地提高 TMCs 的性能，SCS-6 纤维与国产 IMR-2 纤维制备的 TMCs 的典型室温拉伸性能如表 3.5 所示。从表 3.5 中可见，国产纤维的强度已经可达到国外市场中主流纤维 CSC-6 的增强效果，如 IMR-2 增强 Ti64 合金断裂强度提升约 1 倍。

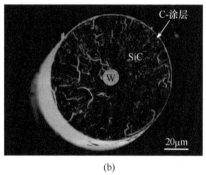

(a)　　　　　　　　　　　　　　　(b)

图 3.23　中国科学院金属研究所生产的 SiC$_f$-IMR-2 商用成卷纤维及其微观形貌
(a) 商用成卷纤维；(b) 微观形貌

表 3.5　SiC$_f$/Ti 复合材料的室温拉伸性能

纤维型号	合金牌号	体积分数/%	弹性模量/GPa	屈服强度/MPa	断裂强度/MPa
SCS-6	Ti64	36	210	895～1250	1500～1750
	Ti-15-3	30～40	200～220	1150～1275	1300～1700
	IMI834	39	220	1025～1145	2200～2500
	Ti-1100	35	185	1000～1050	1700
IMR-2	Ti64	40	200～210	895～1250	1750
	Ti17	40	210～220	1105～1240	1900～2200
	Ti6246	40	210	1035～1240	1900～2200
	Ti$_2$AlNb	40	22～240	780～1440	1650

2. SiC$_f$/Ti 复合材料性能

1) 高温力学性能

由于 SiC$_f$ 的高温力学性能优异，将 SiC$_f$ 与钛合金复合，有望进一步提高钛合金基体的高温力学性能。图 3.24(a)为采用热压法制备国产 SiC$_f$/Ti64 复合材料的组织图(Naseem et al. 2011)，可以明显观察到纤维与基体之间产生界面反应层。图 3.24(b)为不同航空材料的比屈服强度与服役温度的之间的关系图(Leyens et al., 2003)，20%(体积分数)的 SiC$_f$/Ti64 复合材料的比屈服强度明显优于现有高温合金，如 TiAl 和 TiAlNb 系列高温合金。TMCs 的自支撑断裂强度在中高温度区间始终保持在 40km 以上，超过现有 TiAl 合金的比屈服强度约 1 倍。这表明 SiC$_f$/Ti64 复合材料可以实现航空发动机叶片材料的应用，有望成为大推重比航天器的关键零部件候选材料之一。

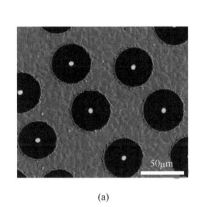
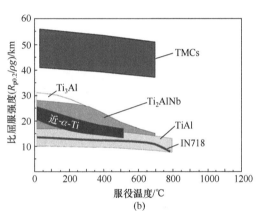

(a)　　　　　　　　　　　　　(b)

图 3.24　国产 SiC$_f$/Ti64 复合材料的组织及不同航空材料的比屈服强度与服役温度之间的关系
(a) 国产 SiC$_f$/Ti64 复合材料的组织；(b) 不同航空材料比屈服强度与服役温度的关系
$R_{p0.2}$-屈服强度；ρ-密度；g-重力加速度

2) 焊接性能

TMCs 复杂的成分构成，基体和增强体之间存在较大的物理化学性能差异与较差高温热稳定性，常规的熔化焊接无法满足 SiC$_f$/Ti 复合材料的焊接接头与基体之间的强塑性匹配。因此，复合材料之间的固定和连接成为限制 SiC$_f$/Ti 复合材料在工程应用中的重要因素之一，并制约着复合材料的可加工性。现阶段主要采用扩散焊接实现复合材料之间的固定和连接，扩散焊接的接头组织随着温度变化的相演变示意图如图 3.25 所示(Yang et al., 2016)。随着中间填充层 Ti 箔的厚度从 100nm 增厚到 6μm，焊接接头的相组成和组织组成随着温度产生显著的变化，且焊接温度越高，其相组成变化越显著。不同焊接接头的相组成和弯曲强度(又称"抗弯强度")与焊接温度之间的关系如表 3.6 所示。相较于 SiC$_f$ 的弯曲强度

(155MPa)，可以发现当中间层的层厚为 100nm 时，焊接接头的弯曲强度随着温度升高而增加，当 Ti$_5$Si$_3$ 相生成时，焊接接头的弯曲强度进一步提高且超过 SiC$_f$ 的弯曲强度；当温度超过 1300℃时，焊接接头弯曲强度有所下降。另外，焊接接头的弯曲强度随着 Ti 箔的厚度增加而增加，但当厚度增加到 6μm 时，焊接接头的硬脆陶瓷相增多，其弯曲强度严重下降。

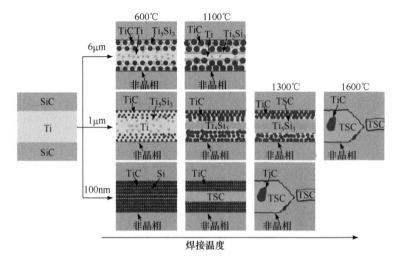

图 3.25　SiC$_f$/Ti 复合材料不同界面厚度随着焊接温度变化的相演变示意图

TSC-Ti$_3$SiC$_2$ 相

表 3.6　SiC$_f$/Ti 复合材料的焊接接头相组成和弯曲强度与焊接温度之间的关系

钛层厚度/μm	焊接温度/℃	焊接接头相组成	弯曲强度/MPa
0.1	900	TiC	133
	1000	TiC	168
	1100	TiC+Ti$_3$SiC$_2$	174
0.5	900	TiC+Ti$_5$Si$_3$	152
	1000	TiC+Ti$_3$SiC$_2$+Ti$_5$Si$_3$	206
	1100	TiC+Ti$_3$SiC$_2$+Ti$_5$Si$_3$	194
1	600	Ti+TiC	170
	900	TiC+Ti$_5$Si$_3$	162
	1000	TiC+Ti$_3$SiC$_2$+Ti$_5$Si$_3$	119
	1300	TiC+Ti$_3$SiC$_2$+Ti$_5$Si$_3$	177
	1600	TiC+Ti$_3$SiC$_2$+Ti$_5$Si$_3$	157
6	900	Ti+TiC+Ti$_5$Si$_3$	73
	1000	Ti+TiC+Ti$_5$Si$_3$	50
	1100	Ti+TiC+Ti$_5$Si$_3$	—

3.4.2　C_f/Ti 复合材料

C_f 有低膨胀系数、低密度、高导热系数、优良的室温和高温力学性能，已经成为航天 TMCs 的理想增强体之一。在 C_f/Ti 复合材料中，面临与 SiC$_f$/Ti 复合材料相似的问题，即 C_f/Ti 复合材料的性能和应用受制于 C_f 的质量与产量，故高质量的 C_f 是制备高性 C_f/Ti 复合材料的基础。

1. 研究现状

2002 年美国世界碳纤维会议上，美国空军宇航材料部披露 2000～2002 年对碳纤维的需求量突破 200t，且到 2005 年需求上升至约 385t(赵稼祥，2003)。巨大的碳纤维需求量与每年的增长量，凸显出美国已具有成熟的碳纤维制备技术、较大的生产规模及稳定的市场。如图 3.26(a)所示(Rakibul Islam, 2019)，日本帝人株式会社在美国南卡罗来纳州设立的分厂已经具备高效和标准化生产线。其自动化生产成卷连续碳纤维产品(Teijin Carbon America, USA)强度可达普通碳钢强度的 10 倍，且质量稳定，如图 3.26(b)所示。

图 3.26　帝人(美国)碳纤维有限公司生产线及其产品
(a) 生产线；(b) 产品

我国 C_f 的研究晚于西方发达国家，国产 C_f 于 20 世纪 80 年代首次应用于东方红 1 号卫星，标志着 C_f 短纤维在我国开始实现了国产化。如图 3.27(a)所示，国产 C_f 的表面质量较高，且其直径趋于一致，已经达到国际同等产品水平(Lv et al., 2021a, 2001b)。目前，关于连续 C_f/Ti 复合材料的板材报道较多，沿着纤维长度方向，合金基体的各项性能都有提升。如图 3.27(b)所示，在低周循环应力条件下，C_f/Ti 复合材料的裂纹扩展能力明显优于钛合金基体，其止裂能力随着 C_f 含量的增多变强，最高可达钛合金基体的 10 倍(Cortes et al., 2004)。

2. C_f/Ti 复合材料的界面热稳定性

与其他碳材料一样，碳增强体与钛之间巨大的物理性能差异和严重的化学反应等问题限制了 C_f/Ti 复合材料的进一步发展。C_f 与 Ti 基体之间的化学反应会导致该复合材料在制备的过程中消耗 C_f 并在其表面引入大量的缺陷，破坏 C_f 的结

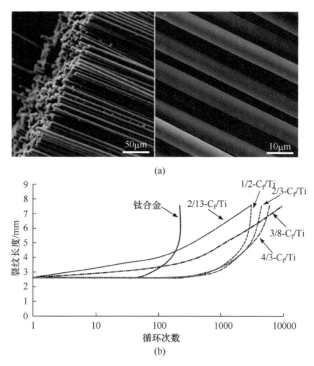

图 3.27　国产 C_f 短纤维的形貌图及 C_f/Ti 复合材料在低周循环应力条件下裂纹扩展的趋势
(a) C_f 短纤维形貌；(b) 裂纹扩展趋势

构和成分分布。如图 3.28(a)所示(Lv et al., 2021a)，C_f/Ti 复合材料仅在高温成形过程中就会形成纳米尺度的界面反应层。经过 700～1000℃热处理后，其界面反应层进一步增厚至近乎 2μm，且该界面反应层随着保温时间的增加而变厚，如图 3.28(b)所示。因此，解决纳米碳材料与钛基体之间的界面反应已成为 C_f/Ti 复合材料发展的关键问题之一。

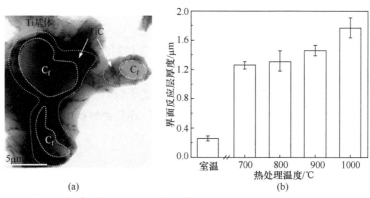

图 3.28　C_f/Ti 复合材料的界面组织及其界面反应层厚度与热处理温度的关系
(a) 界面组织；(b) 界面反应层厚度与热处理温度的关系

3.4.3　TiC$_p$/Ti 复合材料

TiC 是一种非常稳定的高温硬质陶瓷相，其熔点高达 3140℃，弹性模量高达 470GPa，且在 Ti 基体中是一种非常稳定的相。因此，TiC 作为增强体与钛合金复合，不仅能够提高 Ti 合金基体的室温力学性能，还可以改善高温力学性能。此外，TiC 的硬度较高，TiC$_p$/Ti 复合材料可以进一步提高 TMCs 的耐磨性，以及复合材料的使用寿命。

1. 研究现状

如图 3.29(a)所示，由于 TiC 在大多数陶瓷相中具有较稳定的化学位(Naka et al., 2008)，TiC 作为增强体已在其他金属基复合材料中取得显著增强效果，并已应用到生产实践之中。如图 3.29(b)所示，少量的 TiC 加入，可以将 TMCs 的屈服强度提高至 1050MPa，其延伸率降低至 6%。增材制造制备纳米 TiC 增强 TMCs，可以实现钛复合材料强塑性匹配。例如，具有 900MPa 的屈服强度同时保持 12%的塑性的 TiC$_p$/Ti 复合材料(Gu et al., 2020)。

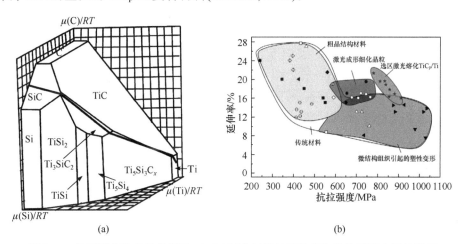

图 3.29　各种碳化物的化位图及 TiC/Ti 复合材料的延伸率与抗拉强度之间的关系
(a) 各种碳化物化学位图；(b) TiC/Ti 复合材料的延伸率与抗拉强度之间的关系
$\mu(x)$-与 x 原子浓度相关的化学势函数；R-气体常数；T-温度

2. TiC$_p$/Ti64 的拉伸性能和耐磨性

1) 拉伸性能

TiC 可以提高钛基的高温强度，这是因为 TiC 在 Ti 合金基体中非常稳定，且随温度变化不敏感；此外，TiC 在 Ti 基体中具有较为稳定的化学位，不会在高温条件下分解；在高温条件下，TiC 增强体可以钉扎 Ti 合金位错，并抑制晶界迁移。图 3.30 为增强体体积分数为 10% TiC$_p$/Ti64 复合材料的拉伸性能随温度变化散点图

(da Silva et al., 2005)，可以发现在室温条件下，复合材料的强度高，但塑性较差，当温度上升至200℃以上时，其塑性增强，强度缓慢下降。直至375℃时其屈服强度仍然保持在600MPa以上，远高于同温度Ti64合金的服役强度(约为400MPa)。

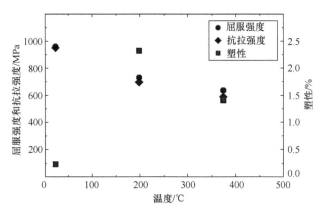

图 3.30　TiC/Ti64 复合材料的不同温度条件下的拉伸性能

2) 耐磨性

如图 3.31(a)所示(Wei et al., 2021)，TiC_p 增强体在 Ti 基体中呈颗粒状或圆盘状弥散分布在合金基体中，有效提高 Ti 基体的强度及硬度，使得复合材料的耐磨性提高。如图 3.31(b)所示，TiC_p/Ti64 复合材料的磨损率会随着施加载荷的增大而增大。在相同法向载荷条件下，TiC_p/Ti64 复合材料的磨损率小于 Ti64 合金，且随着 TiC_p 含量的增高，其耐磨性显著提高。

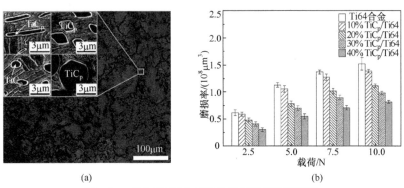

图 3.31　TiC_p/Ti 复合材料的微观组织和耐磨性
(a) 微观组织；(b) 耐磨性

3.4.4　TiB_w/Ti 复合材料

1. 研究现状

TiB_w 具有高弹性模量和剪切模量，作为增强体可以有效地提高 TMCs 的强度。粉末冶金原位制备 TiB$_w$/Ti 复合材料时，TiB$_w$ 主要分布在一次粉末边界，呈准连续网状分布，如图 3.32(a)所示(Huang et al., 2017)。TiB$_w$ 在 Ti 中的高温稳定性，赋予了 TiB$_w$/Ti64 优异的中高温力学性能。如图 3.32(b)所示(Huang et al., 2021a)，以网状结构的 TiB$_w$ 为代表的非连续增强 TMCs 在 600～800℃温度时具有显著突出的比强度优势。

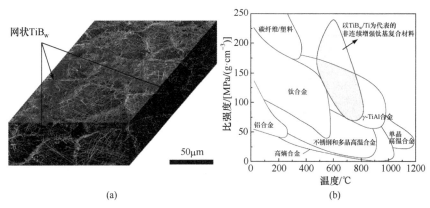

(a)　　　　　　　　(b)

图 3.32　TiB$_w$/Ti64 复合材料的组织及比强度与温度之间的关系
(a) TiB$_w$/Ti64 复合材料的组织；(b) 比强度与温度之间的关系

2. TiB$_w$/Ti 复合材料组织调控与性能

1) 力学性能

TiB$_w$/Ti 复合材料网状结构受限于初始粉末尺寸，而 TiB$_w$/Ti 复合材料受力的变形行为对网状结构的尺寸大小较为敏感。单网状结构的 TiB$_w$/Ti 复合材料不仅有效提高钛基体的强度，而且可以保持一定的塑性，如图 3.33(a)所示(Huang et al., 2010)。哈尔滨工业大学(Jiao et al., 2016)通过 TMCs 时效和固溶热处理，使得硼原子向基体内部进行扩散，并在一次粉末内部形成次级网状结构。结果表明双尺寸网状 TiB$_w$/Ti 复合材料室温力学进一步提高压缩应力可高达 1687MPa[图 3.33(b)]，相较于 Ti64 合金，其压缩应力提高了 2 倍，且保持 15%以上的应变。

2) 耐磨性

在摩擦过程中，材料的硬度与材料的耐磨性呈正相关关系，即相同的摩擦副中，被磨材料的硬度越高，其磨损量越小。TiB$_w$/Ti 复合材料中独特准连续网状结构使得其网状边界有远高于基体的硬度，该结构可有效降低磨损量。如图 3.34 所示(An et al., 2018)，在摩擦过程中，复合材料配合面中网状内部的磨损量要大于网状边界，形成亚微米凹陷。这是由于在摩擦过程中，高强相 TiB$_w$ 网状边界形成屏障壁垒，保护网状内部的基体；当网状表面被消耗后，内部基体由于耐磨性较差，易在磨损过程中被消耗，形成亚微米凹坑。

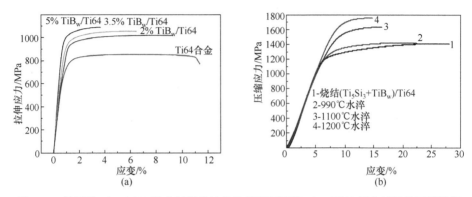

图 3.33 单网状 TiB$_w$/Ti64 复合材料的拉伸性能及双网状 TiB$_w$/Ti64 复合材料的压缩性能

(a) 单网状 TiB$_w$/Ti64 复合材料的拉伸性能；(b) 双网状 TiB$_w$/Ti64 复合材料的压缩性能

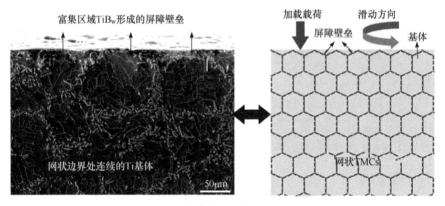

图 3.34 TiB$_w$/Ti 复合材料对磨面的剖面和示意图

3.5 应 用 情 况

尽管复合材料的研发已经进行了半个多世纪，但其在航空领域的应用发展较为缓慢。图 3.35 为先进复合材料在空中客车(简称"空客")各个型号的商用飞机的应用随时间变化的示意图(沈军等，2008)。20 世纪 70 年代以来，空客开始尝

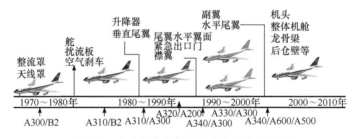

图 3.35 先进复合材料在空中客车中的应用

试在 A300/B2 型号飞机的整流罩和天线罩上采用金属基复合材料并取得显著的经济效果。此后，新的机型在各个重要的部位进行了革新并应用了大量新型的TMCs，如航空发动机、起落架、低压涡轮轴及紧固件等。

3.5.1　航空发动机

航空发动机被视为航空飞机的心脏，并影响航空飞机的机动性和推重比等性能。航空发动机内部高度复杂且精密、高温服役环境苛刻，以及较高的安全系数等需求，对航空发动机材料提出了更加严苛的要求。航空发动机叶片作为飞机中最重要的动力系统，其不仅要承受高速流动空气的压力和摩擦力，而且承受较高的温度。因此，采用轻质、高性能 TMCs 制备航空发动机叶片是实现大推重比航天飞机的关键之一。

1. 国外应用现状

目前，国外已经制备出完整的 SiC$_f$/Ti 叶环[图 3.36(a)]，该叶环可以有效地提高航空发动机的环向拉应力，以及高温下的环向抗蠕变性能，延长航空发动

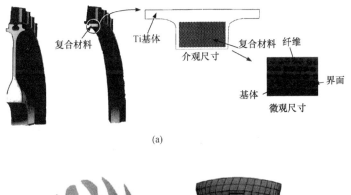

(a)

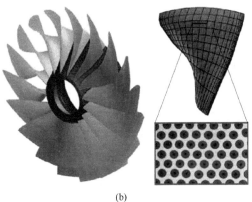

(b)

图 3.36　SiC$_f$/Ti 复合材料制备在航空发动机的应用

(a) 完整 SiC$_f$/Ti 叶环；(b) SiC$_f$/Ti 复合材料制备的发动机叶片

机环向叶片的使用寿命(Carrere et al., 2003)。此外，发动机叶片也采用了 SiC$_f$/Ti 整体设计[图 3.37(b)]，纤维沿着叶片的径向分布，有效地提高了径向抗蠕变性能、抗疲劳性及高温静态抗拉强度，能够适应更为苛刻的服役条件，为新一代高推重比航空发动机夯实基础。以美国为首的西方发达国家已经在综合高性能涡轮发动机技术(IHPTET)计划和国家航空航天计划(NASP)中推进了 SiC$_f$/Ti 在航空发动机关键位置的应用。其中，美国军方发起的钛基复合材料涡轮发动机部件联盟(TMCTECC)计划(Singerman et al., 1996)更是将 SiC$_f$/Ti 推向战略高度，并将实现航空发动机的全面更新换代。

2. 国内应用现状

尽管我国关于 SiC$_f$ 复合材料的研究面临起步较晚和西方技术封锁等难题，但随着 SiC$_f$ 实现完全国产化，中国科学院也成功地制备出 SiC$_f$/Ti 复合材料整体叶环[图 3.37(a)]。此外，哈尔滨工业大学(黄浩等，2018)通过原位自生法制备出具有网状微观组织的 TiB$_w$ 晶须增强 TMCs，并应用至国产航天飞行器气动栅格[图 3.37(b)]。该 TMCs 具有良好的高温热稳定性和强化效应，能够大幅度地提升钛合金的高温静态拉伸性能和高温抗蠕变性能。此外，网状 TiB$_w$ 晶须在基体中无织构取向，其力学性能呈各向同性，使其在高温条件下能够胜任各种复杂的力学承载行为。我国从《中华人民共和国国民经济和社会发展第十二个五年规划纲要》开始进一步加大对 TMCs 应用的投入，目前已在国内形成初步产业链，并有望实现 TMCs 的完全国产化。

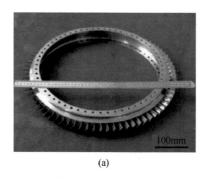 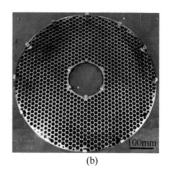

(a)　　　　　　　　　　　　　　　(b)

图 3.37　国产 SiC$_f$/Ti 复合材料整体叶环及 TiB$_w$/Ti 气动栅格
(a) SiC$_f$/Ti 复合材料整体叶环；(b) TiB$_w$/Ti 气动栅格

3.5.2　起落架

起落架是飞机的核心装置之一，不仅是飞机滑翔起飞的重要工具，而且是飞机着陆回收与停放的重要支撑系统，其性能的优劣关乎飞机的使用与安全。起落架在滑翔起飞过程中承载着飞机全部的质量，而在降落的过程中承受着远超飞机质量的载荷。超高的强度才能满足其服役条件，起落架的质量也影响着飞行器的机动性和能源消耗，故起落架用材与材料的强度和质量息息相关。

　　荷兰飞机起落架 SP 公司已经采用自产的 TiB$_w$/Ti 替换了高强钢材质的 F-16 战机主起落架下部撑杆，如图 3.38 所示(Seetharaman et al., 2021)。该材料的替换不仅实现了起落架减重 40%，而且提高了飞机的机动性并降低了能源消耗。此外，该公司还为 NH90 直升飞机定制了起落架，不仅实现减重高达 35%，且其制作成本下降 15%。欧洲航天局也开始制备大型 TMCs 结构件(如 TiB$_w$/Ti 结构支撑杆)，可以用于飞机的起落架支撑杆和其他结构承载部分。

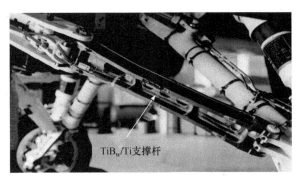

TiB$_w$/Ti支撑杆

图 3.38　F-16 主起落架下部支撑杆

　　我国虽然已具有制备大尺寸 TMCs 生胚的能力，但由于 TMCs 仍在实验阶段，存在产品质量批次控制和工艺不成熟等问题，仍未实现批量化生产。航空用 TMCs 主要面向于军工市场，TMCs 在国内起落架的应用少有报道。目前，国内航空飞机起落架采用的材料主要为高强钢和锻态钛合金。例如，某战机复合材料占据机身质量的 29%，其起落架主要采用锻态高强钛合金，复合材料占比较小。此外，中航飞机起落架有限责任公司已经开始着手 TMCs 飞机起落架的相关设计与研究，随着《中华人民共和国国民经济和社会发展第十四个五年规划和 2035 年远景目标纲要》对航空材料的基础研究的重视，TMCs 将会成为飞机起落架研究的关键。

3.5.3　其他

　　TMCs 除了用于航空发动机等关键位置，也在航空飞机的其他部位有所应用，如需要高强、高抗疲劳性的紧固件、曲轴、换气阀等。用 TMCs 替代飞机上传统的高强钢紧固件可以达到飞机减重的目的，提高飞机的机动性，同时降低飞机的飞行成本。

　　1. 国外应用情况

　　柴油发动机作为民用小飞机的动力系统备受航空产业的青睐。与航天大推重比发动机相似，柴油发动机内部曲轴和气门等关键动力部件处于极端的高温力学环境中，且航空柴油发动机不仅追求大传动比，而且要求发动机轻质、稳定。因此，具有优异高温力学性能、抗疲劳性和抗蠕变特性的 TMCs 也成为柴油发动机的理想材料之一。如图 3.39 所示，日本丰田汽车公司采用 TiB$_w$/Ti64 复合材料制备柴油发动机曲杆[图 3.39(a)]和发动机气门[图 3.39(b)](Hayat et al., 2019)，并已应用在其公司最新研制的发动机之中，实现了发动机的减重和成本的降低。

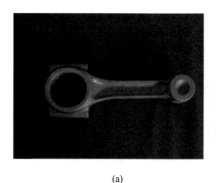

(a)   (b)

图 3.39　日本丰田汽车公司制备的 TiB$_w$/Ti64 产品
(a) 柴油发动机曲杆；(b) 发动机气门

　　TMCs 的高强度特点加剧了其加工难度，使其加工成本增加。增材制造的兴起有效克服了这一加工难题，加速了 TMCs 的应用。例如，德国的 AMT 公司，采用 3D 打印近净成形技术制备成套的(TiC+TiB)/Ti 复合材料的曲杆、联动曲轴及气动阀门，如图 3.40 所示(AMT, 2023)。该体系实现了复合材料的一体化成形和相同材料的零部件配套使用，降低了产品的生产工序并提高了生产效率，提高高强 TMCs 制备的复杂承载件生产效率和精度。

图 3.40　德国 AMT 公司 3D 打印(TiC+TiB)/Ti 复合材料曲杆和联动曲轴

2. 国内应用情况

现有工艺技术还无法实现制造一体化成形的大尺寸航空器,很多零部件是依靠铆接进行组装结合,最终形成一体化的大型航天飞行器。为了防止紧固件在飞机飞行过程中失效,紧固件一般选用高强特种钢材料。紧固件的质量可以占据整个飞机质量的 5%～10%,会造成飞机的能耗并使飞机的机动性降低。因此,采用超高强度和较低密度的 TMCs 可以同时实现提升紧固件强度和减重的目的。目前,哈尔滨工业大学和中国科学院金属研究所(王玉敏等,2016)已经自主研发出网状 TiB_w/Ti 复合材料紧固件和 SiC_f/Ti 复合材料紧固件(图 3.41),已经可以实现初步批量化生产,并已进行装机实验。高强 TMCs 也将会成为我国自主研发大飞机的主要零部件之一。

图 3.41　TiB_w/Ti 复合材料的航空紧固件

随着国内 3D 打印技术的兴起和国产大飞机的需求,国内研究机构也相继展开 TMCs 增材制造相关研究。图 3.42 为南京航空航天大学(Gu et al., 2020)采用选区激光熔化技术制备的一体化 TiC/Ti 复合材料涡轮叶盘模型的实物图。该一体化成形叶盘虽然几何构型较为复杂,但表面较为平整,整体直径可达 200mm,具有媲美合金的成形性。这表明 3D 打印技术有望降低难加工 TMCs 的应用门槛,使得 TMCs 零部件更加精密化和复杂化,并有望成为未来的战略材料之一。

50mm

图 3.42　南京航空航天大学制备的一体化 TiC/Ti 基复合材涡轮叶盘模型实物图

参 考 文 献

黄浩, 王敏涓, 李虎, 等, 2018. 连续 SiC 纤维增强钛基复合材料研制[J]. 航空制造技术, 61(14): 26-36.

黄孝余, 唐斌, 李金山, 2022. 钛基复合材料微观结构设计的研究进展[J]. 铸造技术, 43(7): 473-483.

李奎, 汤爱涛, 潘复生, 2002. 金属基复合材料原位反应合成技术现状与展望[J]. 重庆大学学报(自然科学版), 9: 155-160.

刘苏丽, 2018. 纳米金刚石增强钛基复合材料的制备与性能[D]. 南京: 东南大学.

刘文祎, 侯红亮, 曲海涛, 等, 2020. SiC 纤维增强 TB8 复合材料层合力学性能研究[J]. 稀有金属, 44(7): 722-728.

吕维洁, 张小农, 张荻, 等, 1999. 原位合成 TiC/Ti 基复合材料增强体的生长机制[J]. 金属学报, (5): 536-540.

潘登, 2022. 高能束增材制造硼化钛增强钛基复合材料的尺度效应研究[D]. 西安: 西安理工大学.

覃业霞, 吕维洁, 徐栋, 等, 2005. 原位合成 TiB/Ti 基复合材料的氧化行为[J]. 中国有色金属学报, (3): 352-357.

沈军, 谢怀勤, 2008. 先进复合材料在航空航天领域的研发与应用[J]. 材料科学与工艺, 16(5): 737-740.

王涛, 郭鸿镇, 石志峰, 等, 2011. 浅述钛基合金制备、成形和加工过程中的晶粒细化方法[J]. 航空制造技术, (6): 66-71.

王玉敏, 张国兴, 张旭, 等, 2016. 连续 SiC 纤维增强钛基复合材料研究进展[J]. 金属学报, 52(10): 1153-1170.

薛春岭, 杨延清, 罗贤, 等, 2012. Cu/Mo 双涂层改性 SiC$_f$/Ti6Al4V 复合材料的界面与性能[J]. 稀有金属材料与工程, 41(4): 653-657.

杨延清, 朱艳, 陈彦, 2002. SiC 纤维增强 Ti 基复合材料的制备及性能[J]. 稀有金属材料与工程, 31(3): 201-204.

益小苏, 2006. 中国材料工程大典(第 10 卷)[M]. 北京: 化学工业出版社.

袁武华, 吉喆, 张召春, 等, 2005. 钛基复合材料及其制备技术研究进展[J]. 材料导报, (4): 54-57.

张宇, 王小美, 葛禹锡, 等, 2014. 原位合成技术制备金属基复合材料的研究进展[J]. 热加工工艺, 43(24): 23-26, 29.

赵稼祥, 2003. 碳纤维在美国国防军工上的应用[J]. 高科技纤维与应用, 28(1): 6-9.

钟亮, 付玉, 徐永东, 等, 2021. 钛基复合材料耐磨性研究进展[J]. 钢铁钒钛, 42(6): 36-42, 77.

周洋, 2023. 粉末冶金 TiB 增强钛基复合材料制备技术研究[D]. 北京: 北京科技大学.

朱磊, 吴文杰, 范树迁, 等, 2022. 气-液反应激光原位增材制造 TiN 增强钛基复合材料组织结构及力学性能研究[J]. 稀有金属材料与工程, 51(6): 2151-2160.

ATTAR H, EHTEMAM-HAGHIGHI S, KENT D, et al., 2018. Recent developments and opportunities in additive manufacturing of titanium-based matrix composites: A review[J]. International Journal of Machine Tools and Manufacture, 133: 85-102.

AMT, 2023. [OL]. Bickenbach, Germany. https://www.amt-advanced-materials-technology.com/.

AN Q, HUANG L J, BAO Y, et al., 2018. Dry sliding wear characteristics of in-situ TiB$_w$/Ti6Al4V composites with different network parameters[J]. Tribology International, 121: 252-259.

BANERJEE R, GENC A, HILL D, et al., 2005. Nanoscale TiB precipitates in laser deposited Ti-matrix composites[J]. Scripta Materialia, 53(12): 1433-1437.

BARBOZA M J R, PEREZ E A C, MEDEIROS M M, et al., 2006. Creep behavior of Ti-6Al-4V and a comparison with titanium matrix composites[J]. Materials Science and Engineering: A, 428(1): 319-326.

BOROVINSKAYA I P, MERZHANOV A G, NOVIKOV N P, et al., 1974. Gasless combustion of mixtures of powdered transition metals with boron[J]. Combustion, Explosion and Shock Waves, 10(1): 2-10.

CARRERE N, FEYEL F, KRUCH S, 2003. Multi-scale modelling of silicon carbide reinforced titanium MMCs: Application to advanced compressor design[J]. Aerospace Science and Technology, 7(4): 307-315.

CHANDRAN K S R, PANDA K B, 2002. Titanium composites with TiB whiskers[J]. Advanced Materials & Processes, 160(10): 59.

CHRISTODOULOU L, BRUPBACHER J W, DENNIS C, et al., 1984. Process for forming metal-second phase composites and product thereof: US Patent: 4571048[P]. 1991-03-07.

CORTES P, CANTWELL W J, 2004. The tensile and fatigue properties of carbon fiber-reinforced PEEK-titanium fiber-metal laminates[J]. Journal of Reinforced Plastics and Composites, 23(15): 1615-1623.

DA SILVA A A M, DOS SANTOS J F, STROHAECKER T R, 2005. Microstructural and mechanical characterisation of a Ti6Al4V/TiC/10p composite processed by the BE-CHIP method[J]. Composites Science and Technology, 65(11): 1749-

1755.

DUNN M, TAYA M, 1994. Modeling of thermal cycling creep damage of short-fiber metal-matrix composites[J]. Materials Science and Engineering a-Structural Materials Properties Microstructure and Processing, 176(1-2): 349-355.

EMURA S, HAGIWARA M, YANG S J, 2004. Room-temperature tensile and high-cycle-fatigue strength of fine TiB particulate-reinforced Ti-22Al-27Nb composites[J]. Metallurgical and Materials Transactions: A, 35(9): 2971-2979.

FENG G H, YANG Y Q, LUO X, et al., 2015. Fatigue properties and fracture analysis of a SiC fiber-reinforced titanium matrix composite[J]. Composites Part B: Engineering, 68: 336-342.

GAISIN R A, IMAYEV V M, IMAYEV R M, et al., 2015. Microstructure and mechanical properties of Ti-TiB based short-fiber composite materials manufactured by casting and subjected to deformation processing [J]. Russian Physics Journal, 58(6): 848-853.

GENG L, NI D R, ZHANG J, et al., 2008. Hybrid effect of TiB_w and TiC_p on tensile properties of in situ titanium matrix composites[J]. Journal of Alloys and Compounds, 463(1): 488-492.

GORSSE S, MIRACLE D B, 2003. Mechanical properties of Ti-6Al-4V/TiB composites with randomly oriented and aligned TiB reinforcements[J]. Acta Materialia, 51(9): 2427-2442.

GU D, CHEN H, DAI D, et al., 2020. Carbon nanotubes enabled laser 3D printing of high-performance titanium with highly concentrated reinforcement[J]. iScience, 23(9):101498.

GU D, HAGEDORN Y C, MEINERS W, et al., 2011. Nanocrystalline TiC reinforced Ti matrix bulk-form nanocomposites by selective laser melting (SLM): Densification, growth mechanism and wear behavior[J]. Composites Science and Technology, 71(13): 1612-1620.

GUO Z X, 1998. Towards cost effective manufacturing of Ti/SiC fibre composites and components[J]. Materials Science and Technology, 14(9-10): 864-872.

GYOERGY E, DEL PINE A P, SAUTHIER G, et al., 2007. Structural, morphological and local electric properties of TiO_2 thin films grown by pulsed laser deposition[J]. Journal of Physics D-Applied Physics, 40(17): 5246-5251.

HAYAT M D, SINGH H, HE Z, et al., 2019. Titanium metal matrix composites: An overview[J]. Composites Part A: Applied Science and Manufacturing, 121: 418-438.

HU Y B, NING F D, WANG H, et al., 2018. Laser engineered net shaping of quasi-continuous network microstructural TiB reinforced titanium matrix bulk composites: Microstructure and wear performance[J]. Optics & Laser Technology, 99: 174-183.

HUANG L, AN Q, GENG L, et al., 2021a. Multiscale architecture and superior high-temperature performance of discontinuously reinforced titanium matrix composites[J]. Advanced Materials, 33(6): 2000688.

HUANG X, GAO Y, YI Y, et al., 2021b. Microstructure evolution mechanisms and strength improvement of (6.5 vol% TiC+ 3.3 vol% Ti_5Si_3)/Ti6Al4V composites via heat treatments [J]. Materials Science and Engineering: A, 805: 140581.

HUANG L J, GENG L, PENG H X, 2010. In situ (TiB_w+TiC_p)/Ti6Al4V composites with a network reinforcement distribution[J]. Materials Science and Engineering: A, 527(24): 6723-6727.

HUANG L, WANG L, QIAN M, et al., 2017. High tensile-strength and ductile titanium matrix composites strengthened by TiB nanowires[J]. Scripta Materialia, 141: 133-137.

JIAO Y, HUANG L J, DUAN T B, et al., 2016. Controllable two-scale network architecture and enhanced mechanical properties of $(Ti_5Si_3+TiB_w)$/Ti6Al4V composites[J]. Scientific Reports, 6(1): 32991.

JURCZYK M U, JURCZYK K, NIESPODZIANA K, et al., 2013. Titanium-SiO_2 nanocomposites and their scaffolds for dental applications[J]. Materials Characterization, 77: 99-108.

KOCZAK M J, KUMAR K S, 1989. In situ process for producing a composite containing refractory material: US Patent: 4808372[P]. 1989-02-28.

KONDOH K, THRERUJIRAPAPONG T, IMAI H, et al., 2009. Characteristics of powder metallurgy pure titanium matrix composite reinforced with multi-wall carbon nanotubes[J]. Composites Science and Technology, 69(7): 1077-1081.

KONITZER D G, LORETTO M H, 1989. Microstructural assessment of Ti6Al4V-TiC metal-matrix composite[J]. Acta

Metallurgica, 37(2): 397-406.

LAGOS M A, AGOTE I, ATXAGA G, et al., 2016. Fabrication and characterisation of titanium matrix composites obtained using a combination of self propagating high temperature synthesis and spark plasma sintering[J]. Materials Science and Engineering: A, 655: 44-49.

LEE J, LEE H, CHEON K H, et al., 2019. Fabrication of poly(lactic acid)/Ti composite scaffolds with enhanced mechanical properties and biocompatibility via fused filament fabrication (FFF)-based 3D printing[J]. Additive Manufacturing, 30: 100883.

LEUCHT R, DUDEK H J, 1994. Properties of SiC-fibre reinforced titanium alloys processed by fibre coating and hot isostatic pressing[J]. Materials Science and Engineering: A, 188(1):201-210.

LEYENS C, KOCIAN F, HAUSMANN J, et al., 2003. Materials and design concepts for high performance compressor components[J]. Aerospace Science and Technology, 7(3): 201-210.

LI S, SUN B, IMAI H, et al., 2013. Powder metallurgy titanium metal matrix composites reinforced with carbon nanotubes and graphite[J]. Composites Part A: Applied Science and Manufacturing, 48: 57-66.

LI S, KONDOH K, IMAI H, et al., 2015. Microstructure and mechanical properties of P/M titanium matrix composites reinforced by in-situ synthesized TiC-TiB[J]. Materials Science and Engineering: A, 628: 75-83.

LIN F, CHEN Z, LIU B, et al., 2020. Microstructure and mechanical properties of iron-containing titanium metal-metal composites[J]. International Journal of Refractory Metals and Hard Materials, 90: 105225.

LIU B X, HUANG L J, KAVEENDRAN B, et al., 2017. Tensile and bending behaviors and characteristics of laminated Ti-(TiB_w/Ti) composites with different interface status[J]. Composites Part B: Engineering, 108: 377-385.

LIU D, ZHANG S Q, LI A, et al., 2009. Microstructure and tensile properties of laser melting deposited TiC/TA15 titanium matrix composites[J]. Journal of Alloys and Compounds, 485(1): 156-162.

LIU K Y, LI J S, WAN J, et al., 2022. Sintering-free fabrication of high-strength titanium matrix composites reinforced with carbon nanotubes[J]. Carbon, 197: 412-424.

LORCA L J, 2002. Fatigue of particle-and whisker-reinforced metal-matrix composites[J]. Progress in Materials Science, 47(3): 283-353, 502-511.

LOWELL M A,2023.Specmaterials[DB/OL]. https://www.specmaterials.com/silicon-carbide-fiber-product-price-list.

LV S, LI J, LI S, et al., 2021a. Room-/high-temperature mechanical properties of titanium matrix composites reinforced with discontinuous carbon fibers[J]. Advanced Engineering Materials, 24(4): 2101026.

LV S, LI J S, LI S F, et al., 2021b. Effects of heat treatment on interfacial characteristics and mechanical properties of titanium matrix composites reinforced with discontinuous carbon fibers[J]. Journal of Alloys and Compounds, 877: 160313.

MACKAY R A, BRINDLEY P K, FROES F H, 1991. Continuous fiber-reinforced titanium aluminide composites[J]. JOM, 43(5): 23-29.

MIRACLE D B, MAJUMDAR B S, 1999. Transverse creep of SiC/Ti-6Al-4V fiber-reinforced metal matrix composites[J]. Metallurgical and Materials Transactions: A, 30(2): 301-306.

MU X N, ZHANG H M, CAI H N, et al., 2017. Microstructure evolution and superior tensile properties of low content graphene nanoplatelets reinforced pure Ti matrix composites[J]. Materials Science and Engineering: A, 687: 164-174.

MUNIR K S, ZHENG Y, ZHANG D, et al., 2017. Improving the strengthening efficiency of carbon nanotubes in titanium metal matrix composites[J]. Materials Science and Engineering: A, 696: 10-25.

NAKA M, FENG J C, SCHUSTER J C, 2008. Phase stability of SiC against Ti at high temperature[J]. Vacuum, 83(1): 223-225.

NASEEM K, YANG Y, LUO X , et al., 2011. SEM in situ study on the mechanical behaviour of SiC_f/Ti composite subjected to axial tensile load[J]. Material Science and Engineering: A, 528(13): 4507-4515.

NI D R, GENG L, ZHANG J, et al., 2006. Effect of B_4C particle size on microstructure of in situ titanium matrix composites prepared by reactive processing of Ti-B_4C system[J]. Scripta Materialia, 55(5): 429-432.

NIESPODZIANA K, JURCZYK K, JURCZYK M, 2006. The manufacturing of titanium-hydroxyapatite nanocomposites for bone implant applications[J]. Nanopages, 1: 219-229.

QI A, HUANG L J, SHAN J, et al., 2018. Two-scale TiB/Ti64 composite coating fabricated by two-step process[J]. Journal of Alloys and Compounds, 755: 29-40.

QIN Y X, LU W J, ZHANG D, et al., 2005. Oxidation of in situ synthesized TiC particle-reinforced titanium matrix composites[J]. Materials Science and Engineering a-Structural Materials Properties Microstructure and Processing, 404(1-2): 42-48.

OKORO A M, LLEHUTHING S S, OKE S R, et al., 2019. A review of spark plasma sintering of carbon nanotubes reinforced titanium-based nanocomposites: Fabrication, densification, and mechanical properties[J]. JOM, 71(2): 567-584.

PANDA K B, RAVI, CHANDRAN K S, 2003. Synthesis of ductile titanium-titanium boride (Ti-TiB) composites with a beta-titanium matrix: The nature of TiB formation and composite properties[J]. Metallurgical and Materials Transactions: A, 34(6): 1371-1385.

PAN D, LI SF, LIU L, et al., 2022. Enhanced strength and ductility of nano-TiB$_w$-reinforced titanium matrix composites fabricated by electron beam powder bed fusion using Ti6Al4V-TiB$_w$ composite powder [J]. Additive Manufacturing, 50:102519.

RADHAKRISHNA B B V, SUBRAMANYAM J, BHANU P V V, 2002. Preparation of Ti-TiB-TiC & Ti-TiB composites by in-situ reaction hot pressing[J]. Materials Science and Engineering: A, 325(1): 126-130.

RAKIBUL ISLAM H M, 2019. Carbon Fibers: Diamonds of the 21st Century Textile industry[R/OL]. [2019-7-22]. Textile World. https://www.textileworld.com/textile-world/2019/07/carbon-fibers-diamonds-of-the-21st-century-textile-industry/.

RANGANATH S, ROY T, MISHRA R S, 1996. Microstructure and deformation of TiB + Ti$_2$C reinforced titanium matrix composites[J]. Materials Science and Technology, 12(3): 219-226.

ROCKWOOD. Teijin Carbon America[DB/OL]. https://www.teijincarbon.com/products/thermoplastics/.

SEETHARAMAN S, GUPTA M, 2021. Fundamentals of metal matrix composites[J]. Encyclopedia of Materials: Composites, (1), 11-29.

SEN I, TAMIRISAKANDALA S, MIRACLE D B, et al., 2007. Microstructural effects on the mechanical behavior of B-modified Ti-6Al-4V alloys[J]. Acta Materialia, 55(15): 4983-4993.

SINGERMAN S A, JACKSON J J, LYNN M,1996.Titanium Metal Matrix Composites for Aerospace Applications[J]. Superalloys, 3: 579-586.

TAO B W, LIU J H, LI S M, 2005. Oxidation behaviors of Ti44Ni47Nb9 shape memory alloy at high temperature[J]. Acta Metallurgica Sinica, 41(6): 633-637.

TSANG H T, CHAO C G, MA C Y, 1997. Effects of volume fraction of reinforcement on tensile and creep properties of in-situ TiB/Ti MMC[J]. Scripta Materialia, 37(9): 1359-1365.

YAN Q, CHEN B, YE W, et al., 2022. Extraordinary antiwear properties of graphene-reinforced Ti composites induced by interfacial decoration[J]. ACS Applied Materials & Interfaces, 14(23): 27118-27129.

YE Z M, ZHOU X, ZHANG F Y, et al., 2023. Effects of process parameters on the microstructure and mechanical properties of a laser micro-alloying TiB/Ti-6Al-4V titanium matrix composite[J]. Materials Science and Engineering: A, 873: 144988.

YU J, ZHAO Q, HUANG S, et al.,2021. Enhanced mechanical and tribological properties of graphene nanoplates reinforced TC21 composites using spark plasma sintering[J]. Journal of Alloys and Compounds, 873: 159764.

YUSHIN G N, OSSWALD S, PADALKO V I, et al., 2005. Effect of sintering on structure of nanodiamond[J]. Diamond and Related Materials, 14(10): 1721-1729.

WANG J H, GUO X L, QIN J N, et al., 2015. Microstructure and mechanical properties of investment casted titanium matrix composites with B$_4$C additions [J]. Materials Science and Engineering: A, 628: 366-373.

WANG L D, WEI B, DONG P, et al., 2016. Large-scale synthesis of few-layer graphene from magnesium and different carbon sources and its application in dye-sensitized solar cells[J]. Materials& Design, 92: 462-470.

WANG L, NIINOMI M, TAKAHASHI S, et al., 1999. Relationship between fracture toughness and microstructure of Ti-6Al-2Sn-4Zr-2Mo alloy reinforced with TiB particles[J]. Materials Science and Engineering: A, 263(2): 319-325.

WANG S, HUANG L J, GENG L, et al., 2017. Significantly enhanced creep resistance of low volume fraction in-situ TiB$_w$/Ti6Al4V composites by architectured network reinforcements [J]. Scientific Reports, 7: 40823.

WEI M, YU H, SONG Z, et al., 2021. Microstructural evolution, mechanical properties and wear behavior of in-situ TiC-reinforced Ti matrix composite coating by induction cladding[J]. Surface and Coatings Technology, 412: 127048.

WEI W H, SHAO Z N, SHEN J, et al., 2017. Microstructure and mechanical properties of in situ formed TiC-reinforced Ti-6Al-4V matrix composites[J]. Materials Science and Technology, 34: 1-8.

WU L J, ZHANG Y, ZHANG K, et al., 2023. The high-temperature degradation mechanism of W-core SiC fibers[J]. Journal of the European Ceramic Society, 43(2) 245-260.

YANG B, ZHANG E, JIN Y X, et al., 2001. Microstructure characteristic of in-situ Ti/TiC composites[J]. Journal of Materials Science and Technology, 17: 103-104.

YANG W Z, HUANG W M, WANG Z F, et al., 2016. Thermal and mechanical properties of graphene-titanium composites synthesized by microwave sintering[J]. Acta Metallurgica Sinica-English Letters, 29(8): 707-713.

YANG Y Q, LUO X, HUANG B, et al., 2010. Fracture toughness of SiC$_f$/Ti-6Al-4V composites[J]. Cailiao Rechuli Xuebao/Transactions of Materials and Heat Treatment, 31(9): 1-4.

ZHANG Q, SUN W, XU S, et al., 2022. Nano-TiB whiskers reinforced Ti-6Al-4V matrix composite fabricated by direct laser deposition: Microstructure and mechanical properties [J]. Journal of Alloys and Compounds, 922: 166171.

ZHOU P, QIN J, LU W, et al., 2011. Microstructure and mechanical properties of in situ synthesised (TiC+TiB)/Ti-6Al-4V composites prepared by powder metallurgy[J]. Materials Science and Technology, 27: 1788-1792.

ZHOU Z G, LIU Y Z, 2023. New insights into the evolution of TiB whisker and TiC particle during selective laser melting of titanium matrix composites[J]. Materials Science and Engineering: A, 877: 145200.

第4章　航空航天用高温合金复合材料

高温合金复合材料是指以第Ⅷ族元素(铁、钴、镍)为高温合金基体,向其中加入颗粒、晶须或纤维等增强体复合而成的材料。这种材料具有轻质、高比强度、高比模量,以及良好的抗氧化性、抗热腐蚀性、抗疲劳性等特点,并且在高温下具有良好的组织稳定性和使用可靠性,能在 1000℃以上和一定应力条件下使用。其中,最常见的为氧化物弥散强化(oxide dispersion strengthened, ODS)高温合金复合材料,是在高温合金基体中添加氧化物颗粒,从而达到提高强度、降低密度的目的。在 ODS 高温合金复合材料早期的探索中,ThO_2 纳米颗粒受到一定关注,但由于其具有放射性,在生产使用中受到限制。此后,纳米分散颗粒Y_2O_3、Al_2O_3 等逐渐成为最常用的增强体,它们都具有很好的热稳定性和化学稳定性,与基体之间的晶格失配可以阻碍位错传播,提高材料性能,并且这种强化效果可以维持到合金的熔点附近。虽然高温合金复合材料性能优异,但其制造成本较高,主要应用于制造发动机涡轮热端部件,包括涡轮盘、涡轮工作叶片、燃烧室和加力燃烧室的各种零部件等。直到 21 世纪初,高温合金复合材料的制备加工工艺还未充分完善,无法大规模工业化应用,因此仍是研究热点。

4.1　常　见　分　类

航空航天用高温合金复合材料种类繁多,按照基体的种类主要分为镍基、铁基、钴基三种。高温合金复合材料中的增强体按照几何形态可以分为纤维增强体、颗粒增强体、片状增强体等,其中颗粒增强体相比其他增强体具有各向同性和成本低廉的特点。颗粒增强体又可以分为氧化物、碳化物、氮化物、硼化物等。ODS 高温合金复合材料是应用最广泛的高温合金复合材料之一。此外,随着制备技术的发展和新材料的出现,以碳纳米管、石墨烯等作为新型增强体的高温合金复合材料的研究也不断开展,有望进一步实现高温合金复合材料性能的飞跃。图 4.1 为高温合金复合材料的分类,本节将针对 ODS 高温合金复合材料,在普及镍基、铁基、钴基三种主要类型的基础上,进一步介绍一些新型高温合金复合材料的发展情况。

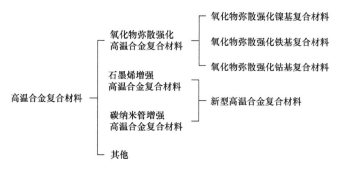

图 4.1　高温合金复合材料的分类

4.1.1　氧化物弥散强化镍基复合材料

　　氧化物弥散强化镍基复合材料是指以纯镍或镍基高温合金(镍铬合金、镍铝合金等)为基体，氧化物(Y_2O_3 和 Al_2O_3 等)颗粒为增强体，通过一系列工艺(机械合金化+热挤压/热等静压等)复合而成的材料。由于其良好的组织调控能力、高温抗蠕变性能、抗氧化性能和抗疲劳性，ODS 镍基复合材料成为航空航天领域应用最广泛的高温合金复合材料之一，可用作先进航空发动机的导向叶片、导向器后篦齿环，以及液体燃料火箭推进剂气体发生器的火箭喷管等(中国金属学会高温材料分会，2012；章林等，2010)。图 4.2 为 ODS 镍基复合材料作为航空发动机涡轮叶片材料的服役温度(唐庆新，2012)，尽管镍基高温合金可以通过优化工艺来提高服役温度，但效果非常有限，可以发现，ODS 镍基复合材料在服役温度上具有更加显著的优势(1070～1160℃)。我国自主研制开发的 MGH4755 可以进一步将使用温度提升至 1100～1300℃。表 4.1 归纳了 ODS 镍基复合材料的牌号及其化学成分质量分数，尽管美国、欧盟、日本为研究 ODS 镍基复合材料的主要国家及地区，但随着高能球磨机、热挤压、热等静压等配套工艺的成熟，我国也成功研发了多种牌号的 ODS 镍基复合材料，其综合性能已接近国际水平。

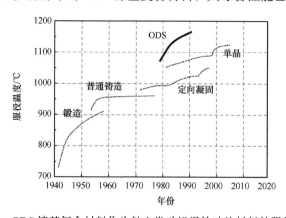

图 4.2　ODS 镍基复合材料作为航空发动机涡轮叶片材料的服役温度

表 4.1　ODS 镍基复合材料的牌号及其化学成分质量分数　　　（单位：%）

牌号	Cr	Al	Co	Ti	Mo	W	Ta	Y$_2$O$_3$
MGH4754 (MGH754)	18.5~21.5	0.2~0.6	—	0.4~0.7	—	—	—	0.5~0.7
MGH4755	25.0~35.0	—	—	—	—	—	—	0.1~2.0
MA754	20.0	0.3	—	0.5	—	—	—	0.6
MA757	16.0	4.0	—	0.5	—	—	—	0.6
MA758	30.0	0.3	—	0.5	—	—	—	0.6
MA760	20.0	6.0	—	—	2.0	3.5	—	0.9
MA6000	15.0	4.5	—	2.5	2.0	4.0	2.0	1.1
PM1000	20.0	0.3	—	—	0.5	—	—	0.6
PM3000	20.0	6.0	—	—	—	3.5	—	0.9~1.1
PM3000S	17.0	6.6	—	—	2.0	3.5	2.0	0.9~1.1
PM3030	17.0	6.0	—	—	2.0	3.5	2.0	0.9
TMO2	5.9	4.2	9.7	—	—	12.4	4.7	1.1
Alloy98	6.8	5.2	5.1	—	—	8.6	5.7	1.1
Alloy1C3	5.0	5.6	9.0	—	2.0	6.0	6.0	2.0
ODS-WAZ-D	—	7.0	—	—	—	16.5	—	2.0

注：MGH 为中国牌号，MA 为美国牌号，PM 为欧洲牌号，其他略。

ODS 镍基复合材料的主要工艺为机械合金化+热挤压(中国金属学会高温材料分会，2012)，其典型组织为均匀的单相奥氏体，存在大量孪晶，并表现出强烈的<100>织构，晶粒内和晶界上还存在微量的碳氮化物颗粒，晶粒形貌在制备过程中发生剧烈变化(李帅华等，2009)。在热挤压工艺成形+热轧+热处理的过程中，板材先发生动态再结晶生成氧化物颗粒分布不均匀的等轴晶，随后发生了二次再结晶，最终形成沿挤压方向长大的粗大盘状晶，长度可达十几毫米，直径也可达毫米级别，长径比一般大于 10∶1(李帅华等，2010)。图 4.3 为 ODS 镍基复合材料板材(热挤压工艺成形+热轧)的微观组织(雷喆等，2013)。高温退火时，氧化物颗粒对晶粒的钉扎使得大部分晶粒的生长受到阻碍，而少数晶粒迅速吞并周围晶粒并生长为粗大的晶粒。

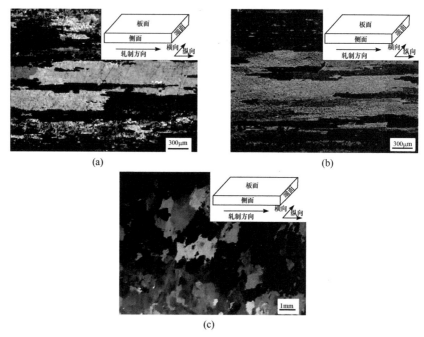

图 4.3　ODS 镍基复合材料板材(热挤压工艺成形+热轧)的微观组织
(a)横断面；(b)纵断面；(c)板面

　　此外，纳米级 Y_2O_3 颗粒均匀分布在晶粒内和晶界上，其平均间距一般小于
1μm，无团聚现象，但粒径为 15～50nm，这要比 ODS 铁基复合材料中粗大得多
(章林等，2010)。这种粗化的 Y_2O_3 与基体中固溶的 Al 有关，二者极易相互反应
生成 Al_2O_3 和一系列 Y-Al-O 氧化物($Al_5Y_3O_{12}$、$Al_2Y_4O_9$、$AlYO_3$)(Nganbe et al.,
2009；Heilmaier, 1996)。粗大的增强体颗粒会对组织稳定性和力学性能产生不利
影响，因此减小氧化物的粒径成为 ODS 镍基复合材料组织调控的重要方向。从
工艺优化的角度考虑，适当降低轧制温度有利于形成均匀细小的氧化物颗粒；从
成分优化的角度来说，Ti、Mg、Zr、Ca 或 Hf 都可以改善氧化物颗粒的形貌，其
中，Hf 的效果最好，既能减小氧化物颗粒的平均尺寸，又能减小其间距，其最
优含量(质量分数)为 2%(Tang et al., 2010)。

4.1.2　氧化物弥散强化铁基复合材料

　　氧化物弥散强化铁基复合材料可分为纳米结构铁素体合金(nanostructured
ferritic alloys, NFAs)和纳米结构相变合金(nanostructured transformable steels,
NTs)。其中，NFAs 由于 Cr 含量较高，具有更加优良的抗氧化性和耐腐蚀性，不
存在高温相转变的问题，因此相比 NTs(主要用作核反应堆结构材料)更适于在航
空航天领域的高温环境下使用。这类 ODS 铁基复合材料拥有比 ODS 镍基复合材

料更高的熔点(1482℃)，更低的密度(7.2g/cm³)及热膨胀系数，其抗高温氧化性能、抗热腐蚀性能、抗蠕变性能和组织稳定性也十分突出，可用于先进航空发动机火焰筒、火焰稳定器及加力燃烧室隔热屏等热端部件。表4.2为ODS铁基复合材料的牌号及其化学成分质量分数，美国、日本及欧盟等是研究 ODS 铁基复合材料的主要国家和地区，如美国的14Cr-ODS 等，日本的(9%～12%)Cr ODS，以及欧盟一些国家的ODS-EUROFER97 合金。国内对ODS铁素体钢的研究始于21世纪初，MGH956 合金板材被认为是更高推重比(12～15)航空发动机热端部件最有潜质的材料。

表 4.2　ODS 铁基复合材料的牌号及其化学成分质量分数　　(单位：%)

牌号	Cr	Al	Ni	Ti	Mo	W	Mn	Y₂O₃
MGH2756 (MGH956)	18.50～21.50	3.70～5.80	<0.50	0.20～0.60	—	—	—	0.30～0.70
MA956	21.70	4.50～6.00	0.11	0.50	<0.05	—	0.06	0.50
MA957	13.70	0.03	0.13	1.00	0.30	—	0.09	0.25
PM2000	18.92	5.50	0.01	0.50	0.01	0.04	0.11	0.50
ODS-9Cr	9.00	5.00	—	0.20	—	2.00	—	—
DT2203Y05	13.00	—	—	2.20	1.50	—	—	0.50
DT2906	13.00	—	—	2.50	1.50	—	—	0.75
12Y1	12.85	0.01	0.24	0.003	0.03	<0.01	0.04	0.25
12YWT	12.58	—	0.27	0.35	0.02	2.44	0.60	0.25
OPH	14.00	0.50～6.00	—	—	3.00	—	—	3.00

注：MGH 为中国牌号，MA 为美国牌号，PM 为欧洲牌号，其他略。

ODS 铁素体钢为单相α铁素体组织，呈现出与氧化物弥散强化镍基复合材料类似的"盘状晶"特征，具有明显的大角晶界和织构特征。图4.4为ODS铁素体钢经再结晶退火处理后的晶粒组织形貌(中国金属学会高温材料分会，2012)，受冷轧后再结晶退火工艺的影响，ODS 铁素体钢的再结晶晶粒主要有两种：粗晶组织和细晶组织。粗细晶的拉伸性能大体相同，但高温(1100℃)持久强度有很大差别，粗晶板材得益于各向异性，持久强度为细晶板材的 2～3 倍，然而粗晶板材由于韧脆转变温度较高，容易发生脆性或低塑性断裂。因此，如何得到高温持久强度和加工稳定性都较为优异的细晶组织被认为是未来 ODS 铁素体钢研制的重要方向(李帅华等，2011)。

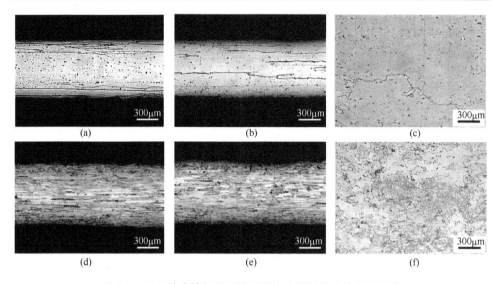

图 4.4　ODS 铁素体钢经再结晶退火处理后的晶粒组织形貌

(a)粗晶，纵向面；(b)粗晶，横向面；(c)粗晶，板面；(d)细晶，纵向面；(e)细晶，横向面；(f)细晶，板面

由于 TiO_2 和 Y_2O_3 反应，ODS 铁素体钢中存在大量与 Y_2O_3 不同的纳米氧化物(Miller et al., 2005)。以 MA956 为例，存在均匀分布的颗粒尺寸小于 30nm 的 $Y_3Al_5O_{12}$，少量颗粒尺寸为 500~1000nm 的 Al_2O_3，以及平均颗粒尺寸为 200nm 的 Ti(C, N)。高温下最稳定的 Y-Ti-O 颗粒为 Y_2TiO_5 和 $Y_2Ti_2O_7$。12YWT 合金中的纳米团簇经过 1300℃等温淬火处理仍不发生粗化，然而对 MA956 及 PM2000 合金的研究表明，其中存在的四方 $3Y_2O_3 \cdot 5Al_2O_3$(yttrium-aluminium tetragonal, YAT)及单斜 $2Y_2O_3 \cdot Al_2O_3$(yttrium-aluminium monoclinic, YAM)在高温下并不稳定，高于 1150℃发生粗化(郭薇等，2012)。因此，$Y_xTi_yO_z$ 团簇的稳定性可能与团簇的成分和合金的种类有关。这些纳米级氧化物的存在通常会对复合材料的性能造成影响，$Y_xTi_yO_z$ 团簇具有更高的密度和更小的尺寸，在氧化物弥散强化中占主导作用，还可以通过阻碍位错和晶界迁移来改善抗蠕变性能(Mathon et al., 2009)。

由于铁基体与 Al_2O_3 等颗粒增强体的密度相差较大，ODS 铁基复合材料普遍存在润湿性差的问题。粉末冶金可以有效控制 Al_2O_3 颗粒的粒度、体积分数等，然而并不能有效改善润湿性差的问题，需要采用表面镀膜法或原位自生的方法改善其表面润湿性(张国赏，2013)。

4.1.3　氧化物弥散强化钴基复合材料

Co 具有比 Ni 更高的熔点，且钴基高温合金具有优异的抗高温氧化性能和抗热腐蚀性能、良好的耐热疲劳性能和焊接性能，因此是航空航天产业极具前景的高温结构材料，可用于制造发动机的导向叶片等。然而，由于钴资源匮乏使其价格昂贵，再加上钴基高温合金存在一些瓶颈问题(如缺乏 γ' 增强体，γ' 相溶解温度较低或 γ' 相热稳定性差)，因此钴的合金化道路尤其艰难，ODS 钴基复合材料的发展相比镍基、铁基也相对滞后(刘兴军等，2020；梁莉等，2018)。表 4.3 为几种 ODS 钴基复合材料的化学成分质量分数。直到 21 世纪初，ODS 钴基复合材料尚未有投入商业化批量生产的合金，标准化和系统化方面存在很大不足。

表 4.3   几种 ODS 钴基复合材料的化学成分质量分数   (单位：%)

Cr	Hf	Al	Y_2O_3
20	2.4	5~10	1.5
—	1.2	3	1.5

ODS 钴基复合材料由两种不同的相组成，即面心立方结构的 Co 固溶体相和 B2 结构的 CoAl 相，图 4.5 为 Y_2O_3 增强钴基复合材料的微观组织(余浩，2017)。细小的 Y-Hf 氧化物颗粒密集分布在固溶体内部和 B2 相中。FCC 基体中 Y-Hf 颗粒的平均尺寸为 5nm，远小于 B2 相中 Y-Hf 颗粒的平均尺寸(12nm)。在高温下，Y-Hf-O 颗粒的出现会起到钉扎晶界的作用，从而有利于超细晶粒的稳定。通过区域退火形成定向再结晶晶粒，从而得到分布均匀的 $Y_2Hf_2O_7$ 超细氧化物颗粒的粗晶，这是 ODS 钴基复合材料的理想组织，能够保证优异的高温强度和 1000℃以上的组织稳定性。

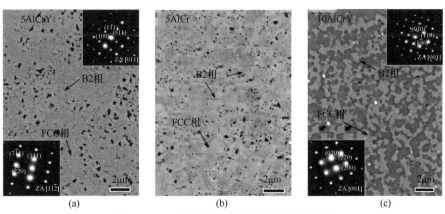

图 4.5 Y_2O_3 增强钴基复合材料的微观组织
(a)Co-20Cr-5Al-2.4Hf-1.5Y_2O_3；(b)Co-20Cr-5Al；(c)Co-20Cr-10Al-2.4Hf-1.5Y_2O_3
名称中元素符号前的数字表示其质量分数(%)

4.1.4   新型高温合金复合材料

随着装备的更新换代，发动机的涡轮进口温度从第一代的 777~1027℃跃升至第四代的 1577～1715℃。传统高温合金复合材料的成分优化对于材料性能的提升终究有限，因此除了氧化物颗粒强化外，石墨烯、碳纳米管等作为 21 世纪新兴的增强体用来增强高温合金。表 4.4 为碳纳米管、石墨烯与其他常用增强体的性能对比，相比传统增强体(包括陶瓷颗粒、碳纤维)，纳米增强体如碳纳米管、石墨烯等具有低密度、高力学性能、高导热系数及低热膨胀性能，因此碳纳米管或石墨烯增强的高温合金复合材料成为极具前景的新型高温合金复合材料。

表 4.4　碳纳米管、石墨烯与其他常用增强体的性能对比

材料	密度/(g/cm³)	弹性模量/GPa	抗拉强度/GPa	热膨胀系数/(10⁻⁶K⁻¹)	导热系数/[W/(m·K)]
SiC 颗粒	3.21	450	—	4.7	490
Al₂O₃ 颗粒	3.90	400	—	7.0	30
碳纤维	1.50～2.00	<900	<7	约 0.7	<1000
多壁碳纳米管	<1.30	200～950	13～150	约 2.8	3500
石墨烯	<1.06	>1000	>120	约 7.0	4840

1. 石墨烯增强高温合金复合材料

GNPs 与高温合金的界面结合良好，且被用于改善高温合金复合材料在加工过程中极易出现的热裂纹、微米级孔隙和偏析等缺陷。GNPs 能够抑制 γ 晶粒的择优生长，并在凝固过程中作为非均匀形核位点，促进合金基体中晶粒的细化。此外，一些石墨烯与基体元素反应形成第二相颗粒，第二相颗粒不仅会导致位错的产生、钉扎和储存，而且还会通过促进晶粒形核和阻碍晶粒生长来细化晶粒。图 4.6 为 GNPs/Inconel 718 复合材料的微观组织(Ahmadi et al., 2022)，对于含 Nb 和 Mo 的高温合金，石墨烯还可能与 Mo 和 Nb 反应，形成 M_xC_y 型碳化物，这些碳化物可能偏析在晶界上，具有钉扎晶界和阻碍位错运动的作用。

(a)

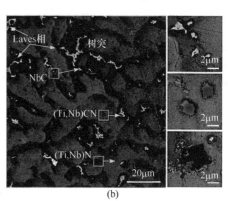

(b)

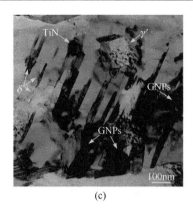

(c)

图 4.6　GNPs/Inconel 718 复合材料的微观组织

(a)枝晶结构的 SEM 图像；(b)不同相的 SEM 图像；(c)TEM 图像

石墨烯纳米片有利于提高镍基复合材料的强度，这种作用与 GNPs 含量密切相关。适量的 GNPs 可以在提高材料强度的同时改善韧性，然而 GNPs 过量时，其作用则主要体现在对强度的贡献。图 4.7 为 GNPs 增强镍基复合材料的应力-应变曲线(Ahmadi et al., 2022；Chen et al., 2020)，当 GNPs 的质量分数为 0.1%时，延伸率从 7%增加到 10%，屈服强度和抗拉强度分别比基体材料高 11.3%和 11.7%；当 GNPs 的质量分数为 1.0%时，屈服强度和极限抗拉强度分别比基体材料高 35%～40%、45%～50%(Chen et al., 2020)。

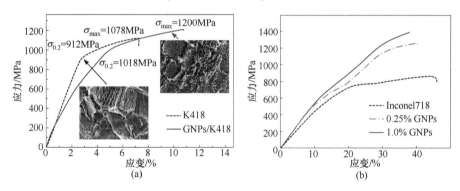

图 4.7　GNPs 增强镍基复合材料的应力-应变曲线

(a) 0.1%(质量分数)GNPs/K418 复合材料；(b)0.25%和 1.0%(质量分数)GNPs/Inconel 718 复合材料

$\sigma_{0.2}$-屈服强度；σ_{max}-最大抗拉强度

2. 碳纳米管增强高温合金复合材料

CNTs 在高温合金基体内均匀分布，与金属基体之间形成强界面结合，可显著提高材料的硬度和强度(Chen et al., 2016)。在激光熔覆制备镍基复合材料时，多壁碳纳米管(multi-walled carbon nanotubes, MWCNTs)比传统石墨的结构更稳定

(Wang et al., 2016)。这些碳纳米管填充晶界，对反应元素(Al、Ni、Cr 等)在 NiCrAl 基体中的移动提供了阻力，从而抑制了 Laves 相的形成，但也因为碳含量的增加导致 NbC 相的形成，见图 4.8 CNTs 增强镍基复合材料的微观组织(Chen et al., 2016)。碳纳米管可以提高复合材料的硬度、强度、弹性模量，但延性有所下降，这不仅与碳纳米管的转化产物 GNs 和碳纳米棒(carbon nanoribbons, CNRs)有关，而且与凝固后期产生的硬而脆的 Laves 共晶化合物有关。

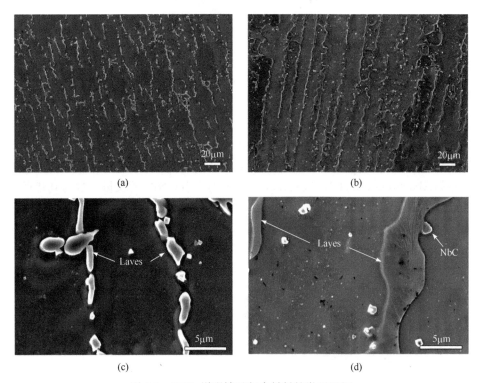

图 4.8　CNTs 增强镍基复合材料的微观组织

(a)和(c)为未添加增强体的 Inconel 718；(b)和(d) 为 CNTs/Inconel 718 复合材料

4.2　性　　能

4.2.1　物理性能

　　材料的物理性能包括密度、熔点、比热容、线膨胀系数、导热系数、弹性模量等。对于高温合金复合材料来说，这些物理性能会受到基体、氧化物增强体的共同影响。

　　首先，轻质化的结构材料是高推重比航空发动机得以实现的必要条件。低密

度氧化物的加入有助于实现材料的轻质化。例如，用于燃烧室材料的 Hastelloy X
合金，其密度为 8.22g/cm³，加入质量分数为 1.5%的 Y₂O₃ 后合金密度降为
8.14g/cm³，Y₂O₃ 质量分数增加到 10%后合金密度降为 7.72g/cm³，Y₂O₃ 质量分数
增加到 30%后合金密度降为 6.89g/cm³(李小峰，2012)。

其次，研发具有更高承温能力的高温结构材料是航空航天的重点研究方向，
因此要求材料具有更高的熔点。对于高温合金复合材料，尽管铁、钴比镍的熔点
更高，但在添加氧化物并经过工艺成形后，材料中会形成各种复杂的增强体，这
些增强体的熔点也是研究的重点。从 γ' 相的熔点来考虑，ODS 镍基复合材料比
ODS 钴基复合材料要更加优异。

最后，增强体的加入对高温合金物理性能的改善表现在降低线膨胀系数，提
高弹性模量等，然而，高温下增强体与基体的线膨胀系数不匹配会引起较大的残
余应力，从而降低材料的性能。图 4.9 为 ODS 铁基复合材料 MGH956 与 ODS 镍
基复合材料 MGH4754、MGH4755 的物理性能随温度的变化(中国金属学会高温

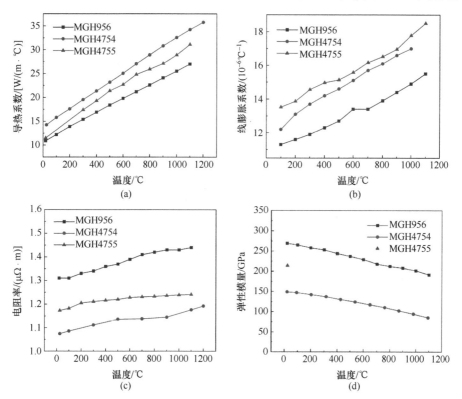

图 4.9　ODS 铁基复合材料 MGH956 与 ODS 镍基复合材料 MGH4754、MGH4755 的物理性能
随温度的变化

(a)导热系数；(b)线膨胀系数(初始温度为 100℃)；(c)电阻率；(d)弹性模量

材料分会，2012)，可以发现 ODS 铁基复合材料具有更小的线膨胀系数和更大的弹性模量，然而 ODS 镍基复合材料拥有更好的导电和导热性能。兼顾各种物理性能的提升将是高温合金复合材料研究的重点方向。

4.2.2 化学性能

航空航天用高温合金复合材料一般在高温、腐蚀性气体等环境下服役，因此对抗氧化性和耐腐蚀性提出了更高的要求。高温合金复合材料中氧化物颗粒的存在不仅可以使材料具有优异的高温力学性能，还可以提高抗氧化性和耐腐蚀性。

1. 抗氧化性

ODS 高温合金复合材料一般应用于高温环境，因此其抗氧化性至关重要。谭晓晓等(2017)对 ODS 高温合金复合材料抗氧化性的相关研究做了非常全面的总结。本节将针对其中几种能够对抗氧化性产生重要影响的因素进行介绍。

1) 氧化物颗粒的种类

稀土、钛、锆、铪等活性元素的氧化物能够通过独特的活性元素效应(reactive element effect, REE)提高氧化膜的黏附性能和抗剥落性能。活性元素的离子能够偏聚在晶界和氧化膜/基体界面处，通过影响氧化膜的生长机制显著降低其生长速度。表 4.5 为不同氧化物颗粒对高温合金复合材料高温氧化行为的影响(谭晓晓等，2017)，可以发现，在同一合金体系下不同氧化物掺杂表现出的效果不尽相同，此外，同一种氧化物掺杂，在不同合金体系也表现出不同的效果。除活性元素氧化物外，Al_2O_3、MgO、SiO_2 等氧化物的稳定性好，也常用来改进高温合金的氧化性。由于抗氧化性与 Cr 或 Al 选择性氧化生成单一 Cr_2O_3 或 Al_2O_3 膜的行为有关，见图 4.10 未掺杂和 2%～3%ThO_2(体积分数)颗粒掺杂 Ni-20Cr 合金表面氧化膜形核生长过程示意图(Whittle et al., 1980)。尽管氧化物颗粒的性质各不相同，但对合金抗氧化性的影响存在一些共性作用。一方面，氧化物颗粒能够细化晶粒或增加缺陷密度，对于 Cr 或 Al 含量较少的材料，这促进了 Cr 或 Al 在基体中的扩散，进而降低了初期氧化阶段生长单一 Cr_2O_3 或 Al_2O_3 膜的临界浓度；对于具有足够 Cr 或 Al 含量的材料，氧化物颗粒能够缩短暂态氧化时间，抑制基体其他金属元素的氧化。另一方面，氧化物颗粒提供了空位陷阱的质点，降低了界面空洞的生长速率，最终提高氧化膜的黏附性能。

表 4.5　不同氧化物颗粒对高温合金复合材料高温氧化行为的影响

基体合金	增强体及其质量分数/%	恒温氧化抛物线常数(k_p)/[$10^{-12}g^2/(cm^4\cdot s)$]	氧化膜的组成
Ni-20Cr	无	5.00(1000℃，100h) 37.00(1100℃，100h) 83.00(1200℃，100h)	NiO 和 $NiCr_2O_4$ 为主

基体合金	增强体及其质量分数/%	恒温氧化抛物线常数(k_p)/[$10^{-12}g^2$/($cm^4\cdot s$)]	氧化膜的组成
Ni-20Cr	0.02 La_2O_3	1.00(1000℃，100h)	Cr_2O_3 为主，少量 NiO 和 $NiCr_2O_4$
		1.70(1100℃，100h)	
		26.00(1200℃，100h)	
	0.04 La_2O_3 + 0.04 Y_2O_3	0.33(1000℃，100h)	
		3.90(1100℃，100h)	
		4.40(1200℃，100h)	
Fe-14Cr-2W-0.3Ti	0.30 Y_2O_3	0.56(750℃，100h)	(Cr-Mn)$_2O_3$

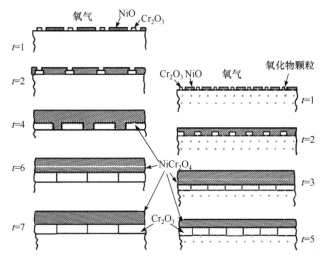

图 4.10　未掺杂和 2%～3%ThO_2(体积分数)颗粒掺杂 Ni-20Cr 合金表面氧化膜形核生长过程示意图

2) 氧化物颗粒的尺寸

一般来说，细小而分布均匀的氧化物颗粒有利于提高材料的抗氧化性。氧化物颗粒的尺寸实际上影响的是成膜元素的扩散或氧离子的浓度。当氧化物颗粒尺寸较小时，由于晶粒度的降低，位错和亚晶界密度较大，促进了成膜元素向表面的扩散，进而降低成膜元素临界含量和缩短暂态氧化时间。当氧化物颗粒尺寸较大时，存在于氧化膜/合金界面处的氧化物颗粒可以促进氧离子向内扩散，加剧氧化过程(谭晓晓等，2017)。因此，在 ODS 高温合金复合材料中，氧化物颗粒的尺寸一般小于 100nm，且要求其在高温下粗化不明显。

3) 氧化物颗粒的含量

氧化物颗粒的含量不能过高，否则会出现"过掺杂效应"，即颗粒分布不均匀和团聚粗化将导致合金氧化动力学增加及氧化膜黏附性下降。氧化物颗粒的含量(质量分数)一般不超过 2%，这已成为商用高温合金复合材料的标准。同时，氧化物颗粒的含量也不宜过小，否则难以对氧化过程产生有效影响，这一阈值一般为 0.025%。在不同合金体系中，不同氧化物颗粒具有不同的最优掺杂量。研究表明 0.2%为 Y_2O_3 掺杂 Fe_3Al 合金体系(Pint et al., 1996)和 Ni-20Cr-5Al(解磊鹏等，2022)的最优掺杂量，图 4.11 为 1150℃下不同质量分数 Y_2O_3 增强镍基复合材料的氧化动力学曲线(Sun et al., 2016)。CeO_2、La_2O_3、Sc_2O_3 和 ZrO_2 的最优掺杂量(质量分数)则小于 0.2%。

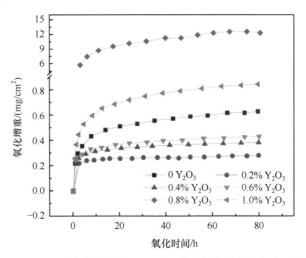

图 4.11　1150℃下不同质量分数 Y_2O_3 增强镍基复合材料的氧化动力学曲线

4) 合金成分

合金成分会影响高温合金的抗氧化性，代表元素包括 Al、Cr、Ti、Co、W、Mo、Si、Mn、Y 等。合金元素的种类会影响形成的氧化膜种类，Cr_2O_3 膜在 1000℃以下具有较好的保护性，α-Al_2O_3 则在 1000℃以上极具优势。适量的合金元素可以促进 Cr_2O_3 或α-Al_2O_3 保护膜的生成，提高其致密性，从而改善抗氧化性。尽管多种活性元素和氧化物共掺杂的效果要远远优于单一活性元素的改善作用，但共掺杂作用机理和元素组合设计仍然有待进一步研究。

2. 耐腐蚀性

作为涡轮发动机热端部件的材料，高温合金复合材料表面会沉积熔融盐(NaCl、Na_2SO_4)，从而引起热腐蚀现象，加速材料的失效。此外，作为超音速飞行器热防护系统的理想材料，高温合金复合材料在等离子体氧的腐蚀下，其表面致密的氧化膜也会发生变化。等离子体氧诱导的 Cr_2O_3 优先气化，同时 NiO 在氧化层中富集，使得氧化层变成疏松的粉状，并在剪切应力或振动载荷的作用下被去除(Panerai et al.,

2014)。因此，提高耐腐蚀性的关键在于快速地生成致密的单一氧化物膜。

4.2.3 力学性能

1. 拉伸性能

与高温合金基体相比，高温合金复合材料的高温强度、刚度大大提高，且具有优异的应力断裂性能。细晶强化会使高温合金复合材料的强度超过复合原则计算的上限。然而，相比高温合金，高温合金复合材料的延伸率有所下降。图 4.12 为几种 ODS 高温合金复合材料的拉伸性能随温度的变化(郭薇等，2012；Steckmeyer et al.，2010)，可以发现 ODS 高温合金复合材料的延伸率从某个临界温度开始急剧增加，但高温下的变化趋势并不总是单调的。另外，抗拉强度随着温度的升高而降低，在高温下减小到和基体合金相同的水平，屈服强度也有类似的趋势，但似乎并不存在一个急剧变化的临界温度。无法对不同基体的 ODS 高温合金复合材料之间的差异作一个概述，因为如图 4.12 所示，即使同为铁基 ODS 高温合金复合材料，各种型号间的性能差异也可能很大。

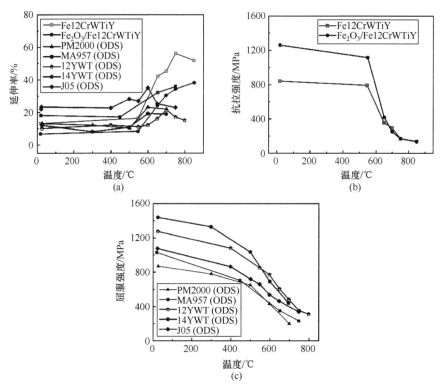

图 4.12 几种 ODS 高温合金复合材料的拉伸性能随温度的变化

(a)延伸率；(b)抗拉强度；(c)屈服强度

ODS 高温合金复合材料的强化机制主要包括固溶强化、析出强化和弥散强化。固溶强化在室温下占主导，存在于低 Al、Ti 含量，即不含 γ' 相[Ni$_3$(Al, Ti)] 的 ODS 镍基复合材料(MA754、MA758、PM1000 等)和 ODS 铁素体钢中 (Heilmaier et al., 2000)。析出强化则存在于高 Al、Ti 含量的 ODS 镍基复合材料 (MA760、MA6000、TMO2 等)和钴基高温合金复合材料中。前者形成了 FCC(L1$_2$)有序结构的 γ' 相，并与 γ 基体保持共格，使材料的中温强度(温度为材料熔点温度的 55%~60%)得到很大改善；后者依靠 γ' 相[Co$_3$(Al, W)]，然而这种析出相在高温下不稳定，容易发生粗化或溶解。在高温(温度在熔点温度的 70%以上)下，比 γ' 相更加稳定的氧化物以弥散强化主导高温下的强度(田耘等，2013；章林等，2010；郭建亭，2008)。

2. 抗蠕变性能

高温抗蠕变性能反映了 ODS 高温合金复合材料高温下的变形能力。ODS 高温合金复合材料的蠕变断裂应变与一般的高温合金相比较低，且随温度的升高而降低，但随应力的增加而增加。然而，对于 ODS 高温合金复合材料来说，重要的蠕变参数是蠕变阈值而不是蠕变强度。ODS 高温合金复合材料的高温蠕变行为存在应力阈值，在阈值应力以下，蠕变速率可以被忽略，材料的横向晶界不会产生"空洞"，可以保证合金的长期性能，而在蠕变应力以上，即使 ODS 高温合金复合材料的蠕变速率随应力的增长率比没有弥散增强体的合金更大，其蠕变速率仍然远低于无增强体的合金。这种阈值应力的出现与氧化物颗粒对位错的钉扎作用有关，只有超过一定的应力，位错才能脱钉，且该阈值应力随着温度的升高而减小。

图 4.13 为几种 ODS 高温合金复合材料的 Larson-Miller 参数曲线(Hoffelner, 2014)，该曲线通过定量描述一定温度下的断裂寿命反映材料的高温抗蠕变性能：

$$T(E + \lg t_r) = P \tag{4.1}$$

式中，P 为 Larson-Miller 参数；T 为温度(K)；E 为 Larson-Miller 常数，其值在 15~25 变化；t_r 为材料的断裂时间(h)。在 Larson-Miller 曲线图中，越靠近右上方的曲线对应的高温抗蠕变性能越好。可以发现，ODS 高温合金复合材料相比普通高温合金高温抗蠕变性能有了很大提升，这种提升的效果与基体和增强体的类型有很大关系。例如，镍基高温合金复合材料(MA6000 等)相比铁基高温合金复合材料(MA956、MA957 等)高温抗蠕变性能更优，而具有镧系增强体的 ODS 钼基复合材料具有最好的耐高温性能(Hoffelner, 2014)。

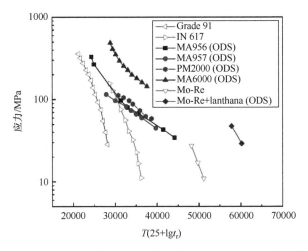

图 4.13　几种 ODS 高温合金复合材料的 Larson-Miller 参数曲线

此外，制备工艺和合金元素也会影响高温合金复合材料的高温抗蠕变性能。先进液相烧结工艺被认为能够提高 ODS 高温合金复合材料的高温硬度和高温抗蠕变性能(GooWon et al., 2020)。二次再结晶得到的沿挤压轴的细长粗晶组织也可以通过防止晶间断裂显著提高高温蠕变强度，然而定向再结晶缺陷，即形成晶界垂直于挤压轴的等轴晶，会使得高温蠕变强度急剧下降(Song et al., 2021)。

3. 抗疲劳性

ODS 高温合金复合材料的高温塑性低，抗疲劳性却十分优异。对于 ODS 铁基复合材料来说，屈服强度高，韧性低的特性使其高周抗疲劳性较好而低抗周疲劳性较差，但仍然优于非 ODS 铁基高温合金，图 4.14 为 ODS 钢与 9Cr-1Mo 钢的抗疲劳性，随着总应变范围的减小，ODS 钢的疲劳寿命显著提高(Ukai et al., 2007)。9Cr-1Mo 合金在 650℃下就出现疲劳软化现象，而 ODS 铁基高温合金 9Cr-ODS 和 12Cr-ODS 在 850℃下都没有发生疲劳软化现象。沉淀硬化型高温合金在室温、中温条件下都有疲劳硬化现象，但作为 ODS 镍基复合材料的 MA6000E 仅在室温下出现疲劳硬化，低周抗疲劳性也较好(高良，1981)。

ODS 高温合金复合材料优良的抗疲劳性主要与增强体颗粒的存在有关。氧化物颗粒的存在，在沉淀强化型高温合金中观察到的沉淀状态的改变导致循环应力的循环硬化或软化机制并不能适用于 ODS 高温合金复合材料，而位错与氧化物颗粒的相互作用机制被认为是循环变形行为的主要机制，具有抑制循环软化和增加循环强度的作用(Heilmaier et al., 2000)。高温下，尤其是高应变振幅下，位错密度降低、晶粒生长、MC 碳化物的粗化和 Cr-W 富集的 Laves 相析出都促进了裂纹的萌生与扩展(Chauhan et al., 2017)。

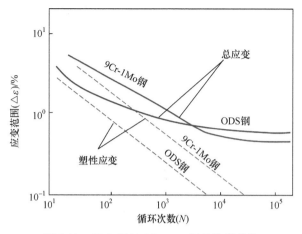

图 4.14　ODS 钢与 9Cr-1Mo 钢的抗疲劳性

4.2.4　耐磨性

航空航天发动机用结构材料在高温下会承受各种动、静载荷，因此材料表面极易发生磨损和质量损失。颗粒增强金属基复合材料有望成为韧性和耐磨性兼具的耐磨材料。机械性能，如硬度和强度是影响耐磨性的关键因素。增强体颗粒的弹性模量、抗拉强度和硬度都比铁基体高，根据复合原则，复合材料的强度、硬度及弹性模量都应比基体材料高。

ODS 高温合金复合材料的抗滑动摩擦性可以通过环上摩擦磨损试验机测试得到。图 4.15 为不同载荷下不同质量分数 Y_2O_3 增强镍基复合材料的摩擦系数(Çelik et al., 2022)，随着增强体含量的增加，复合材料的摩擦系数逐渐增加，磨损量也逐渐减小。图 4.16 为不同质量分数 Y_2O_3 增强镍基复合材料在载荷为 5N 时的磨损表面(Çelik et al., 2022)，可以发现，由于颗粒增强体的硬度较高，可以直接承受摩擦偶的正向载荷，使基体材料免于直接对磨，因此较软的金属基体在载荷作用下被去除，表面留下大量磨损颗粒并在磨蚀方向上发生变形，抵抗外界硬质磨料损伤的能力更强，同时有效阻碍裂纹的扩展，从而大幅度提高高温合金的耐磨性，最高可达数十倍。此外，颗粒增强体的增加使得 Ni_3Al、Ni_3Ti 和 Ni_3Ta 等金属间化合物增加，这也显著改善了高温合金复合材料的耐磨性。然而增强体对耐磨性的改善存在一个最佳的临界值。对于氧化铝颗粒增强的耐热钢，氧化铝颗粒体积分数为 39%时表现出最好的耐磨性，其耐磨性是耐热钢的 3.27 倍(王恩泽等，2004)。当增强体的体积分数进一步增加时，由于增强体与基体之间的相容性恶化，增强体颗粒会倾向于剥落，此时增强体的存在对耐磨性表现出负面效应。

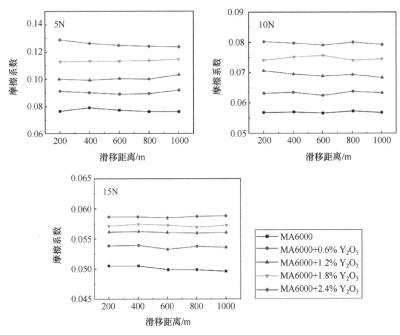

图 4.15　不同载荷下不同质量分数 Y_2O_3 增强镍基复合材料的摩擦系数

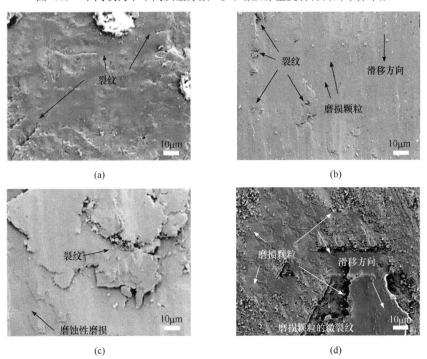

图 4.16　不同质量分数 Y_2O_3 增强镍基复合材料在载荷为 5N 时的磨损表面

(a)0；(b)0.6%；(c)1.2%；(d)1.8%

4.3　粉末冶金制备方法

传统高温合金复合材料的制备方法包括铸造、常规锻造及粉末冶金，其中，粉末冶金因其突出优势在高温合金复合材料的制备领域被广泛研究。

粉末冶金是一种古老而富有活力的先进材料成形工艺，起源于古代陶瓷工业和炼铁技术，18 世纪在欧洲成为一种流行的制备工艺。随着研究的逐渐深入，粉末冶金制备工艺已进入崭新的发展阶段，成为当前最成熟和最可靠的制备高性能需求、高使用温度服役条件的先进燃气发动机涡轮材料的方法之一。它是一种将金属粉末(或金属粉末与非金属粉末的混合物)作为原料，通过成形和烧结，制造出金属材料、复合材料等制品的工艺技术。这种工艺的优点主要如下：

(1) 材料组织均匀，晶粒细小，几乎不存在偏析；

(2) 相较于铸造高温合金，其力学性能和热加工性能更加优异，可实现超塑性加工；

(3) 工序简单，材料利用率高，加工成本低。

采用粉末冶金法制备高温合金复合材料的主要步骤包括：制备复合粉末→成形烧结(包括热压、热等静压、热挤压等)→热加工变形(模锻、轧制、等温锻等)→热处理→机械加工→后处理。

4.3.1　复合粉末制备

粉末冶金法制备高温合金复合材料的第一步就是制备出合格的复合粉末，其质量严重影响最终形成的高温合金复合材料性能。一般要求粉末中气体和夹杂物的含量很低，粉末的粒度整体呈正态分布，形状多为球形。目前，常用的制备 ODS 高温合金复合材料粉末的方法包括：氧化法、化学共沉淀法(还原法)和机械合金化。

1. 氧化法

氧化法主要包含内氧化法和表面氧化法。内氧化法是利用基体中含量较少的亲氧物质的氧化物颗粒作为弥散相进行强化。该工艺主要分为以下几步：混合待反应粉末→装入密封容器→在一定温度下反应。内氧化法可以制备纳米级均匀分布的氧化物颗粒，是制备高性能氧化物弥散强化铜基复合材料的首选方法。但这种方法仅对一些特殊金属或成分简单的合金可行，如 Cu、Ag、Be 等合金，对于大多数合金，难以保证基体中其他合金元素不被氧化且氧化程度难控制，内氧化法受到很大限制。虽然这种方法工艺简单且成本较低，但其适用的材料非常有限。

表面氧化法是指金属粉末表面被氧化生成一层氧化薄膜，然后通过压制和挤压这些粉末得到弥散强化材料的方法。这种方法最早用于铝合金复合材料粉末的生产。其过程是将片状金属铝粉表面氧化形成一层氧化膜，再经压制和挤压变形使粉末表面的氧化膜破碎并均匀分布在基体中，制得氧化铝颗粒均匀分布的材料。球磨工艺可以改变粉末的粒度分布和形貌，促进颗粒破碎的同时加速表面氧化，进而在颗粒表面生成一层纳米级氧化膜，氧化膜在之后的球磨作用下破碎成小块并镶嵌在金属内部，最终获得氧化物弥散分布的金属粉末(姚振华，2011)。

随着核材料的发展，ODS 铁基复合材料也开始采用氧化法来制备合金粉末，低温氧化过程中粉末表面生成一层 Fe 的氧化膜，在随后的加热过程中粉末表面的 O 元素转移并与 Y 和 Ti 元素反应生成了 Y-Ti-O 纳米氧化物弥散相，制备出 FeCr-ODS 铁素体高温合金。用这种方法制备的合金析出相分布不均匀且密度较低，不利于提高材料的力学性能(闫福照等，2022)。因此，还需进一步研究改进。

2. 化学共沉淀法

化学共沉淀法是将合金组成元素的水溶性盐溶液混合，然后与沉淀剂反应生成共沉淀物，经过洗涤、干燥、还原成金属粉末，不能被还原的氧化物颗粒弥散分布在金属粉末中，作为弥散相质点。这种方法不仅可以使原料细化和均匀混合，且具有工艺简单、煅烧温度低、时间短和产品性能良好等优点。TD-Ni(二氧化钍增强镍基高温合金)、TD-NiCr 等都是用此法制备的，图 4.17 为化学共沉淀

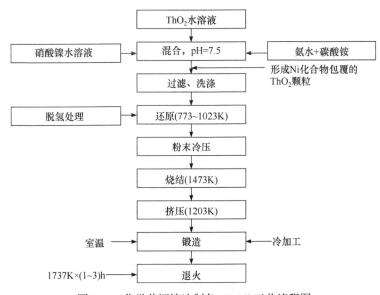

图 4.17　化学共沉淀法制备 TD-Ni 工艺流程图

法制备 TD-Ni 工艺流程图(卢振天，2019)。该方法的局限性在于不适用于活泼金属元素，如高温合金中常用的 Al，它们的氧化物在合金的熔点以下，很难被 H_2 还原。因此，寻找一种可以广泛采用并简单易行的制粉方法，是粉末冶金合成高温合金复合材料至关重要的工作。

3. 机械合金化

机械合金化(mechanical alloying, MA)是 20 世纪 70 年代由 Benjamin(1970)为制备 Y_2O_3/Ni 复合材料而提出的一种开发新型材料的技术。图 4.18 为机械合金化法制备 ODS 高温合金复合材料工艺流程(Sakasegawa et al., 2006)。MA 的发明是 ODS 高温合金复合材料发展史上的一个里程碑，这种方法能够生产一般熔炼方法和普通制粉方法均无法获得的材料，是一种可以控制复合金属粉末微观结构的制备方法，使得 ODS 高温合金复合材料制备工艺有了迅速的发展。机械合金化可以制备出既含有大量活性元素，又含有氧化物颗粒的合金。MA 工作原理是将预合金化的元素粉末机械混合，在高能球磨机中长时间研磨粉碎，合金粉末承受冲击、剪切、摩擦、压缩等多种力的作用，经历粒子扁平化、冷间焊合及合金粒子均匀化三个过程，在固态下实现合金化。

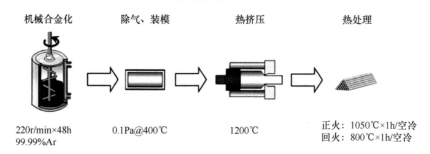

图 4.18　机械合金化法制备 ODS 高温合金复合材料工艺流程

机械合金化是一个干态球磨的过程，具体划分为五个阶段：塑性变形阶段、颗粒冷焊阶段、等轴颗粒形成阶段、随机焊接取向开始阶段和稳态加工变形阶段。通过控制合金化过程参数可以获得所需的精细结构材料。

在利用机械合金化法制备复合粉末时，球磨时间、球磨机转速及球料比是影响粉末质量的三个关键参数。其一，随着球磨时间的延长，混合粉末的颗粒尺寸先增加后减小，颗粒形状逐渐由片状转变为等轴状，图 4.19 为 ODS 铁素体合金粉末球磨不同时间后的 SEM 图像(刘烨等，2020)，从 0.5h 球磨后的 27.6μm 转变到 60h 球磨后的 6.4μm，这个变化过程可以采用上述的五个阶段加以描述。混合粉末的合金化程度随球磨时间的延长逐渐提高，粉末晶粒细化、晶格畸变增加，氧含量和硬度均增加。其二，随着球磨机转速的提高，颗粒的平均尺寸减小，促进了粉末的合金化过程，图 4.20 为 ODS 钼合金粉末在不同球磨机转速下研磨 6h 的 SEM 图(Yao et al., 2022)。其三，球料比的增加同样会细化粉末颗粒，但会使粉末的出粉率下降，污染率提高(姚振华，2011)。除此之外，粉末质量还受到研磨介质、研磨温度、填充率、气体环境等因素影响。对于不同的合金制备应选择与之相应的机械合金化工艺参数，使原料粉末的冷焊与破碎过程能较好地匹配，以达到理想的合金化效果，保证较高的出粉率。

图 4.19　ODS 铁素体合金粉末球磨不同时间后的 SEM 图像

(a)0.5h；(b) 2h；　(c)4h；　(d)8h；　(e) 16h；　(f) 32h；　(g)48h；　(h)60h

图 4.20　ODS 钼合金粉末在不同球磨机转速下研磨 6h 的 SEM 图像

(a)150r/min；(b) 250r/min；　(c)350r/min；(d) 450r/min

　　通过高能球磨可以生产出具有紧密分散、均匀内部结构的复合粉末，是ODS 高温合金复合材料最常用的粉末制备方法之一。依据高能球磨机的工作原理和特点不同，可以将其分为搅拌式、振动式和行星式三类。对高温合金复合材料粉末的制备而言，行星式球磨因其高效率和高精度而被广泛采用。

　　相对于前两种复合粉末的制备方法，机械合金化法具有以下优点：

　　(1) 工艺简单，在室温下即可实现合金化；

　　(2) 易于控制合金成分；

　　(3) 操作程序连续可调，形成的粉末颗粒晶粒细小；

　　(4) 在制备非晶或其他亚稳材料(如准晶相、纳米晶材料等)方面极具特色；

　　(5) 通过粉末之间的高能碰撞可以使纳米尺寸氧化物颗粒均匀弥散地分布在合金基体的粉末中；

　　(6) 可以同时处理含有多种较宽温度范围的熔融元素固态过程，避免熔融状态的合金在冷却过程中发生偏析或金属与增强体颗粒之间发生有害反应。

　　综合以上优点，对比常规铸造方法，机械合金化制备的合金具有超细晶结构，表现出更优异的性能，通过机械合金化加入的纳米氧化物颗粒可以显著提高材料的延展性和抗蠕变性能。

　　虽然机械合金化有上述多个优点，但作为一种新颖的工艺技术，其发展还不够成熟，依然存在一些问题，其中比较突出的问题是材料容易氧化污染和重复性较差等，后续仍需更深入的研究来解决这些问题。即使机械合金化存在不足，它仍是最常用、最适用于生产的方法，最大的高能球磨机一次可处理两吨的粉末。

　　除了以上提到的三种复合粉末的制备方法外，气体雾化联合机械合金化法也逐渐发展，用于 ODS 铁基复合材料粉末的制备，如采用气体雾化合金粉制备的9Cr-ODS 钢在室温及高温拉伸实验中都表现出较高的强度和优异的韧性(谢锐等，2018)。

　　上述几种方法制备出的高温合金复合粉末往往需要进一步处理才可以进行后续的成形，一般采用的处理方法包括筛分、非金属夹杂物的静电去除、气体浮选、气流磨、真空脱气等，其中应用最广泛的是筛分和静电去除非金属夹杂物。真空预脱气处理工艺也是粉末处理的一个重要环节，可有效地减少和避免原始颗粒边界(prior particle boundaries, PPBs)和热诱导孔洞(heat-induced pore, TIP)缺陷问题，为后续成形加工提供高质量的复合粉末。

4.3.2　粉末致密化成形

　　将制备好的复合粉末进行压制成形和高温烧结是粉末冶金的致密化过程，也是最关键的步骤。目前，高温合金复合材料通常可以采用三大类固结技术，图 4.21 为不同固结方式处理流程图。第一种是冷压成形后烧结，这种是应用最久的方法,它是在模压成形的基础上进行真空烧结获得完全致密的坯锭或产品。虽然这种方法过程简单,但一般不用于高温合金复合材料的生产,因为对于冷压成形来说,高温合金复合粉末十分坚硬、压缩性较差,得到的预成形坯致密性不好,对最终的材料性能产生很大影响。第二种是热压后烧结,常用的热压工艺包括热等静压、热挤压等,热压工艺可以得到完全致密的预成形坯,然后通过锻造、轧制等处理得到最终所需要的形状。第三种则是采用特殊成形工艺,如粉末锻造、放电等离子烧结(spark plasma sintering,SPS)技术等使材料成形致密化。

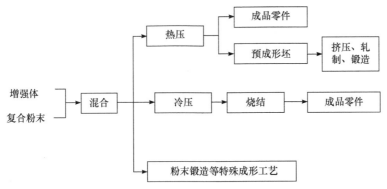

图 4.21　不同固结方式处理流程图

ODS 高温合金复合材料比较常用的致密化成形手段为上述提及的热等静压、热挤压、粉末锻造和放电等离子烧结等工艺。下面详细描述这几种生产中最常用的工艺技术。

1. 热等静压

热等静压(hot isostatic pressing, HIP)是一种在高温和各向相等的均匀高压同时作用下,粉末被压实固结,使制品得以烧结和致密化的工艺技术。1955 年第一台热等静压设备研制成功至今,这种成形工艺已经广泛应用于金属材料、复合材料等生产。利用热等静压处理粉末冶金制品时,主要通过调节工艺参数,如温度、压力和保温时间等,在避免晶粒过度长大的同时,消除孔隙获得高的致密度。

热等静压过程主要由三个阶段构成,粒子靠近及重排阶段、塑性变形阶段及扩散蠕变阶段,这三个阶段并不是截然分开的,它们往往同时起作用来促进粉体的致密化,只是当粉体处于不同收缩阶段时,由不同的致密化过程起主导作用。该过程的工作原理是帕斯卡原理,即在一个密封的容器内,作用在静态液体或气体的外力所产生的静压力,将均匀地在各个方向上传递,其表面积上所受到的压力与表面积成正比。在高温高压作用下,热等静压炉内的包套软化并收缩,挤压内部粉末使其与之一起运动收缩发生致密化,图 4.22 为热等静压原理图(王勇兵等,2015)。

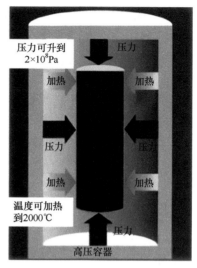

图 4.22　热等静压原理图

　　热等静压是在高温下对工件的各部分施加均等静压力成形，其相较于其他传统工艺有以下优点：

　　(1) 降低烧结温度和缩短烧结时间；

　　(2) 减少或者不使用烧结助剂；

　　(3) 可用于制造复杂的形状，实现一体化近净成形零件的制备；

　　(4) 与冶炼、热加工常规工艺的制品相比，热等静压制备的材料均匀性很好、无偏析，力学性能和抗腐蚀性能各向同性，制备的各批材料稳定性也好；

　　(5) 材料的晶粒比采用常规工艺加工得到的晶粒更细，可以方便地使用超声波无损探伤进行检验，对使用在重要工程的全部制件可以进行 100%的检测，所以产品的可靠性很高。

　　热等静压作为一种高致密化的成形技术，已经广泛应用于航空发动机的制造，主要是针对粉末高温合金，如镍基高温合金复合材料在涡轮盘和压气盘的成形。另外，热等静压还用于制造致密的碳质结构件，如火箭的舵面和固体火箭发动机喷管喉衬等。经过长时间的研究发展，热等静压工艺已经实现了产业化，在航空、航天、航海及核材料等多个重要领域都得到广泛应用。

　　2. 热挤压

　　热挤压(hot extrusion, HE)是一种常用的固结工艺，它是将坯料加热到再结晶温度以上，采用强烈挤压力使材料成形致密化的加工技术。该过程综合了热压缩和热加工变形的特点，可以获得全致密材料，也是 ODS 高温合金复合材料常用的固结方式，是挤压成形中的一种。

　　ODS 铁基、镍基及钴基复合材料都可以采用热挤压工艺进行固结，可以选择将粉末包套直接挤压成形，也可以将合金化粉末压实后再进行二次挤压致密化。其中，挤压温度、挤压压力、挤压比和挤压速度是影响合金性能的重要因素，通常希望在低的挤压温度、大的挤压比和高的挤压速度下进行挤压，以便在合金内建立足够高的储能，经二次再结晶处理后得到粗大的柱状晶组织，有利于提高合金的高温抗蠕变性能。同时，挤压过程中大的形变量及剪切效应可碎化夹杂物，挤压后的细晶组织，可以实现超塑性成形，形变抗力低，有利于后续的锻造工艺。因此，在选择工艺参数时，必须综合考虑上述因素的影响，否则就得不到理想的组织和性能。

　　与其他成形工艺相比，热挤压具有以下优点：

(1) 提高原材料的变形能力；

(2) 灵活性大；

(3) 挤压成形种类多，可制备复杂的型材和管材；

(4) 挤压制品的精度高，制品表面质量好，材料的利用率和成品率高。

　　虽然热挤压成形的制品具有比热等静压更高的致密性，以及更高的抗拉强度和硬度，且氧化物增强体弥散分布的均匀程度更高，但所带来的材料各向异性是其最大的缺点，需要通过后续合适的机械热处理工艺进行消除或改善。

3. 粉末锻造

　　粉末锻造是一种将预合金粉末预成形后直接加热锻造成形的工艺方法。它将传统的粉末冶金工艺与精密锻造结合，是一种新型金属成形工艺。其制备过程主要包括粉末预压、高速加热、短时保温和锻造成形，最后进行后续处理，图 4.23 为粉末锻造工艺流程图(Jia et al., 2017)。在高温合金复合材料中，粉末锻造应用最广泛的是制备 ODS 钢，即 ODS 铁基高温合金复合材料。

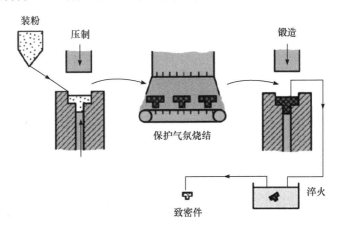

图 4.23　粉末锻造工艺流程图

在ODS钢的制备过程中，首先要保证粉末的高纯精度，之后对粉末进行压制形成预成形坯，这是粉末锻造中最重要的环节，预成形坯的设计决定了该工艺是否成功。在满足锻造塑性的前提下，一般选取密度较小的预成形坯，其相对密度在75%～80%，这样在锻造时不容易发生胀裂，保证了零件较强的可塑性。预成形坯的烧结和普通粉末冶金烧结相差无几，都必须在保护气氛(氮气、氢气等)中进行，烧结时要注意均匀加热，根据具体的材料设定温度，这样才能提升烧结的质量。

烧结之后需要进行锻造，这也是粉末锻造中的关键步骤，决定了产品的形状和尺寸。锻造过程中要注意以下几点：第一，要对锻模进行预热，以减小预成形坯与锻模的温差，满足塑性的要求。第二，预成形坯经过加热后应该立即放入锻模进行加工成形，时间要控制在 5s 内。第三，在锻造过程中不仅要注意润滑问题还应注意锻模的温度，如果超过 300℃需要冷却处理。第四，粉末锻件出来后，应注意防氧化，可在保护气氛中冷却，或者采用水冷、油冷等方式进行冷却。锻造结束后的工件可以直接热处理后投入使用，也可以进行后续机械加工等进一步处理。

在粉末锻造过程中产生的大量位错、空位等缺陷，是纳米氧化物弥散相的优先形核位置，有利于生成更多、分布更均匀的纳米氧化物弥散相。由于锻件具有内部组织均匀、没有明显偏析、晶粒细小、各向同性等优点，生产出的材料有很好的机械性能。在制备过程中，工序少、流程短、效率高且成本低，可大批量、自动化生产。目前，应用最多的是结合气体雾化法制粉+粉末锻造法成形进行ODS 钢的制备，在材料内部形成大量细小的第二相，提高其综合性能。

4. 放电等离子烧结

放电等离子烧结(SPS)，又称等离子活化烧结或脉冲电流烧结，是在粉末颗粒间通入脉冲电流进行加热烧结的工艺。早在 1930 年，美国科学家就提出脉冲电流烧结的原理，直到 1988 年日本研制出第一台工业型 SPS 装置，SPS 技术才开始在材料领域推广。图 4.24 为 SPS 系统结构示意图(罗锡裕，2001)，其工作原理是利用直流脉冲电流和轴向压力的共同作用进行高速粉末烧结。在此过程中，除了具有热压烧结的焦耳热和加压造成的塑性变形促进烧结过程外，还在粉末颗粒间产生直流脉冲电压，并有效利用粉体颗粒间放电产生的表面活化作用和自发热作用进行快速烧结，烧结过程中颗粒粉末的变化阶段如图 4.25 所示(Ogunbiyi et al.，2019)。

烧结过程中对材料影响较大的参数包括：烧结温度、烧结压力及烧结时间。通过实验论证，烧结温度是对合金致密化影响程度最大的参数，材料的孔隙率随着烧结温度的升高而减小，使其力学性能有所提高(Borkar et al.，2014)。施加的烧结压力和烧结时间影响次之。

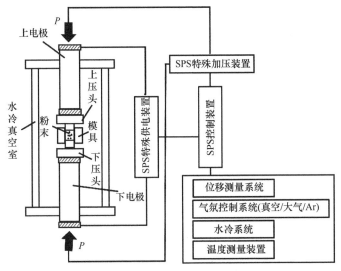

图 4.24 SPS 系统结构示意图

P-压力

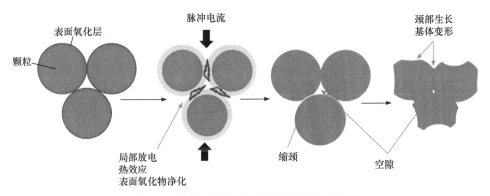

图 4.25 烧结过程中颗粒粉末变化阶段示意图

上述提到的热等静压、热挤压等传统的烧结方式在成形后仍需后续的热处理才能形成稳定的组织结构，SPS 技术可以省去热处理步骤，将成分偏析限制在粉末颗粒尺寸内，消除传统铸造中出现的宏观偏析现象，并且具有更高的加热速率和更短的烧结时间，可以将烧结过程中的晶粒长大降到最低，从而制备出均匀的细晶组织，改善材料的机械性能。与 HE 和 HIP 相比，SPS 装置操作简单、不需要专门的熟练技术。但是相对于 HE 和 HIP 制备工艺的成熟性，SPS 在要求很高的 ODS 高温合金复合材料的应用中还需继续研究推进。

随着科学技术的快速发展，国内粉末冶金工业和制粉技术取得了很大进步，为我国新材料的研发奠定了基础。除了上述几种最常用的成形致密化方法，还有很多新型的成形和烧结工艺，如粉末注射成形(metal powder injection molding,

MIM)技术、温压成形、喷射成形、微波烧结、自蔓延高温合成(self-propagation high-temperature synthesis, SHS)法以及快速发展的 3D 打印成形等，这些工艺技术在不同材料合成过程中都具有其独特的优势，我国的粉末冶金成形致密化技术也逐渐趋向多元化和成熟化。

4.3.3　热机械处理

经过成形烧结后的坯料，可能存在原始粉末边界(PPBs)和内部孔洞等问题，需要进一步机械加工处理，包括锻造、轧制等，而这种处理后的组织为非常细小的等轴晶粒，不利于高温下使用，需要进一步热处理对其组织结构进行调整，这整个工艺称为热机械处理。最后的热处理工艺直接影响材料的晶粒和相形状、大小、分布等，进而影响其性能。

首先，在机械加工过程中，坯料经过剧烈变形可以破碎原始粉末边界和粉末表面的氧化膜，增进颗粒间的结合，同时可以封闭内部孔洞、破碎夹杂，从而达到改善组织，提高性能，增加零件可靠性的目的。其次，航空发动机中主要应用板材，因此很多零件在退火处理前都需要进行轧制。最后，经过挤压后的工件在后续热处理得到粗大的和沿轴向方向的晶粒结构可以有效地减少沿柱状颗粒方向的蠕变，但在横向方向上的性质不如预期，往往需要在热处理前对材料进行一定室温加工处理。其中，变形加工方式的不同决定了最终热处理后晶粒的形貌；变形量的大小和变形温度决定了后续热处理时实现再结晶所需的温度和保温时长，以及最终成形晶粒的尺寸。目前，应用最广泛的机械热加工方式为热锻、热轧、热压等。

1. 锻造

锻造是一种利用机器对金属坯料施加压力，使其产生塑性变形以获得具有一定性能、形状和尺寸的机械加工方法。

根据锻造温度可以分为冷锻、温锻及热锻；根据成形机理，可以分为自由锻、模锻、碾环、特殊锻造。在国外，常用的加工处理方式是利用大型挤压机进行挤压或者使用大型热模锻、等温锻造等设备进行锻造处理，但我国面临大型锻造设备紧缺及高昂的成本问题，进而开发出一套特色的热加工工艺——包套锻压。十几年的研究实践表明，虽然该工艺在零件变形均匀性及控制夹杂物形状改变等方面仍有待提高和完善，但在提高直接热等静压件的疲劳强度和拉伸屈服强度等方面具有重要作用，通过该工艺能够获得满足性能要求的高温合金复合制件。

2. 轧制

轧制是在一定条件下，旋转的轧辊给予轧件一定压力，使轧件产生塑性变形的一种加工方式。根据轧前板材是否加热到一定温度，可以将其分为热轧和冷轧两种。对于高温合金复合材料，一般采用热轧处理，它以致密化成形的板坯为原材料，经加热至再结晶温度以上后再由粗轧机组和精轧机组轧制成带状板，在此过程中，晶粒出现动态再结晶，消除了原始颗粒界面，孔隙急剧减小，因而界面强度及致密度提高，材料的抗拉强度提高。热轧复合过程如图 4.26 所示(李莎等，2021)。

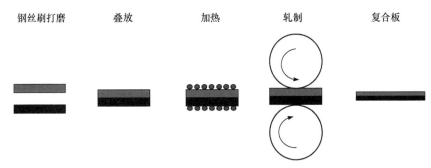

钢丝刷打磨　　　叠放　　　加热　　　轧制　　　复合板

图 4.26　热轧复合过程示意图

　　为了使 ODS 高温合金复合材料适合在高温下使用，需要将轧制或挤压形成的细长晶粒转变为粗长晶粒并消除形变加工产生的残余应力，提高材料沿晶粒长度方向的高温强度，降低微观结构和性能各向异性(章林等，2010)。最直接的方法就是进行热处理，在该过程中，材料发生二次再结晶，晶粒的形状和尺寸进而发生变化。在退火处理后，需要继续进行固溶和时效处理，主要是为了优化析出相的数量、尺寸及分布，同时获得最终适宜的晶粒度(30～50μm)，以便提高合金的强度和高温抗蠕变性能。例如，ODS 钢在经 900℃ SPS 后合金的力学性能较差，室温抗拉强度、延伸率及显微硬度分别为 191MPa、0.77%和 272HV。经过轧制后，材料力学性能大幅度提高，抗拉强度、延伸率和显微硬度分别提高到 503MPa、2.35%和 323HV，再结合进一步退火热处理后，材料抗拉强度、延伸率和显微硬度分别提高到 701MPa、3.36%和 383HV(段清龙等，2020)。

　　材料在热机械加工过程中发生再结晶行为受多种因素共同影响，其不仅取决于上述热处理温度、时间、类型等，合金的加工过程，包括冷、热加工的方式(如锻造、冷轧、热轧等)、变形温度，甚至机械合金化过程等也会对再结晶行为有很大的影响，因为合金加工后的形状、织构、弥散相的流向和分布及其应力状态与再结晶过程都有着密切的关系(田耕等，2003)。因此，只有采用合适的前期机械加工处理配合后续的热处理机制，才能得到理想的微观组织结构，制备出性能最佳的材料部件。

4.4　典　型　材　料

4.4.1　Al_2O_{3p}/Fe 复合材料

1. Al_2O_{3p}/Fe 复合材料简介

Al_2O_3 具有优良的力学性能、耐磨性、耐热性能和高温化学稳定性等优点。与稀土类氧化物(如 Y_2O_3)相比，Al_2O_3 资源丰富，价格低廉，作为增强体可以显著改善金属基复合材料高温机械性能和抗蠕变性能。Al_2O_{3p} 增强铁基复合材料充分利用了铁基材料和 Al_2O_3 陶瓷材料的特点，具有优良的综合性能，可用于飞机和车辆等行业的摩擦材料和各种耐磨材料。

Al_2O_{3p} 增强铁基复合材料的优点在于 Al_2O_{3p} 的线膨胀系数(7.1×10^{-6}～$8.4\times10^{-6}℃^{-1}$)与铁的线膨胀系数($12\times10^{-6}℃^{-1}$)相近，形成复合材料时，冷却至室温基体与增强体之间的应力较小，有利于减小材料形成裂纹的可能性；Al_2O_{3p} 增强铁基复合材料的缺点在于 Al_2O_{3p} 与 Fe 的润湿角大于 $120°$，所以两者的润湿性较差。Al_2O_{3p} 增强铁基复合材料常通过粉末冶金法制备，该方法可以有效控制 Al_2O_{3p} 的添加量及粒度大小，但无法改善铁基体和 Al_2O_{3p} 颗粒润湿性差的问题。为改善与基体溶液的热融合特性，第一种方法是在 Al_2O_{3p} 表面修饰一层金属薄膜(如 Cu 和 Ni 薄膜)，利用镀膜层与铁基体润湿性相对较好的特点来改善与铁基体溶液中的热润湿性；第二种方法则是采用原位合成法，可以在一定程度上改善增强体和基体的相溶性且增强体表面无污染，并提高界面结合强度。

2. Al_2O_{3p}/Fe 复合材料的组织

1) 镀膜法制备 Al_2O_{3p}/Fe 复合材料

采用镀 Cu 改善界面结合的复合材料中，Al_2O_{3p} 与 Cu 层未发生界面化学反应，界面呈机械咬合且结合强度提高。Cu 镀层高温条件下易与铁基体发生充分的互扩散，造成 Cu 镀层与铁基体融合。在镀 Ni 的复合材料中，Al_2O_3 颗粒与基体的复合界面处可以观察到几十微米的扩散层，增强体中的 Al、Ni 元素向铁基体一侧扩散，而铁基体中的 Cr 元素则向增强体一侧扩散，$Al_2O_3@Ni$-Fe 的增强界面是通过机械结合、元素互相扩散和化学反应形成的。采用化学沉积法制得的 Ni 包覆于 Al_2O_{3p} 中，Al_2O_{3p} 与 Ni 层不发生界面化学反应，呈机械结合，表面镀 Ni 的 Al_2O_{3p} 与 Fe 基体在烧结过程中界面结合机理见图 4.27，由于 Ni 镀层与铁基体晶体结构相同，二者易形成无限固溶体，这有利于 Al_2O_{3p} 和铁基体中部分元素的扩散，提高陶瓷颗粒与基体的润湿性。基体中 Cr 元素扩散到 Al_2O_{3p} 中形成 $(Al_{0.8}Cr_{0.2})_2O_3$，少量 $NiAl_2O_4$ 和 $NiFe_3$ 可在 Al_2O_{3p} 与铁基体的界面处形成 Al_2O_3-

$(Al_{0.8}Cr_{0.2})_2O_3$-$NiAl_2O_4$-$FeNi_3$-Fe 界面(Shang et al., 2022)。

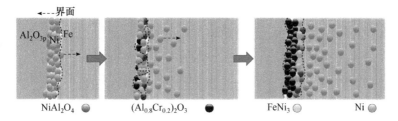

图 4.27 表面镀 Ni 的 Al_2O_{3p} 与 Fe 基体在烧结过程中界面结合机理

2) 原位合成法制备 Al_2O_{3p}/Fe 复合材料

采用原位熔渗+SHS 法制备的 Al_2O_{3p}/Fe 复合材料中，向多元铝热剂 Fe_2O_3+NiO+Cr_2O_3+CrO_3+Al 中添加 TiO_2 凝胶，在反应形成的 Fe 合金熔体中能原位形成高体积分数的纳米 Al_2O_3 颗粒。TiO_2 凝胶对于纳米 α-Al_2O_3 颗粒的形成是必不可少的。TiO_2 凝胶在空间上的形态为—O—Ti—O—组成的三维网状结构，凝胶表面吸附着—OH、—OOCCH$_3$、—O—C_4—O_9 等原子团。当反应温度达到300℃时，—OH 等原子团离开凝胶表面，化学键断裂最终碳化；与此同时，—O—Ti—O—三维网状结构断裂，O 与 C 原子结合，形成—C—O—Ti—O—C—纳米结构。随着温度继续升高，中间氧化产物中的 C 原子燃烧挥发，Al 取代 Ti，最终形成—O—Al—O—(Al_2O_3)纳米粒子(崔跃等，2015)。在 Fe 合金高温熔体中存在 Ni 和 Al 元素富集区，与之相邻的是 Fe、Cr 元素富集区，也就是发生了液相调幅分解。由于纳米 Al_2O_3 颗粒与 Ni、Al 元素富集区熔体的界面能较低，纳米 Al_2O_3 颗粒与富 Ni、Al 区熔体结合会降低体系的整体自由能。铝热合成ODS 铁基合金的微观组织图 4.28 显示，纳米 Al_2O_3 颗粒几乎全部分布在

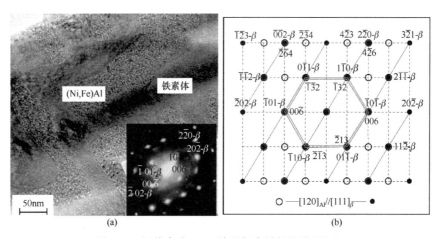

图 4.28 铝热合成 ODS 铁基复合材料的微观组织

(a)TEM 明场像(内附 β 相沿[111]轴的选区电子衍射图)；(b)β 相沿[111]轴和 α-Al_2O_3 沿[120]轴的倒易晶格示意图

板条状的 NiAl 相上，此外，α-Al$_2$O$_3$ 与 β((Ni,Fe)Al) 相有一定的取向关系：$[120]_{Al_2O_3}$ // $[111]_\beta$、$(006)_{Al_2O_3}$ // $(10\overline{1})_\beta$、$(\overline{1}32)_{Al_2O_3}$ // $(1\overline{1}0)_\beta$ [图 4.28(b)]。在 α-Al$_2$O$_3$ 的完美晶格中，(006) 和 ($00\overline{6}$) 的晶面间距为 0.2165nm，($\overline{1}32$)、($\overline{1}3\,2$)、($\overline{2}13$) 和 ($\overline{2}\overline{1}3$) 的晶面间距为 0.2084nm，接近 NiAl 中晶面族的间距(0.2040nm)，只需对两相晶面间距进行小于 5% 的调整，即可实现 α-Al$_2$O$_3$ 与 (Ni,Fe)Al 之间的共格或部分共格关系(Xi et al., 2011)。

4.4.2　Y$_2$O$_{3p}$/Ni 复合材料

1. Y$_2$O$_{3p}$/Ni 复合材料简介

Y$_2$O$_3$ 熔点高(2417℃)且不与基体反应，具有非常好的热稳定性和化学稳定性，可以使复合材料的使用温度接近基体合金熔点。ODS 镍基复合材料的中温(700~900℃)强度主要来源于添加 Al、Ti 和 Ta 元素形成的 FCC(L1$_2$)有序结构 γ' 相，γ' 相与 γ 基体保持共格，从而提高了中温强度。在更高温度下 (T>1000℃)使用时，γ' 相由于溶解失去强化作用，此时稳定氧化物的强化作用占主导。

氧化物弥散相(Y$_2$O$_3$)的体积分数可在 1%~15% 选用。适当增加氧化物含量不仅可以显著提高合金的高温抗蠕变性能和抗拉强度，还可以减小合金密度。Y$_2$O$_3$ 颗粒强化的 Ni 基复合材料因其优越的高温强度已在航空发动机中得到应用。但是，应用成熟的 ODS 镍基高温合金中弥散氧化物的质量分数都在 1.5% 以下，高含量弥散相在基体中均匀分散难以控制。

2. Y$_2$O$_{3p}$/Ni 复合材料的组织

1) 机械合金化法制备 Y$_2$O$_{3p}$/Ni 复合材料

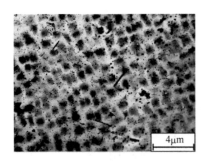

图 4.29　ODS 镍基高温合金的显微组织形貌

采用机械合金化法制备的 ODS 镍基高温合金的显微组织形貌见图 4.29(Nganbe et al., 2009)，基体为 γ 相，γ' 相呈四方形颗粒，细小的 Y$_2$O$_3$ 颗粒均匀分布。但是 Y$_2$O$_3$ 含量提高后，Y$_2$O$_3$ 偏聚在晶界处形成片状或网状的氧化物陶瓷相。随着 Y$_2$O$_3$ 含量进一步提高，黑色的 Y$_2$O$_3$ 颗粒则连成网状集中偏聚于晶界处，贯穿于整个基体内。图 4.30 为不同质量分数增强体 Y$_2$O$_{3p}$/Ni 复合材料金相组织(陈文婷等，2010)。

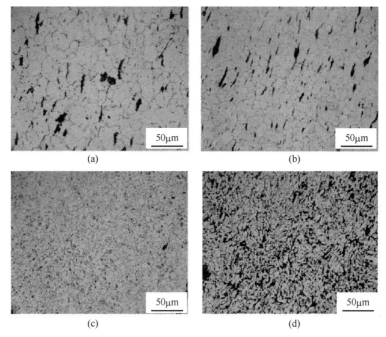

图 4.30 不同质量分数增强体 Y_2O_{3p}/Ni 复合材料金相组织
(a) 2%；(b) 3%；(c) 5%；(d) 10%

2) 液相原位氧化法制备 Y_2O_{3p}/Ni 复合材料

为解决 Y_2O_{3p}/Ni 复合材料中氧化物粒径难以进一步细化和氧化物体积分数难以进一步提高的问题。借鉴液相原位反应生成 Y_2O_3 强化 Cu 的方法(Zhuo et al.，2013)，利用液相原位氧化法制备高含量 Y_2O_3 的 Ni 基复合材料。一方面，Ni-Y 的相图与 Cu-Y 十分类似。在固态时，Y 几乎不溶于 Ni，而液态溶解度很大。另一方面，Ni 有很多晶面间距与 Y_2O_3 的某些晶面间距相近。例如，{200}Ni 与 {600}Y_2O_3 晶面间距分别为 0.1762nm 和 0.1767nm，不匹配度仅为 0.28%；{220}Ni 与 {653}Y_2O_3 晶面间距分别为 0.1246nm 和 0.1267nm，不匹配度仅为 1.66%；{210}Ni 与 {611}Y_2O_3 晶面间距分别为 0.1576nm 和 0.1598nm，不匹配度仅为 1.38%；有望实现 Y_2O_3 增强体与基体之间的复合界面呈共格结构。特别是通过在基体合金中加入固溶元素调整 Ni 的晶格可以实现晶格的完全匹配。在液相氧化法中，Y 原子瞬间在熔融液中聚集被氧化成 Y_2O_3，超过临界尺寸后变成稳定的 Y_2O_3 晶核。Y_2O_3 晶核形成后，造成其周围的 Y 含量减小，为 Ni 的析出创造条件。Ni 在 Y_2O_3 晶核的某些晶面上优先析出，析出过程中原来熔融液中含有的 Y 将被排到液相中，通过液相扩散到 Y_2O_3 核心氧化并长大。当核心周围全部被固相 Ni 包裹后，Y_2O_3 的尺寸就很难再长大。未被消耗的 Y 仍溶于液态 Ni 中，重复上述过程，直至 Y 全部被氧化。液相原位氧化法制备 Y_2O_{3p}/Ni 复合材

料有望使 Y_2O_{3p} 的质量分数提升至 10.77%，图 4.31 为液相原位氧化法制备 Y_2O_{3p}/Ni 复合材料过程中 Y_2O_{3p} 的形成及材料的组织变化。

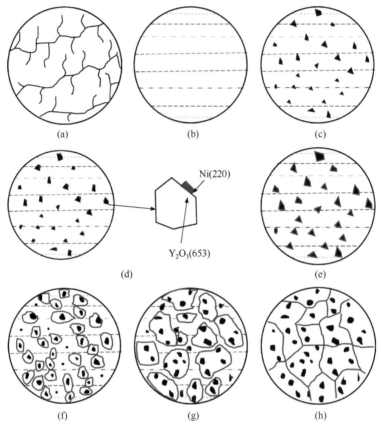

图 4.31　液相原位氧化法制备 Y_2O_{3p}/Ni 复合材料过程中 Y_2O_{3p} 的形成及材料的组织变化
(a)枝晶状原始组织；(b)均匀熔融液；(c)Y 氧化形成 Y_2O_3 晶核；(d)Ni 在 Y_2O_3 晶核上析出；(e)Ni 和 Y_2O_3 晶核长大；(f)Y_2O_3 晶核的再形成；(g)Ni 的长大；(h)最终结构的形成

3) 选择性激光融化法制备 Y_2O_{3p}/Ni 复合材料

选择性激光融化法具有熔池寿命短和冷却速率高的特点，可以一定程度上解决 Y_2O_3 颗粒分散不均匀的问题，有利于纳米增强体的分散。由于激光的能量很高，在制备过程中，Y_2O_3 纳米颗粒会分解并与基体发生反应形成复杂的沉淀相。熔池的高温使 Y_2O_3 分解成 Y 和 O，分解的 Y 和 O 原子随后与基体中的 Ti 和 N 结合，形成复杂的晶核。如果晶核的直径不超过 200nm，会吸引 Nb 和 C 沉积，形成类似于碳氮化合物的沉淀；否则，Y_2O_3 纳米颗粒充当沉淀物的晶核，形成富含 Y_2O_3 的核和碳氮化合物壳的复合沉淀物，见图 4.32(Luu et al., 2022)。

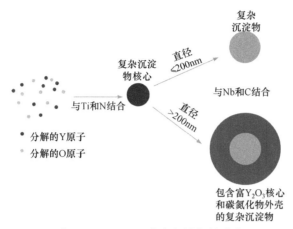

图 4.32　Y-O-Ti-N 复杂沉淀相的形成

除了与碳氮化物沉淀反应外，未反应的 Y_2O_3 纳米颗粒被推向枝晶间区域，可能是 Ni-Cr 熔体对 Y_2O_3 的润湿性差导致纳米颗粒被推到凝固前沿。图 4.33 为枝晶间 Laves 相形成示意图，Y_2O_3 纳米颗粒在凝固前沿附近的液态熔体中的存在[图 4.33(a)]，有效地降低了该位置其他溶质元素(如 Nb)的浓度。因此，随着凝固前沿向前移动，这些溶质元素向液态熔体的扩散得以增加，增加了在枝晶间区域的数量[图 4.33(b)]。因此，在枝晶间区域与 Y_2O_3 团簇形成了较粗的 Laves 相[图 4.33(c)]。在凝固前沿附近的液态熔体中没有 Y_2O_3 纳米颗粒[图 4.33(d)]将导致在枝晶间区域[图 4.33(e)]形成更细的 Laves 相。

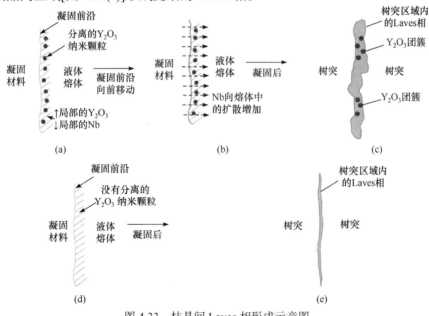

图 4.33　枝晶间 Laves 相形成示意图

通过 SLM 技术制备 ODS 高温合金还存在一些问题, 添加的 Y_2O_3 纳米颗粒与碳氮化物沉淀结合或在枝晶间区域以团簇的形式分离, 无法通过奥罗万强化机制有效地强化材料力学性能。其次, Laves 相易产生裂纹, 不利于提高材料的机械性能, Laves 相的含量越高, 失效的概率越大。因此, 如何通过优化 SLM 参数提高 ODS 高温合金的性能及成形性能是急需解决的问题。

4.4.3　Y_2O_{3p}/Fe 复合材料

1. Y_2O_{3p}/Fe 复合材料简介

与 Y_2O_{3p}/Ni 复合材料相似, Y_2O_3 纳米颗粒均匀细小地分散于 Fe 基体并有效地钉扎位错、晶界和亚晶界, 限制晶粒的长大, 提高材料的力学性能。氧化物弥散强化钢制备过程中, 机械合金化法能固溶大部分的 Y_2O_3 陶瓷颗粒, 并在后续热固结成形过程中形成尺度更小、密度更高的弥散性粒子。这些纳米尺寸的第二相粒子与基体形成共格、半共格关系, 弥散分布的纳米颗粒除了有效阻碍位错运动外, 还使 Fe 基体变得更为稳定。

2. Y_2O_{3p}/Fe 复合材料的组织

机械合金化可使 Y_2O_3 分解, 在热成形过程中, 溶解的 Y、O 原子在过饱和的基体中以 Y-Ti(Al)-O 相的形式析出。ODS 铁素体钢中纳米氧化物弥散粒子的类型及尺寸分布与合金成分之间存在着密切的关系。对于一些含 Al 的 ODS 铁素体钢而言, 基体中可以发现多种 Y-Al-O 型纳米氧化物弥散粒子, 即 $YAlO_3$、$Y_4Al_2O_9$、$Y_3Al_5O_{12}$ 型弥散粒子。图 4.34 为 ODS 铁素体钢中 $YAlO_3$ 型粒子与基体的关系, $YAlO_3$ 型粒子为钙钛矿结构或六方结构, 与基体形成共格、半共格关系(Dou et al., 2011); $Y_4Al_2O_9$ 型粒子为单斜结构; $Y_3Al_5O_{12}$ 粒子为石榴石结构。据统计, Y-Al-O 型纳米氧化物弥散粒子在 ODS 铁素体钢中的尺寸范围一般在 10~100nm。对于一些含 Ti 而不含 Al 的 ODS 铁素体钢而言, 在基体中可以探测到 Y-Ti-O 型纳米氧化物弥散粒子, 即平均尺寸约为15nm 面心立方结构的 $Y_2Ti_2O_7$ 型纳米氧化物弥散粒子和具有正交结构的 Y_2TiO_5 型纳米氧化物弥散粒子。这两种 Y-Ti-O 型弥散粒子的平均尺寸明显小于 Y-Al-O 型弥散粒子, 一般在 30nm 以下。在不添加 Ti 或者 Al 的 ODS 铁素体钢中, 纳米氧化物弥散粒子的类型一般是具有面心立方结构的 Y_2O_3 或者具有正交结构的 $YCrO_3$, 它们的尺寸比 Y-Ti-O 型弥散粒子大, 而且在热力学稳定性方面也不如 Y-Ti-O 型弥散粒子。

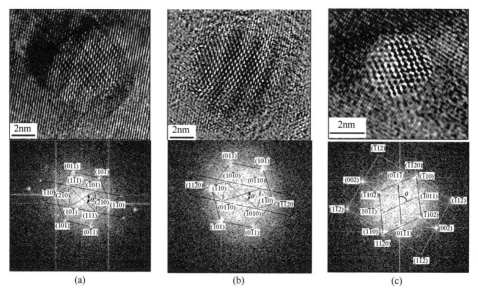

图 4.34　ODS 铁素体钢中 YAlO$_3$ 型粒子与基体的关系
(a)半共格；(b)半共格；(c)共格

Y-Ti-O 粒子的析出温度在 700℃及以上且与 ODS 铁素体-马氏体钢中铁素体的形成也密切相关。在热成形过程中，当温度高于 A_{C1}(约 850℃)时，基体相铁素体开始转变为奥氏体。因 Y-Ti-O 相对铁素体/奥氏体相界面的钉扎力大于铁素体向奥氏体转变的吉布斯自由能变，铁素体/奥氏体相变前沿不能继续移动，所以铁素体不能完全转变为奥氏体，形成独特的双相基体。图 4.35 为 ODS 铁素体-马氏体钢中残余铁素体形成机制示意图。

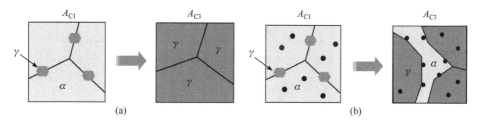

图 4.35　ODS 铁素体-马氏体钢中残余铁素体形成机制示意图
(a)无 Y$_2$O$_3$；(b)有 Y$_2$O$_3$
A_{C1}-加热时珠光体转变为奥氏体的温度；A_{C3}-加热时铁素体转变为奥氏体的温度

3. Y$_2$O$_{3p}$/Fe 复合材料的性能

Y$_2$O$_{3p}$/Fe 复合材料的抗辐射性能、高温力学性能及耐腐蚀性能较为优异。对于传统商用钢来说，辐照后晶体内部会产生大量的自间隙原子和空位；自间隙原子会形成自间隙原子对向材料表面迁移，而空位则会发生聚集形成空洞(氦泡)，造成材料的辐照肿胀。ODS 铁素体钢基体中存在着高密度的纳米氧化物弥散粒子，它们可以通过钉扎晶界的方式抑制晶粒的生长。因此，ODS 铁素体钢的晶粒尺寸比传统商用钢的晶粒尺寸要小很多，部分晶粒可达纳米级别，ODS 铁素体钢内部的晶界数量大幅度提高。空洞(氦泡)在晶界上的形核能比晶粒内部要低很多，所以晶界可以作为自间隙原子对和空洞(氦泡)的尾闾进行捕获。此外，在辐照过程中晶界还可以作为空位和自间隙原子的发射器，从而将它们弹射到晶粒内部，使自间隙原子和空位发生配对，达到自愈合作用。其中，ODS 铁素体钢中的纳米氧化物弥散粒子与基体之间的界面同样可以作为捕获空洞(氦泡)的缺陷阱，对空位和空洞的迁移和聚集起到阻碍作用，从而阻止材料的辐照肿胀行为，如图 4.36 所示。

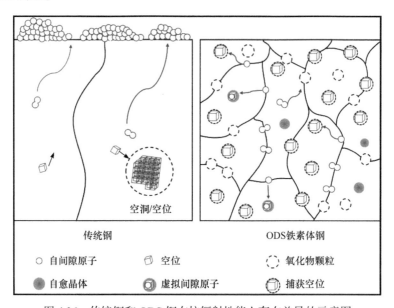

图 4.36　传统钢和 ODS 钢在抗辐射性能上存在差异的示意图

4.5　应 用 情 况

随着科学技术的迅猛发展，各行业尤其是航空工业对高温合金的要求越来越高，主流镍基和铁基高温合金主要靠固溶强化及 γ' 相的沉淀强化保障材料的高温强度。但是，当材料的工作温度超过 1000℃，γ' 相聚集、长大、溶解，急剧降低材料的高温强度。因此，通过粉末冶金法在合金基体中均匀加入高温状态下具有高稳定性的细小氧化物，有望提高材料的高温强度。自从 20 世纪 70 年代初加拿大英科(INCO)公司发明机械合金化新工艺，解决了 ODS 高温合金复合材料氧化物均匀分布的问题，ODS 高温合金复合材料得到了快速发展，主要用在航空、航天、钢铁、石油、化工、汽车、玻璃加工、热处理等行业的高温耐腐蚀部件，其使用温度范围在 1000～1300℃，图 4.37 为几组不同高温材料的应用范围。

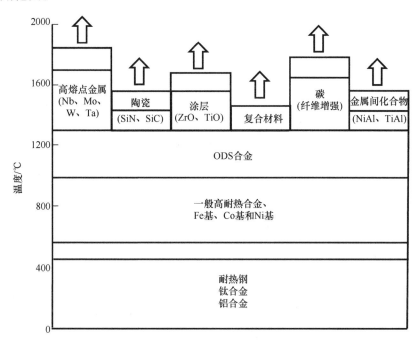

图 4.37　几组不同高温材料的应用范围

4.5.1　航空发动机

在推进系统中，热端部件材料必须具有轻质、高强、耐热、耐持久等特性。基于此，轻质化且耐高温性能优异的 ODS 镍基复合材料是理想的材料之一。MA754 是最早工业化生产的镍基 ODS 高温复合材料，能够在 1250℃高温下长时间保持良好的耐高温性能，且该合金在纵向具有极强的(100)晶体结构，有良好的抗疲劳性，在 20 世纪 70 年代中期就用于先进航空发动机的某些高温部件，如美国军用喷气发动机 F-404、F-110 和 MA754 加工导向器叶片和一些环件，以及 F-18 战斗机的叶片及板带。MA6000 是投入商业生产规模中成分最多、性能最全面的高温合金复合材料，它弥补了以往的 ODS 镍基合金中温强度的弱点，同时又保证有足够的好的抗氧化性与抗热腐蚀性，此外，在 700～1150℃的持久寿命比单晶 CMSX3 高 44%，主要用于制造涡轮叶片，图 4.38 为 ODS 高温合金复合材料在航空发动机中的应用。在国外 ODS 镍基合金快速发展的同时，我国粉末冶金和机械合金化设备、工艺也得到了进一步提高，随着热挤压、热等静压等配套工艺的成熟，已成功研发并能小批量生产的 ODS 镍基合金，如 MGH754、MGH760、MGH956 和 MGH6000 等。用于制作涡轮风扇发动机材料的 MGH956 合金，其综合性能已达到国际同类高温合金水平；我国自行研制开发的 MGH4755 推荐用于液体燃料火箭推进剂气体发生器的火箭喷管。

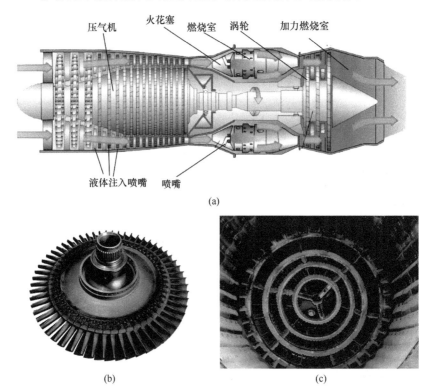

图 4.38　ODS 高温合金复合材料在航空发动机中的应用

(a)涡轮喷气式发动机结构示意图；(b)MA6000 制作的涡轮叶片；(c)MA956 制作的加力燃烧室

ODS 铁基合金中产量最大、应用范围最广的是 MA956 合金，具有铁素体不锈钢的特性，弥散分布的 Y_2O_3 颗粒除了提高合金的耐高温性能外，还进一步改善抗氧化性能、耐腐蚀性能，主要用于航空发动机的燃烧室壳体、复合层板等。2000 年，由 MA956 合金制成多孔层板结构的加力燃烧室内衬成功装配在美军最先进的战术战斗机 F-22 的发动机 F-119 上。除了板材用于航空发动机外，制造的铆钉也用于 P&W 航空发动机燃烧室内的热端部件上。在航天领域，欧洲的 PM2000 合金已被选用为 "Venture Star TM" 航天计划的蜂窝式热防护系统面板材料。

4.5.2　其他领域

1. 核反应堆

核聚变反应发生条件及堆芯的环境条件极为严苛，除了要承受恶劣的高温条件外，还要面临极高剂量的中子辐照。包壳材料和第一壁材料是直接与聚变等离子接触的结构部件。氧化物弥散强化铁素体钢是目前十分受关注的聚变堆结构材料之一，有望应用于聚变堆的氚增殖包壳材料和第四代裂变堆的燃料包壳材料。最早的核用 ODS 钢由比利时核能研究中心(SCK EN)于 20 世纪 60 年代研发，用于钠冷快堆中的包壳材料。MA957 是为满足核反应堆包壳管的要求而研制的 ODS 高温合金，与不锈钢相比，它具有高的高温强度、抗辐射、低肿胀和耐液钠腐蚀等优点。图 4.39 为 ODS 铁基高温复合材料在核反应堆的潜在应用。

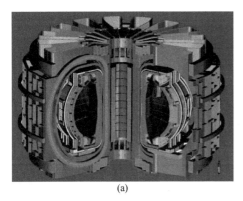
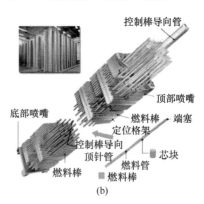

(a)　　　　　　　　　　　　　　　(b)

图 4.39　ODS 铁基高温复合材料在核反应堆的潜在应用
(a)聚变反应堆第一壁材料；(b)裂变反应堆包壳材料

2. 其他民用领域

ODS 高温合金在民用领域也有非常广阔的应用。其中，ODS 铁基合金应用范围较广，目前可生产的规格包括棒、板、管、丝材等，可用作汽车发动机某些耐高温部件，玻璃行业用耐热模、结晶器等，工业某些高温结构如燃油嘴、热挡板等。MA956 合金在工业领域最早应用在发电机组锅炉燃烧室中，主要用于燃烧室火焰稳定器、喷嘴、锁螺母及前端组件等部件。MA956 合金在煤气化工环境中也有良好的耐腐蚀抗和使用性能，1986 年开始用于欧洲最主要的煤气化工厂中的关键部件，良好的性能保证了燃料喷嘴和热电偶保护套管等关键零件的耐久性。MA956 合金还被用作 Westinghouse Canada Incorporated 公司生产的 W-191 工业燃气轮机燃烧室挡板，代替了原有的 Hastelloy X 合金。在我国，GH3007 已用于制作 900～1300℃熔融硅酸盐或硫盐环境下连续硅酸盐纤维拉丝漏板、通气管、料碗和溢流口等部件，使用情况良好。MGH956 合金只是应用在热电偶保护套管及高温试验炉热端组件，尚没有大范围使用。

参 考 文 献

陈文婷, 熊惟皓, 张修海, 2010. Y_2O_3 含量和烧结温度对 ODS 镍基合金性能的影响 [J]. 稀有金属材料与工程, 39 (1): 112-116.

崔跃, 席文君, 王星, 等, 2015. 纳米 Al_2O_3 和 NiAl 共同强化的铁基 ODS 合金的铝热合成研究 [J]. 金属学报, 51 (7): 791-798.

段清龙, 刘祖铭, 黄立清, 等, 2020. SPS 制备 ODS 铁基合金的显微组织与力学性能 [J]. 粉末冶金材料科学与工程, 25(1): 72-78.

高良, 1981. 氧化物弥散强化高温合金及其在航空上的应用 [J]. 航空材料, (5): 38-42, 29.

郭建亭, 2008. 高温合金材料学 [M]. 北京: 科学出版社.

郭薇, 刘祖铭, 张刘杰, 等, 2012. Fe_2O_3 对氧化物弥散强化 Fe12CrWTiY 合金的显微组织和高温拉伸性能的影响 [J]. 粉末冶金材料科学与工程, 17(5): 548-555.

雷喆, 柳光祖, 田耘, 等, 2013. 超高温高强度 MGH754 合金板材研究现状及应用 [J]. 特钢技术, 19(2): 1-3.

李莎, 贾糵, 刘欣阳, 等, 2021. 层状镁/铝复合板轧制工艺研究进展 [J]. 精密成形工程, 13(6): 1-11.

李帅华, 柳光, 杨峥, 2009. 热轧和冷轧工艺对 MGH754 合金板材组织及性能的影响 [J]. 金属热处理, 234(9): 44-47.

李帅华, 柳光祖, 杨峥, 2010. 热轧变形量对 MGH754 合金板材组织和性能的影响 [J]. 钢铁研究学报, 22(3): 52-55, 60.

李帅华, 田耘, 杨峥, 等, 2011. 氧化物弥散强化 MGH956 合金板材的性能特点及应用前景 [J]. 钢铁研究学报, 23(S2): 533-536.

李小峰, 2012. 轻质化 MA/ODS 镍基高温合金组织性能及添加相弥散性能研究[D]. 武汉: 华中科技大学.

梁莉, 陈伟, 乔先鹏, 等, 2018. 钴基高温合金增材制造研究现状及展望[J]. 精密成形工程, 10(5): 102-106.

刘兴军, 陈悦超, 卢勇, 等, 2020. 新型钴基高温合金多尺度设计的研究现状与展望[J].金属学报, 56(1): 1-20.

刘烨, 吕再捷, 章林, 等, 2020. 共沉淀强化 ODS 铁素体合金的机械合金化制备及其时效工艺研究 [J]. 湘潭大学学报(自然科学版), 42(3): 32-42.

卢振天, 2019. SPS 烧结镍基高温合金及高温氧化性能研究 [D]. 沈阳: 东北大学.

罗锡裕, 2001. 放电等离子烧结材料的最新进展 [J]. 粉末冶金工业, 11: 7-16.

谭晓晓, 马利影, 2017. 氧化物弥散强化高温合金抗氧化性能的研究进展 [J]. 材料导报, 31(11): 121-127, 165.

田耕, 柳光祖, 杨峥, 2003. 冷、热加工工艺对 ODS+MGH+956 合金板材再结晶行为的影响 [J]. 钢铁研究学报, 15(7): 541-547.

田耘, 李帅华, 杨峥, 等, 2013. 氧化物弥散强化 MGH956 合金板材的拉伸和持久性能 [J].材料热处理学报, 34(S1): 114-121.

王恩泽, 徐雁平, 鲍崇高, 等, 2004. Al_2O_3 颗粒/耐热钢复合材料的制备及高温磨料耐磨性 [J]. 复合材料学报, (1):56-60.

王勇兵, 刘慧渊, 范帮勇, 2015. 热等静压技术在材料致密化中的应用 [J]. 装备机械, 3: 17-20.

解磊鹏, 陈明辉, 王金龙, 等, 2022. 放电等离子烧结超细晶 ODS 镍基合金的高温氧化行为研究 [J]. 中国腐蚀与防护学报, 42(5): 709-716.

谢锐, 吕铮, 石英男, 等, 2018. 雾化合金粉制备 ODS 钢的组织与性能 [J]. 材料热处理学报, 39(9): 58-64.

闫福照, 李静, 熊良银, 等, 2022. FeCr-ODS 铁素体合金的氧化+粉锻工艺制备及其微观结构 [J]. 研究学报, 36(6): 461-470.

姚振华, 2011. 12Cr-ODS 铁基高温合金化制备及其组织性能研究 [D]. 武汉: 华中科技大学.

张国赏, 2013. 颗粒增强钢铁基复合材料 [M]. 北京: 科学出版社.

章林, 曲选辉, 何新波, 等, 2010. ODS 镍基超合金的研究进展 [J]. 材料工程, (6): 90-96.

中国金属学会高温材料分会，2012. 中国高温合金手册 [M]. 北京: 中国标准出版社.

AHMADI E, GOODARZI M, 2022. Mechanical response and wear behavior of graphene reinforced Inconel 718 composite produced via hybrid accumulative roll bonding and gas tungsten arc welding process [J]. Journal of Materials Research and Technology, 19: 3059-3072.

BENJAMIN J S, 1970. Dispersion strengthened superalloys by mechanical alloying [J]. Metallurgical Transactions, 1(10): 2943-2951.

BORKAR T, BANERJEE R, 2014. Influence of spark plasma sintering (SPS) processing parameters on microstructure and mechanical properties of nickel [J]. Materials Science and Engineering: A, 618: 176-181.

ÇELIK Ş, ÖZYÜREK D, TUNCAY T, 2022. The effect on wear behavior of the amount of Y_2O_3 doped to the MA6000 alloy produced by mechanical alloying method [J]. Journal of Mining and Metallurgy Section B Metallurgy, 58: 10.

CHAUHAN A, HOFFMANN J, LITVINOV D, et al., 2017. High-temperature low-cycle fatigue behavior of a 9Cr-ODS steel: Part 1-pure fatigue, microstructure evolution and damage characteristics [J]. Materials Science and Engineering: A, 707: 207-220.

CHEN Y, LU F, ZHANG K, et al., 2016. Laser powder deposition of carbon nanotube reinforced nickel-based superalloy Inconel 718 [J]. Carbon, 107: 361-370.

CHEN Z, WEI P, ZHANG S, et al., 2020. Graphene reinforced nickel-based superalloy composites fabricated by additive manufacturing [J]. Materials Science and Engineering: A, 769: 138484.

DOU P, KIMURA A, OKUDA T, et al., 2011. Polymorphic and coherency transition of Y-Al complex oxide particles with extrusion temperature in an Al-alloyed high-Cr oxide dispersion strengthened ferritic steel [J]. Acta Materialia, 59(3): 992-1002.

GOOWON N, YOUNG DO K, KEE-AHN L, et al., 2020. Effects of precipitates and oxide dispersion on the high-temperature mechanical properties of ODS Ni-based superalloys [J]. Journal of Powder Mater, 27(1): 8-13.

HEILMAIER M, MAIER H J, JUNG A, et al., 2000. Cyclic stress-strain response of the ODS nickel-base, superalloy PM 1000 under variable amplitude loading at high temperatures [J]. Materials Science and Engineering: A, 281(1): 37-44.

HEILMAIER M, REPPICH B, 1996. Creep lifetime prediction of oxide-dispersion-strengthened nickel-base superalloys: A micromechanically based approach [J]. Metallurgical and Materials Transactions: A, 27(12): 3861-3870.

HOFFELNER W, 2014. 8-Structural Materials Containing Nanofeatures for Advanced Energy Plants [M] //SHIRZADI A, JACKSON S, Structural Alloys for Power Plants. Sawston Cambridge: Woodhead Publishing.

JIA M, ZHANG D, LIANG J, et al., 2017. Porosity, microstructure, and mechanical properties of Ti-6Al-4V alloy parts fabricated by powder compact forging [J]. Metallurgical and Materials Transactions: A, 48(4): 2015-2029.

LUU D, ZHOU W, NAI S, 2022. Influence of nano-Y_2O_3 addition on the mechanical properties of selective laser melted Inconel 718 [J]. Materials Science and Engineering: A, 845: 143233.

MATHON M H, KLOSEK V, DE CARLAN Y, et al., 2009. Study of PM2000 microstructure evolution following FSW process [J]. Journal of Nuclear Materials, 386-388: 475-478.

MILLER M K, HOELZER D T, KENIK E A, et al., 2005. Stability of ferritic MA/ODS alloys at high temperatures [J]. Intermetallics, 13(3): 387-392.

NGANBE M, HEILMAIER M, 2004. Modelling of particle strengthening in the γ' and oxide dispersion strengthened nickel-base superalloy PM3030 [J]. Materials Science and Engineering: A , 387-389: 609-612.

OGUNBIYI O F, JAMIRU T, SADIKU E R, et al., 2019. Spark plasma sintering of nickel and nickel based alloys: A review [J]. Procedia Manufacturing, 35: 1324-1329.

PANERAI F, MARSCHALL J, THÖMEL J, et al., 2014. Air plasma-material interactions at the oxidized surface of the PM1000 nickel-chromium superalloy [J]. Applied Surface Science, 316: 385-397.

PINT B A, TORTORELLI P F, WRIGHT I G, 1996. The Oxidation behavior of ODS iron aluminides [J]. Materials and Corrosion, 47(12): 663-674.

SAKASEGAWA H, OHTSUKA S, UKAI S, et al., 2006. Microstructural evolution during creep of 9Cr-ODS steels [J].

Fusion Engineering and Design, 81(8-14): 1013-1018.

SHANG F, WANG W, YANG T, et al., 2022. Interaction mechanism and wear resistance of Ni-encapsulated Al$_2$O$_3$ particles reinforced iron matrix composites [J]. Rare Metal Materials and Engineering, 51: 422-428.

SONG Q S, ZHANG Y, WEI Y F, et al., 2021. Microstructure and mechanical performance of ODS superalloys manufactured by selective laser melting [J]. Optics & Laser Technology, 144: 107423.

STECKMEYER A, PRAUD M, FOURNIER B, et al., 2010. Tensile properties and deformation mechanisms of a 14Cr ODS ferritic steel [J]. Journal of Nuclear Materials, 405: 95-100.

SUN D, LIANG C, SHANG J, et al., 2016. Effect of Y$_2$O$_3$ contents on oxidation resistance at 1150℃ and mechanical properties at room temperature of ODS Ni-20Cr-5Al alloy [J]. Applied Surface Science, 385: 587-596.

TANG Q X, 2012. Study on the Oxide Particle Refinement in Ni-based Oxide Dispersion Strengthened Superalloys[D]. Sapporo: Hokkaido University.

TANG Q, HOSHINO T, UKAI S, et al., 2010. Refinement of oxide particles by addition of Hf in Ni-0.5 mass%Al-1 mass%Y$_2$O$_3$ alloys [J]. Materials Transactions, 51(11): 2019-2024.

UKAI S, OHTSUKA S, 2007. Low cycle fatigue properties of ODS ferritic-martensitic steels at high temperature [J]. Journal of Nuclear Materials, 367: 234-238.

WANG W, WU E, LIU S, et al., 2016. Segregation and precipitation formation for in situ oxidised 9Cr steel powder [J]. Materials Science and Technology, 33(1): 104-113.

WHITTLE D P, STRINGER J. 1980. Improvements in high temperature oxidation resistance by additions of reactive elements or oxide dispersions [J]. Philosophical Transactions of the Royal Society of London. Series A, Mathematical and Physical Sciences, 295: 309-329.

XI W R L P, WU W , LI N , et al., 2011. Al$_2$O$_3$ nanoparticle reinforced Fe-based alloys synthesized by thermite reaction [J]. Journal of Materials Science, 47(8): 3585-3591.

YAO L, GAO Y, LI Y, et al., 2022. Preparation of nanostructural oxide dispersion strengthened (ODS) Mo alloy by mechanical alloying and spark plasma sintering, and its characterization [J]. International Journal of Refractory Metals and Hard Materials, 105: 105822.

YU H, 2017. Development of Innovative Co-based Oxide Dispersion Strengthened (ODS) Superalloys[D]. Sapporo: Hokkaido University.

ZHUO H, TANG J, 2013. A novel approach for strengthening Cu-Y$_2$O$_3$ composites by in situ reaction at liquidus temperature [J]. Materials Science and Engineering: A, 584: 1-6.

第 5 章　航空航天用镁基复合材料

20 世纪 80 年代以来，镁基复合材料已成为继铝基复合材料之后的又一具有广阔应用前景和竞争力的轻金属基复合材料，在航空航天、汽车、电子和运输工业等领域获得了越来越广泛的应用。通过向镁基体中添加陶瓷颗粒或碳纤维制成复合材料，可以有效改善镁合金的力学性能，制备得到的镁基复合材料可呈现出任一组元不具备的优异综合性能，如高比刚度，高比强度，以及良好的尺寸稳定性和出色的减振性能。此外，镁基复合材料还具有电磁屏蔽和储氢特性等，是一种优秀的结构和功能材料，也是当今高新技术领域中应用潜力巨大的复合材料之一。

5.1　常　见　分　类

镁基复合材料按增强体的形貌可以分为颗粒增强镁基复合材料、纤维增强镁基复合材料、晶须增强镁基复合材料。其中，纤维增强镁基复合材料又可以分为长纤维增强镁基复合材料和短纤维增强镁基复合材料。随着制备工艺和新材料的发展，增强体也从单一材料、单一尺寸向多种材料、多个尺寸结合发展，形成新型镁基复合材料。图 5.1 所示是镁基复合材料的常见分类。

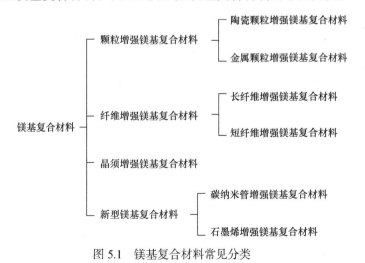

图 5.1　镁基复合材料常见分类

5.1.1　颗粒增强镁基复合材料

常用的颗粒增强镁基复合材料增强体可以分为两大类：①陶瓷颗粒，包括碳化物、硅化物和氧化物等，如 SiC、TiB$_2$、Mg$_2$Si、Al$_2$O$_3$ 等，具有高硬度、高弹性模量、耐摩擦等优点；②金属颗粒，如 Ti、Al、Ni 等，具有延展性好、与镁基体界面结合好等优点。

1. 陶瓷颗粒增强镁基复合材料

在颗粒增强镁基复合材料中，陶瓷颗粒是最常用的增强体。镁与陶瓷颗粒的结合可以形成具有低密度、高比刚度、高比强度和高阻尼能力等良好性能的材料。首先，陶瓷颗粒具有高强度、高硬度、耐摩擦、耐腐蚀等优点，且获取渠道广、制备成本低，有利于大规模制备高性能镁基复合材料。但由于陶瓷颗粒的脆性，它的存在通常会恶化金属的延展性和可切削性。除此之外，陶瓷颗粒与镁基体的润湿性也普遍较差，与基体之间的界面结合不稳定。

1) SiC/Mg 复合材料

SiC 颗粒由于成本低、硬度高、相容性好，是镁及其合金常用的颗粒增强体。相比于其他陶瓷颗粒，SiC 颗粒与镁基体的润湿性好，界面结合稳定，有利于制备高稳定性镁基复合材料。图 5.2 是通过搅拌铸造法制备的 SiC/Mg 复合材料典型显微组织(Chen et al., 2015)，纳米级 SiC 均匀分散在镁基体中，且 SiC 和 Mg 的界面处形成了半共格结构，提高了界面结合力和稳定性。SiC/Mg 复合材料具有低密度、高比强度和高比刚度、低热膨胀系数、良好的热稳定性和耐腐蚀等优点，在航空、航天、汽车等领域得到广泛应用。

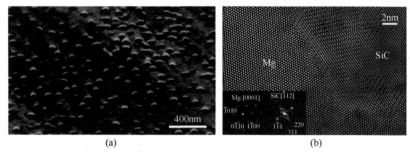

　　　　　　　(a)　　　　　　　　　　　　　　　　(b)

图 5.2　SiC/Mg 复合材料显微组织
(a)SiC 分布 SEM 照片；(b)界面形貌 TEM 照片

2) TiB$_2$/Mg 复合材料

相比于 TiC、SiC、Al$_2$O$_3$ 等陶瓷颗粒增强体，TiB$_2$ 具有更高的熔点、硬度、良好的热稳定性和优异的耐磨性，被认为是最有潜力的增强体之一。除上述优点外，TiB$_2$ 在镁基复合材料中还可以作为晶粒细化剂，实现细化晶粒的强化效果，进一步提高复合材料的性能。图 5.3 是采用自蔓延高温法制备的 TiB₂/RZ5 复合材料显微组织(Meher et al., 2021)，TiB₂ 的添加会显著提高镁基复合材料的耐磨性和硬度。

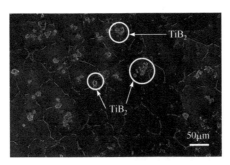

图 5.3　TiB₂/RZ5 复合材料显微组织

3) MgO/Mg 复合材料

MgO 颗粒具有高熔点、高硬度、高弹性模量等优点，其与镁基体存在半共格关系，能够形成稳定的界面结合，是一种镁基复合材料的理想增强体。图 5.4 是搅拌铸造制备的 MgO 与 Mg(α-Mg)基体界面的高分辨率透射电子显微镜(HRTEM)照片(Lin et al., 2018)。常规陶瓷颗粒增强体和 Mg 基体之间常存在界面缺陷，如不良界面、颗粒团聚、不均匀分布和破坏 Mg 基体连续性等，从而导致脆性破坏、局部腐蚀等问题。MgO 颗粒与 α-Mg 基体之间实现了良好的界面结合和完整性，界面处不存在裂纹或孔隙，可以极大程度上提高复合材料的耐腐蚀性和塑韧性。

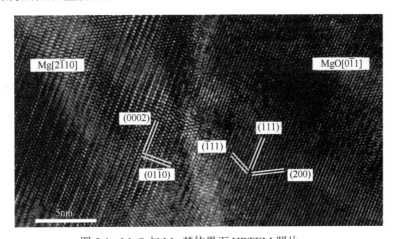

图 5.4　MgO 与 Mg 基体界面 HRTEM 照片

2. 金属颗粒增强镁基复合材料

虽然陶瓷颗粒可以有效提高颗粒增强镁基复合材料强度和耐磨性，但变形能力较差，会严重恶化金属基复合材料的塑韧性，导致材料可靠性较差。与陶瓷颗粒相比，金属颗粒具有更好的塑性和与金属基体更好的力学相容性，在提高复合材料强度的同时能够有效维持基体延伸率。因此，可以通过引入金属颗粒，如镍(Ni)、铜(Cu)、钼(Mo)和钛(Ti)等来代替陶瓷颗粒作为制备镁基复合材料的增强体。Ti 颗粒具有较强变形性，且与金属 Mg 具有相似的热膨胀系数。同时，Ti 和 Mg 都具有密排六方晶体结构，界面间具有潜在的相干晶格关系，容易获得良好的界面结合。Ti 几乎不与 Mg 反应形成脆性化合物，有利于维持复合材料延展性。图 5.5 为超声辅助搅拌铸造–热挤压法制备的 Ti/AZ31 复合材料显微组织(Ye et al., 2022)。球形 Ti 颗粒均匀分散在 Mg 基体中，还观察到了少量的二次相 $Al_{17}Mg_{12}$ 颗粒。

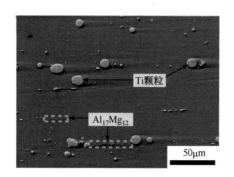

图 5.5　Ti/AZ31 复合材料显微组织

5.1.2　纤维增强镁基复合材料

纤维可以分为短纤维和长纤维，短纤维一般是从生产长纤维的副产品中所得，所以其应用成本较长纤维更低。短纤维在复合材料中更倾向于随机分布，材料的力学分布为各向同性。长纤维则有更明显的取向性，在纤维方向上有较高的强度和模量，但在垂直于纤维方向上的力学性能却很弱。在定向塑性变形加工下，短纤维可以定向排列分布在镁基体中，此时短纤维的增强效果接近长纤维的增强效果。对比之下，短纤维增强镁基复合材料的研究和应用都更为广泛。常用的纤维增强镁基复合材料的短纤维增强体主要有碳纤维、氧化铝纤维、硅酸铝纤维和碳化硅纤维。

1. 碳纤维增强镁基复合材料

碳纤维增强镁基复合材料具有质量轻、强度高、抗蠕变性能好和热膨胀系数低的优点，被广泛应用于航空航天、船舶、汽车、电子工业等领域。

挤压铸造制备的 C_f/Mg 复合材料显微组织如图 5.6 所示(Qi et al., 2013)。C_f 整体均匀分布，没有明显的纤维簇或残余孔隙。C_f 增强镁基复合材料的镁基体和 C_f 之间不润湿，选择合适的制备工艺并调控 C_f 和镁基体的界面是首要解决的问题。可以通过纤维涂层或基体合金化对界面进行改性，来提高 C_f 与基体之间的润湿性。在没有纤维涂层的复合材料中，从纤维表面产生的碳化物 Al_4C_3 在基体中生长，降低了复合材料的性能。在 C_f 表面涂上热解碳涂层不仅能通过抑制界面反应来修饰碳纤维的界面，还能保护碳纤维免受合金熔融的影响。

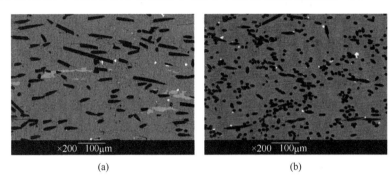

(a)　　　　　　　　　　　　　　(b)

图 5.6　挤压铸造制备的 C_f/Mg 复合材料显微组织
(a)沿挤压方向的截面；(b)垂直于挤压方向的截面

2. 氧化铝纤维增强镁基复合材料

短陶瓷纤维增强合金能显著提高其抗蠕变性能，纤维的存在改变了蠕变应力和温度依赖性。氧化铝纤维的加入也会使镁基复合材料的抗蠕变性能得到明显提高，且蠕变强化主要源于镁基体的塑性变形与氧化铝纤维之间的有效载荷传递。在增强镁基复合材料的抗疲劳性方面，由于氧化铝纤维阻碍了长距离滑移而产生了更高的起始疲劳阻力，复合材料的室温旋转弯曲疲劳强度随增强体体积分数的增加而显著提高。AZ91 镁合金广泛使用的热处理方法不适用于复合材料，因为 420℃的加热温度会使拉伸失效的性质从平面断裂转变为大量纤维拔出。

3. 硅酸铝纤维增强镁基复合材料

硅酸铝(Al_2O_3-SiO_2)纤维来源丰富，价格低廉，其物理化学性能经过晶化处理后也能满足镁基复合材料增强体的要求。在制备硅酸铝纤维增强镁基复合材料预制体时，首先应该考虑黏结剂的选择，黏结剂不仅能够提高预制体的强度和稳定预制体的形状，更重要的是可以改善复合材料的界面结合情况。酸性偏磷酸铝或磷酸铝作为预制体黏结剂的效果最好。选择磷酸铝作为黏结剂，通过挤压铸造法制备的硅酸铝短纤维增强 AZ91D 镁基复合材料具有良好的界面结合效果，能显著提高复合材料的性能。在基体与纤维界面上会产生 MgO 和少量的 $MgAl_2O_4$ 细小颗粒，属于强界面结合。值得说明的是，在硅酸铝短纤维的晶化处理过程中，由于非晶态 SiO_2 的析出和预制体制备过程中反应生成的晶态 SiO_2，会有 Mg_2Si 脆性相在界面附近产生，这可能对复合材料的力学性能有不利影响。

5.1.3　新型镁基复合材料

随着航空航天领域的高速发展，对结构轻量化和材料性能的要求也越来越高。研究人员在发展新型镁基复合材料方面做出了大量的努力，使用新型增强体是其中一种重要的方法。碳纳米管和石墨烯纳米片具有低密度、高抗拉强度、高比表面积和高导热性等优点，使用少量的碳纳米管或石墨烯增强镁基复合材料就可以获得轻质、高性能的纳米复合材料。

1. 碳纳米管增强镁基复合材料

为制备分散均匀的 CNTs/Mg 复合材料，可通过超声加机械混合处理 CNTs/Mg 复合粉末，再通过真空烧结制备复合材料，此工艺可以使 CNTs 均匀沉积在镁粉上，所制备的复合材料孔隙率低，性能优异。在铸造工艺中，由于 CNTs 的密度极低，金属密度又普遍较高，采用液态法制备 CNTs/Mg 复合材料时 CNTs 很容易发生漂浮。因此，CNTs/Mg 复合材料的制备主要采用基于粉末冶金的固态工艺。

为了改善 CNTs 和 Mg 基体的界面结合特性，通常使用纳米级厚度的金属镍涂层来进行界面改性。图 5.7 是镀镍和未镀镍 CNTs/Mg 复合材料的典型界面形貌 (Nai et al., 2014)，镍镀层的存在导致界面处形成了 Mg_2Ni 金属间化合物，从而提高了 Ni@CNTs/Mg 的界面稳定性。此外，镍涂层的添加还使 CNTs 在 Mg 基体中的晶粒细化程度和分散性得到了改善。一方面，与纯 Mg 相比，Ni@CNTs/Mg 复合材料的显微硬度、抗拉强度和屈服强度分别提高了41%、39%和64%。另一方面，

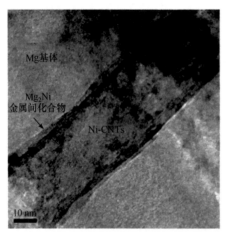
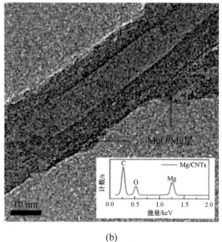

(a)　　　　　　　　　　　　　　　(b)

图 5.7　镀镍和未镀镍 CNTs/Mg 复合材料界面形貌

(a) Ni@CNTs/Mg 复合材料界面形貌；(b) CNTs/Mg 复合材料界面形貌

有少数报道发现在含 Al 元素成分的镁合金基体中，如 AZ31、AZ61 和 AZ91 与各种碳材料形成了 Al_2MgC_2 三元碳化物。根据观察，针状或片状的 Al_2MgC_2 不连续地生长在基体中，从而有效地提高 Mg 基体与 CNTs 之间的界面强度。

2. 石墨烯增强镁基复合材料

与其他纳米碳增强体材料相比，石墨烯具有最高的导热系数、弹性模量和最低的热膨胀系数。因此，石墨烯在提高镁基复合材料的力学性能方面具有明显的优势。由于石墨烯易团聚，且润湿性差，与基体的界面结合强度差，制备石墨烯增强镁基复合材料仍然是一项具有挑战性的任务。

为了解决 GNPs 在镁基体中的团聚问题，可以利用高能超声探头产生的超声空化区对 GNPs 进行分散，GNPs/AZ91 复合材料的界面形貌如图 5.8 所示 (Kandemir, 2018)。GNPs 被有效分散嵌入镁基体中，使基体与 GNPs 之间有良好的结合界面。与 AZ91 合金相比，GNPs/AZ91 复合材料的抗拉强度和延伸率都有了明显的提高。

图 5.8　GNPs/AZ91 复合材料界面形貌

改善 GNPs 与镁基体界面结合是制备镁基复合材料的一个关键问题。GNPs 中残留的氧元素有助于增强 GNPs 与 α-Mg 基体之间的界面结合，能够原位合成 MgO 纳米颗粒，形成 MgO/α-Mg 的半相干界面和 GNPs/MgO 的畸变区结合界面，可以显著改善 GNPs 与 α-Mg 的界面结合。还可以采用半固态处理方法制备 GNPs 增强镁基复合材料。半固态材料具有优异的流动性和可调黏度，溶质元素的重新分配和界面的紧密结合，半固态处理方法制备的复合材料具有良好的可塑性，成形缺陷少，可以使复合材料的力学性能得到显著改善。

上述提到的镁基复合材料增强体都属于单相增强体，虽然能在一定程度上提高复合材料的力学性能，但是这种单相增强较为困难，尤其是当增强体含量过高时极易发生团聚现象，导致材料性能弱化。目前，采用两种及两种以上的增强体进行复合材料的强化也是一种新的研究方向，利用多相之间的协同强化作用能够显著提高材料的综合性能。但多个增强体与基体之间的界面结合和强化机制就成为一大难点,需要进一步展开研究。

5.2　性　　能

5.2.1　物理性能

1. 热膨胀性能

对于镁基复合材料而言,整体的热膨胀系数主要由基体的热膨胀行为、增强体的种类,以及增强体通过基体-增强体界面对基体的约束程度所决定。当温度升高,分子的活动能力增强,镁基体的热膨胀性能加强。同时,温度升高,复合材料中基体-增强体界面的传载能力降低,使增强体对基体热膨胀行为的约束能力降低,最终导致复合材料的热膨胀系数随着温度的升高而增大。

普遍认为加入增强体可以减小镁基复合材料的热膨胀系数,改变颗粒尺寸是调节镁基复合材料热膨胀性能的一种有效手段,增强体的颗粒尺寸越小、体积分数越高,镁基复合材料的热膨胀系数就越小。图 5.9 是 SiC 尺寸和温度对增强体体积分数为 69.8%的 SiC/AZ91D 复合材料热膨胀系数影响(徐志锋等,2012)。从图中能看出,当颗粒尺寸减小到33μm时,由于颗粒团聚严重,热膨胀系数反而上升。同时,温度对镁基复合材料的热膨胀系数影响较大。

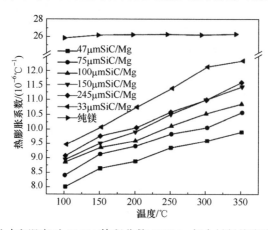

图 5.9　SiC 尺寸和温度对 69.8%(体积分数)SiC/Mg 复合材料热膨胀系数影响

2. 阻尼性能

阻尼性能又称减振性能,当位错在外界振动下发生移动,从空位或溶质原子上产生雪崩式脱钉,随后在强钉扎点(第二相或沉淀相等)周围形成位错环,从而引起机械振动能的耗损和应力弛豫的能力。镁基复合材料的阻尼性能显著优于大多数工程金属材料，甚至可以比肩一些常用的高分子材料，同时兼具高比强度与耐热性，因此在减振、吸能、降噪等方面具备突出优势。镁基复合材料的阻尼机制主要包括位错型阻尼机制和界面型阻尼机制。在室温条件下，低应变幅值时由于界面阻尼的主要贡献，大尺寸颗粒增强镁基复合材料的阻尼能力高于小尺寸颗粒增强镁基复合材料。在高应变幅值和高频率时由于位错阻尼的主要贡献，小尺寸颗粒增强镁基复合材料的阻尼能力高于大尺寸颗粒增强镁基复合材料。随着温度的升高，由于较高阻尼能力主要来自晶界滑移和颗粒-基体界面，不同粒径颗粒增强复合材料之间的阻尼能力差异减小。图 5.10 为不同质量分数增强体的 SiC/AZ61 复合材料的阻尼-温度(Q^{-1}-T)关系(胡强，2008)。随温度提高，材料内部缺陷活动能力增强，界面结合能力降低，在一定的应力作用下很容易产生微滑移，阻尼性能增加，同时界面结合强度下降。但是当温度过高时，界面的结合强度很低，在外应力作用下，滑移已不能产生内耗，阻尼不再增加，因此会出现一个最优的温度，产生最好的界面结合。

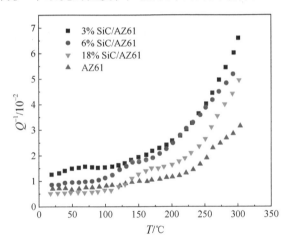

图 5.10　不同质量分数增强体的 SiC/AZ61 复合材料的阻尼-温度关系

5.2.2　化学性能

等离子电解氧化(plasma electrolytic oxidation，PEO)和微弧氧化(micro-arc oxidation，MAO)能够在铝、镁和钛上生成具有良好耐腐蚀性和耐磨性的涂层。PEO 的主要特征是涂层在高压下形成，表面局部发生短暂放电，这通常有利于形成与高温处理相关的相。图 5.11 是采用 PEO 处理的 SiC$_p$/AZ92 复合材料在 NaCl 溶液中的腐蚀情况(Arrabal et al.，2010)。与未经 SiC$_p$ 增强的镁合金材料对比，SiC$_p$/AZ92 复合材料蚀坑内存在剩余的腐蚀产物和较小的蚀坑直径。这表明与纯镁合金相比,复合材料的 PEO 涂层更加致密。在镁基体中添加 SiC_p 会略微增加其在 NaCl 溶液中的腐蚀速率,较高的腐蚀速率与以下三个因素有关:① SiC_p/Mg 界面的不均匀性或较疏松的腐蚀层;②随着增强体体积分数的增加,PEO 处理涂层生长效率降低;③涂层内的颗粒有较薄的反应产物,是因为在涂层生长过程中发生氧化。

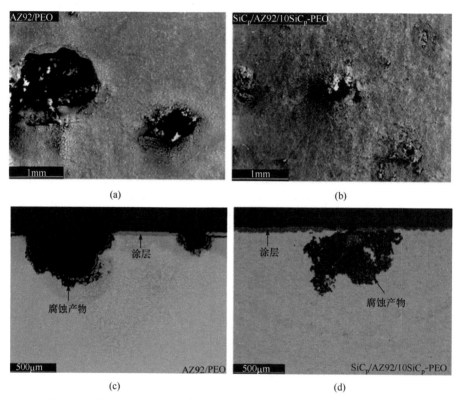

图 5.11　采用 PEO 处理的 SiC_p/AZ92 复合材料在 NaCl 溶液中的腐蚀情况
(a)未增强镁金属表面;(b)SiC_p/Mg 复合材料表面;(c)未增强镁金属横截面;(d)SiC_p/Mg 复合材料横截面

5.2.3　力学性能

　　镁及其合金因其密度低、比强度高、比刚度高等优点,在航空航天、交通运输、体育器材等领域具有广阔的应用前景。然而,镁及其合金力学性能较低,极大地限制了其高性能应用。一般来说,镁基复合材料相比于纯镁或镁合金的硬度、屈服强度和抗拉强度会有提升,但延伸率会有一定下降。在不同类型的镁基复合材料中,普遍认为在金属基体中引入高强度、良好热稳定性的陶瓷纳米颗粒可以显著提高复合材料的力学性能。与微米级颗粒相比,纳米颗粒能更有效地促进颗粒硬化机制,从而显著提高金属基体的强度。为了使镁基复合材料兼具优异的强度和延展性，增强体材料的种类、尺寸和体积分数的选择及制备方法都至关重要。

1. 硬度

材料的微观组织、晶体结构及组分决定材料的硬度。增强体的加入会提高镁基体的硬度，原因有以下三个方面：一是在压痕过程中，较硬的陶瓷或金属颗粒作为增强体对局部基体变形起约束作用；二是基体与增强体间的热膨胀系数和弹性模量不匹配，颗粒与基体合金界面附近产生高密度位错，形成位错强化；三是增强体颗粒能普遍起到细化晶粒的作用，产生细晶强化效果。表 5.1 归纳了常见颗粒增强镁基复合材料硬度。

表 5.1　常见颗粒增强镁基复合材料硬度

材料	制造工艺	硬度/HV
AZ91 合金	铸造	64.9
1%(质量分数)Al$_2$O$_3$/AZ91	半固态搅拌铸造	72.1
2%(质量分数)Al$_2$O$_3$/AZ91	半固态搅拌铸造	77.6
3%(质量分数)Al$_2$O$_3$/AZ91	半固态搅拌铸造	73.8
AZ61 合金	搅拌铸造	58.5
2%(质量分数)SiC/AZ61	搅拌铸造	65.8
5%(质量分数)SiC/AZ61	搅拌铸造	66.8
AZ91 合金	粉末冶金	84.0
10%(质量分数)TiB$_2$/AZ91	粉末冶金	103.0
30%(质量分数)TiB$_2$/AZ91	粉末冶金	137.0
Mg	粉末冶金	41.0
0.2%(质量分数)AlN/Mg	粉末冶金	49.0
0.8%(质量分数)AlN/Mg	粉末冶金	53.0
8%(质量分数)(TiB$_2$ + TiC)/Mg	原位铸造	72.3
ZX51 合金	铸造	58.1
2.25%(质量分数)Al$_2$O$_3$/ZX51	搅拌铸造	60.0
6.75%(质量分数)Al$_2$O$_3$/ZX51	搅拌铸造	72.0

2. 拉伸性能

颗粒增强镁基复合材料的拉伸性能主要取决于颗粒的分布、含量、尺寸、与镁基体的界面结合情况、第二相的数量及分布、镁基体的自身缺陷等。一般

来说，颗粒在镁基体中分散得越均匀，复合材料的力学性能就越优异。在粉末
冶金工艺中，增强体颗粒与镁金属颗粒的尺寸越接近，越容易实现增强体在基
体中的分散。此外，颗粒增强体的尺寸有微米级、亚微米级和纳米级，一般在保
证均匀分散的前提下，增强体的尺寸越小，复合材料的力学性能也越高。纳米级
颗粒在镁基体中的流动性好，不仅能提高复合材料的抗拉强度和弹性模量，还能
保证复合材料的塑韧性。表 5.2 中列出了常见颗粒增强镁基复合材料的力学性能。

表 5.2　常见颗粒增强镁基复合材料的力学性能

材料	屈服强度/MPa	抗拉强度/MPa	延伸率/%
AZ91	75	128	2.1
1%(体积分数)60 nm SiC/AZ91	85	180	5.0
3%(体积分数)1 μm SiC/AZ91	99	150	2.0
5%(体积分数)1 μm SiC/AZ91	108	140	0.8
5%(体积分数)10 μm SiC/AZ91	110	131	1.6
10%(体积分数)10 μm SiC/AZ91	120	172	1.4
15%(体积分数)10 μm SiC/AZ91	145	200	1.2
20%(体积分数)10 μm SiC/AZ91	169	192	0.6
20%(体积分数)15 μm SiC/AZ91	330	390	1.3
20%(体积分数)52 μm SiC/AZ91	270	320	1.1
25%(体积分数)15 μm SiC/AZ91	310	330	0.8
25%(体积分数)52 μm SiC/AZ91	290	340	1.1
0.35%(体积分数)(45~55 nm) SiC/Mg	116	169	5.2
0.5%(体积分数)(45~55 nm) SiC/Mg	107	161	6.5
1%(体积分数)(45~55 nm) SiC/Mg	125	181	6.1
0.5%(体积分数)(32~36 nm) Y₂O₃/Mg	141	223	8.5
1%(体积分数)(32~36 nm) Y₂O₃/Mg	151	222	6.8
2%(体积分数)(32~36 nm) Y₂O₃/Mg	162	227	7.0
1.5%(质量分数)36 nm Al₂O₃/Mg	214	261	12.5
2.5%(质量分数)36 nm Al₂O₃/Mg	200	256	8.6
5.5%(质量分数)36 nm Al₂O₃/Mg	222	281	4.5
0.5%(质量分数)60 μm Al₂O₃/Mg	169	232	6.5
1.5%(质量分数)60 μm Al₂O₃/Mg	191	247	8.8
2.5%(质量分数)60 μm Al₂O₃/Mg	194	250	6.9
1%(体积分数)0.2 μm SiC/AZ91	275	335	2.4
1%(体积分数)0.2 μm + 9%(体积分数)10 μm SiC/AZ91	329	360	1.3
10%(体积分数)10 μm SiC/AZ91	283	348	1.2
1%(体积分数)60 nm + 14%(体积分数)10 μm SiC/AZ31B	210	295	6.5
1%(体积分数)60 nm + 9%(体积分数)10 μm SiC/AZ31B	225	305	3.9

续表

材料	屈服强度/MPa	抗拉强度/MPa	延伸率/%
1%(体积分数)60 nm + 4%(体积分数)10 μm SiC/AZ31B	275	350	3.1
5.6%(质量分数)Ti/Mg	158	226	8.0
5.6%(质量分数)Ti + 2.5%(质量分数)B₄C/Mg	215	260	8.1

CNTs 增强镁基复合材料的力学性能目前已有较为系统的研究。CNTs 的加入使镁基复合材料力学性能的提高可以归因于细晶强化、第二相强化、载荷传递、CNTs 对裂纹的阻碍作用等。一般来说，随着 CNTs 体积分数的增加，镁基复合材料的力学性能呈现先增大后降低的趋势。这是因为 CNTs 体积分数较大时，易出现 CNTs 团聚，相比于纯镁，CNTs 团聚会引起材料的脆性断裂，使复合材料的延伸率下降。适当的球磨或原位生成 CNTs 可以改善 CNTs 在镁基体中的分散均匀性，从而提高 CNTs 增强镁基复合材料的力学性能。此外，CNTs 与镁基体的界面结合较差，可以对 CNTs 进行表面改性或涂覆金属镀层，来改善 CNTs 与镁基体的界面结合，从而提高 CNTs 增强镁基复合材料的力学性能。

图 5.12 总结了不同增强体增强镁基复合材料的力学性能。其中，金属颗粒增强镁基复合材料的延伸率普遍较好；混合增强体能够较大程度提高镁基复合材料的抗拉强度，并保持较好的延伸率；若不能解决石墨烯和 CNTs 在镁基体中的分散性问题，则不能充分发挥它们的强化效果，甚至会降低镁基体的力学性能。

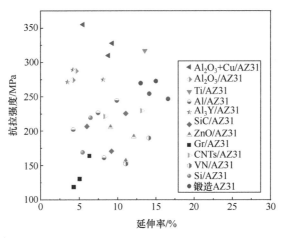

图 5.12　不同增强体增强镁基复合材料的力学性能

5.2.4　耐磨性

随着航空航天和汽车领域对材料耐磨性的要求提高，轻质耐磨的陶瓷增强镁基复合材料受到广泛研究。最早是 Alahelisten 等(1993)在滑动及磨损实验中对氧化铝纤维增强镁基复合材料进行的研究。结果表明，加入氧化铝纤维并不一定能提高材料耐磨性，而且存在一个最佳的纤维含量(10%)。当纤维含量为 20%时，磨损率降低了 50%。在后来对长石颗粒增强 AZ91 镁合金磨损行为的研究中发现(Sharma et al., 2000)，磨损率随着增强体含量的增加而降低。随着载荷的增加，可观察到从轻度到重度磨损的转变，但长石颗粒的存在能够延迟这一转变。此外，增强体与基体的界面润湿性对材料的耐磨性起至关重要的作用，镁基复合材料比铝等其他轻质结构材料具有更好的润湿性。材料的耐磨性主要受施加载荷、滑动距离、滑动速度和增强体含量的影响。

在镁基体中加入 SiC 后，其耐磨性得到显著改善。硬质 SiC_p 有效抑制了裂纹扩展，抑制了脆性分层的形成，复合材料的摩擦系数和磨损率均有所降低。此外，在镁基体中加入 SiC_p 可以合成 Mg_2Si 颗粒，Mg_2Si 颗粒的加入会显著提高镁基体的耐磨性。镁基复合材料的磨损量会随加载载荷和滑动速率的增加而降低。镁基体的磨损特征主要为黏着磨损，随着载荷的增加，镁基复合材料的磨损机理由磨粒磨损转变为黏着磨损。嵌入基体合金中的 SiC_p 有效地缓解了黏着效应，同时也作为硬质相来抵抗磨损损伤。此外，SiC_p 作为额外的障碍，抑制分层摩擦层的形成。在磨损过程中，SiC_p/Mg 界面附近积累大量塑性应变，并在塑性应变层中引发裂纹，但 SiC 极大地抑制了裂纹扩展，使 SiC_p/Mg 复合材料具有良好的耐磨性(表现为低摩擦系数和磨损率)。

图 5.13 是镁合金基体和 $SiC_p/AZ91$ 复合材料的磨损量-时间关系(余静等，2018)。同一时刻，$SiC_p/AZ91$ 复合材料的磨损量明显低于 AZ91 镁合金的磨损量，且同时间段复合材料比镁合金的耐磨性提高了 20%。镁基体中加入 SiC，改变了材料的微观组织，由于 SiC_p 微凸于基体表面，首先是 SiC_p 与对磨材料

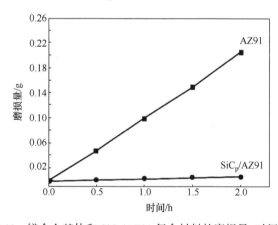

图 5.13   镁合金基体和 $SiC_p/AZ91$ 复合材料的磨损量-时间关系

进行摩擦，SiC_p 的硬度很高，可以承受很高的载荷。合金则是基体材料与对摩材料直接发生高温摩擦，其表面发生氧化反应，生成氧化层，反而加剧了磨损。因此，通过 SiC_p 的加入，复合材料明显比原始基体材料的耐磨性增强。

图 5.14 是 TiB_2 增强镁基复合材料的磨损表面(Meher et al., 2020)。在复合材料中，硬质陶瓷 TiB_2 颗粒的存在，在接触摩擦表面时起到保护层的作用。但同时，陶瓷 TiB_2 颗粒也会导致严重的分层和槽的形成。在磨损表面形貌表现出一定的磨痕和剥层，并伴有磨屑和氧化物。在较高的放大倍数下，磨损表面可以清晰地观察到残片、分层和氧化物颗粒。

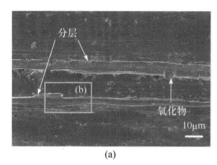
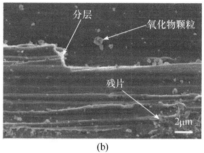

(a)　　　　　　　　　　　　　(b)

图 5.14　TiB_2 增强镁基复合材料的磨损表面
(a)整体；(b)局部

5.3　制　备　方　法

向镁及镁合金中加入增强体制备镁基复合材料提高了材料的综合性能，但镁基复合材料中也存在一些问题。例如，增强体与镁合金基体之间的润湿性较差、界面结合能力较弱及增强体易发生团聚等。这些问题会影响复合材料性能。因此，选择合适的制备方法以避免或减弱上述问题对于镁基复合材料而言至关重要。镁基复合材料的传统制备方法主要包括熔铸法、粉末冶金法、喷射沉积法；此外，还有搅拌摩擦加工、原位合成法等新型制备方法。

5.3.1　熔铸法

熔铸法制备镁基复合材料与传统金属材料的铸造、压铸成形工艺非常相似，大部分设备可通用，生产成本较低。因此，熔铸法发展得较为迅速，其中常用的有搅拌铸造法、浸渗铸造法和挤压铸造法。

1. 搅拌铸造法

搅拌铸造法是开发镁基复合材料最常用和最经济的方法。图 5.15 为搅拌铸造镁基复合材料示意图，其具体步骤如下：先在氩气或 CO_2/SF_6 气氛下进行镁合金熔炼，然后利用高速旋转搅拌器桨叶搅动镁合金熔体，使其剧烈流动，形成以搅拌旋转轴为中心的旋涡，接着将增强颗粒加入旋涡中，依靠旋涡负压抽吸作用使颗粒进入熔体，再经过一段时间搅拌，增强体颗粒便均匀分布于熔体内。使用搅拌铸造法生产的镁基复合材料性能取决于其工艺参数，如熔体温度、搅拌速度、搅拌持续时间、搅拌器的几何形状和坩埚的尺寸，这些参数将影响增强体在基体中的分布。通常还在增强体上涂覆适当的润湿剂，以实现与基体材料更好的界面结合，并避免任何有害反应和高温下增强体的溶解现象。在向镁合金熔体中添加增强体颗粒时，必须注意颗粒的分散，因为它们易于团聚。适当选择制备工艺参数可使颗粒(尺寸范围为 $5\sim100\mu m$)的有效分散(体积分数)达到 30% (Gupta et al.，2010)。

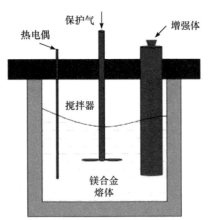

图 5.15　搅拌铸造镁基复合材料示意图

搅拌铸造法操作简便、成本低，适合制备添加少量增强体的镁基复合材料。一旦增强体过多，熔体中便容易产生气孔，影响复合材料性能。搅拌铸造法制备镁基复合材料一般存在以下缺点：在搅拌过程中易混入气体与夹杂物、增强体易偏析与固结、基体组织粗大、基体与增强体之间发生有害的界面反应等。

2. 浸渗铸造法

浸渗铸造法是一种液态成形方法，它是将纤维或颗粒增强体与黏结剂混合制成预制件，然后用压力媒介将镁熔体注入多孔预制件使其向增强体浸渗，从而制备复合材料，预制件经过干燥和热处理，使其尺寸稳定。根据施压方式可以分为无压浸渗、压力浸渗和负压(真空)浸渗 3 种。

(1) 无压浸渗。无压浸渗是在稀有气体保护下熔融镁合金，在不施加任何压力的情况下对压实后的陶瓷预制件进行浸渗，从而制备陶瓷颗粒增强镁基复合材料的方法。该工艺的优势包括可将预制件预先制成所需的形状，渗入后的制品具有很好的保形性；可获得致密且具有连续显微结构的制品，使其具有理想的力学性能；该工艺过程简单，成本相对较低。该技术的关键是寻找理想的陶瓷与金属熔体的结合体系，以提高增强体与基体间的润湿性。

(2) 压力浸渗。压力浸渗是先将陶瓷颗粒增强体预制成形，然后将基体熔体倾入，在一定压力下使其浸渗到颗粒间隙而达到复合化的目的。其特点是可以制备高体积分数的复合材料，目前该工艺已较为成熟。其中，预制件中增强体的分布、预制件和模具的预热温度及浸渗压力等因素均会对复合材料结构和性能产生重要影响。图 5.16 为压力浸渗铸造示意图。

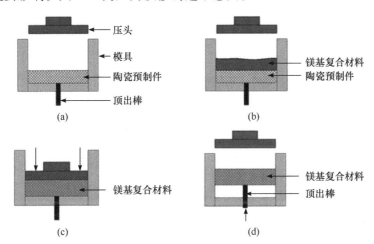

图 5.16 压力浸渗铸造示意图
(a)放置预热预制件；(b)倒入基体熔体；(c)预制件浸渗过程；(d)复合材料顶出

(3) 负压浸渗。负压浸渗是靠在陶瓷颗粒预制件下制造真空产生的负压来实现熔融镁合金对压实后的陶瓷颗粒预制件的浸渗。通常的做法是将增强体预制件放在预制模具中，随后抽真空，将高压气体注入熔炼炉床，使熔融金属挤入模腔，浸渗预制件。由于压力低、注入系统新颖，负压浸渗可生产大型复杂形状零件，且不会产生预制件运动、纤维损伤等问题。

与搅拌铸造工艺相比，浸渗铸造工艺过程中增强体不会发生自由移动，液态金属通过大气压力或真空压力进入纤维或颗粒之间，冷却后固化形成复合材料。其主要优点在于无增强体含量限制，可制备高含量陶瓷增强体的镁基复合材料。Babu 等(2010)利用预制件渗透技术，将包含氧化铝短纤维的石墨纳米填充剂添加到 AM50 镁合金中，成功制备了混杂增强 AM50 合金基复合材料，并观察到基体中二元相 $Mg_{17}Al_{12}$ 及 Al_2O_3 增强体。此外，采用无压渗透工艺可获得碳纳米管、纳米 SiC 颗粒和 ZrO_2 泡沫等增强体增强的镁基复合材料。

3. 挤压铸造法

挤压铸造法也称液态模锻法，与浸渗铸造法的工艺原理类似，挤压铸造法是生产净形状金属基复合材料广泛使用的制造技术之一，其可控制成形件形状、化学成分、增强体体积分数和增强体分布。在挤压铸造中，熔融金属在压力作用下被迫进入预制件进行渗透，直到凝固完成，该方法可用于制造纤维和颗粒增强镁基复合材料(图 5.17)。为了避免损坏预制件，需要先在低压下将熔体压入预制件，然后增加压力进行固化。由于熔体在非常高的压力下凝固，挤压铸造镁基复合材料没有常见的铸造缺陷，如气孔和缩孔。并且由于渗透的持续时间相对较短，挤压铸造法可有效抑制镁合金的高温氧化。

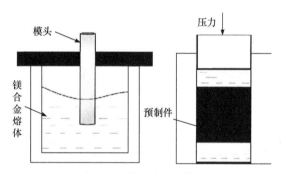

图 5.17　挤压铸造示意图

根据加压方式，挤压铸造法可分为直接挤压铸造和间接挤压铸造。在直接挤压铸造中，预制件的渗透压力直接施加到熔体上。在间接挤压铸造中，则通过浇口系统将熔体压入预制件。直接挤压铸造的模具相对简单，但由于没有浇口系统，需要精确确定熔体体积。同时，直接挤压铸造制备的镁基复合材料中通常存在氧化物残留。

5.3.2　粉末冶金法

粉末冶金法是较早用来制备镁基复合材料的一种方法。该法是将镁粉或镁合金粉与增强体通过一定的方式混合，混合粉末压实后通过真空热压或放电等离子烧结成形，粉末冶金工艺流程如图 5.18 所示，由于粉末冶金生产的镁基复合材料含有较多的孔隙，往往进一步经过热挤压、热锻造、轧制等冷热塑性加工，制成所需形状、尺寸和性能的复合材料。

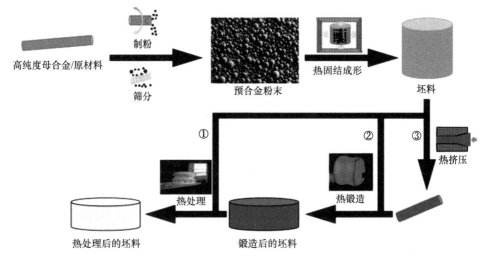

图 5.18　粉末冶金工艺流程图

粉末冶金法可有效添加不同类型的增强体，并且相比其他制备方法能够获得更高体积分数的增强体。值得注意的是，利用粉末冶金法制备镁基复合材料时需控制好增强体的含量，以获得良好致密性材料。在对粉末冶金法制备 TiB₂增强 AZ91 镁基复合材料的研究中发现(Aydin et al., 2019)，TiB_2 含量增加会导致材料孔隙度增加，相对密度逐渐减小，而材料硬度及耐磨性提高。因此，在粉末冶金法中应合理控制 TiC、TiB_2 等增强体含量，以改善复合材料力学性能。

粉末冶金法的特点是不需要将基体合金加热至熔融状态，可以有效减少基体与增强体间的界面反应，通过混合之后，增强体均匀分布在基体中，起到良好的强化效果。但是，由于增强体与基体合金的尺寸、形状、性能存在较大差异，与熔铸法生产的复合材料相比，粉末冶金法制备的复合材料界面结合强度较弱。此外，粉末冶金设备复杂、流程繁琐、生产成本高，因此该制备工艺不适合大批量和复杂形状零件的工业生产。

5.3.3　喷射沉积法

在喷射沉积法中，将颗粒/晶须等增强体注入熔融镁基体(镁合金液)，利用惰性气体将熔融镁基体雾化，使增强体随雾化颗粒一起在基板上快速凝固形成沉积层(图 5.19)；然后将所得的镁基复合材料进行剥皮、固结和二次精加

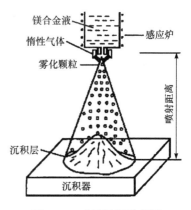

图 5.19　喷射沉积示意图

工工序,以生产锻造复合材料。为了促进增强体的强化效果,必须使颗粒的尺寸和形状得到有效控制。类似地,对于连续纤维增强,熔融镁基体以优选取向喷涂到纤维上。在这种方法中,可以容易地控制纤维排列,并且可以实现相对较快的凝固速率。

喷射沉积相比传统的制备工艺具有以下优点:工艺流程短、生产效率高;增强体颗粒在基体中分布均匀,界面反应轻微;晶粒细小,由于细晶强化作用,制备的镁基复合材料具有良好的断裂性能、强度和耐腐蚀性。但如果颗粒尺寸和基体不匹配,会出现较高的孔隙率。

5.3.4　其他方法

1. 搅拌摩擦加工

搅拌摩擦加工(FSP)是合成和改善镁基复合材料表面性能的固态加工技术。在此过程中,先在基体的表面上形成孔或槽,将增强体粉末填充在孔或槽中,旋转FSP刀具的销使其插入工件并在工件上移动,图5.20给出了AZ31镁合金基复合材料的搅拌摩擦加工示意图(徐学利等,2021)。

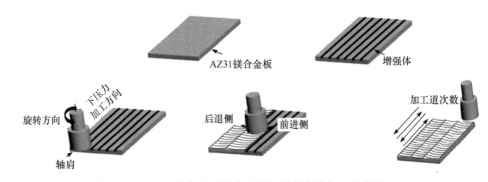

图 5.20　AZ31 镁合金基复合材料的搅拌摩擦加工示意图

刀具横移速度、刀具转速和加工道次数是FSP工艺中复合材料晶粒细化和机械性能改善的控制因素。对 Al_2O_3/AZ91 镁基复合材料的研究表明,在 900r/min 的转速和 40mm/min 的刀具横移速度下,使用方形刀具切削可获得性能最佳的表面层(Faraji et al.,2011)。一般而言,复合材料在搅拌区中增强体分布均匀,晶粒尺寸远小于基体材料晶粒尺寸,使其硬度大幅提升。FSP 中材料的塑性变形和动态再结晶是晶粒细化的主要原因。多道次的FSP有助于实现材料强化,与未加工材料相比,FSP 材料的抗拉强度和耐磨性均有所提高。

FSP还可以与高能球磨技术相结合用于制造镁基复合材料。在 FSP 工艺中,采用优化的工艺参数,如转速、横向速度和切入深度,可将 Mg-Gd-BN 球磨粉末增强到镁板上(Liao et al., 2017)。图 5.21 为粉末团聚区(PZ)和正常搅拌区(NZ)光学显微照片和电子背散射衍射(EBSD)图。可以观察到，PZ 中的平均粒径为 3.5μm，而 NZ 中的粒径为 8.2μm。由于颗粒促进成核，PZ 中出现了显著的晶粒细化。FSP 在生产细晶结构和表面复合材料方面的成功应用表明，FSP 具有节能、环保和通用性，可发展为一种通用金属加工技术，同时还可对镁近表面层中的微观结构进行局部改性和控制。

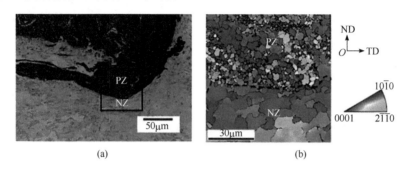

(a)　　　　　　　　　　　　　　(b)

图 5.21　粉末团聚区(PZ)和正常搅拌区(NZ)的光学显微照片及电子背散射衍射图
(a)光学显微照片；(b)电子背散射衍射图
ND-法向；TD-横向

2. 原位合成法

采用原位合成法制备镁基复合材料时，将镁基体粉末与增强体粉末充分混合，通过二者之间的反应在镁基体内原位生成晶粒细小、均匀分布的增强体，从而制备镁基复合材料。镁基复合材料的原位合成法包括自蔓延高温合成法、接触反应法、机械合金化法、反应自发渗透法和化学气相沉积等，表 5.3 列出了原位合成法的分类及应用。

表 5.3　原位合成法的分类及应用

基体	增强体	方法	性能
RZ5	TiB_2	自蔓延高温合成法(Meher et al., 2020)	材料的磨损量随着载荷和滑动距离的增加而增加
Mg	Si 粉	接触反应法(Zhang et al., 2018)	复合材料的抗拉强度和弹性模量均显著高于未改性的复合材料
Mg	Si 粉	机械合金化法(Lu et al., 2003)	复合材料的抗拉强度增加
AZ91D	TiC、TiB_2	反应自发渗透法(Shamekh et al., 2013)	复合材料的弹性模量、弯曲强度和抗压强度均有较大提高
Mg	CNTs	化学气相沉积	复合材料的抗拉强度显著提高

原位合成镁基纳米复合材料有许多优点。通常原位合成的镁基复合材料中

增强体分散均匀，这些增强体化学性质稳定且不含表面污染物，并且具有连贯的界面，有助于增强体与基体材料之间的良好结合。图 5.22 显示了通过将氮气注入熔融镁铝合金中原位合成 AlN/Mg-Al 复合材料的显微照片(Nie et al., 2021)，此时块状和纤维状的 AlN 纳米颗粒均匀分布在基体中。

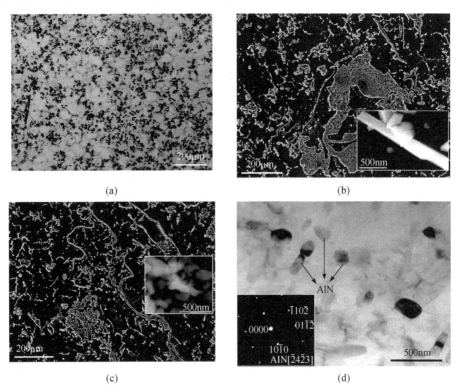

图 5.22　原位合成 AlN/Mg-Al 复合材料的显微照片

　　原位合成制备镁基复合材料由于研究时间相对较短，大部分原位合成工艺尚未实现工业化应用，目前还存在一些问题。例如，原位反应过程中体系会发生副反应，副反应产物将对材料的性能产生不利影响；原位反应的速率和反应物的量难以精确控制；原位反应的工序较多，有些合成技术需要专用设备，制备过程不易实现自动化等。

5.4　典型材料

5.4.1　SiC$_p$/Mg 复合材料

　　美国科学家艾奇逊1891年发现了 SiC 陶瓷材料，又名金刚砂，纯碳化硅为无色透明的晶体。按照晶格类型通常将 SiC 分为 α-SiC 和 β-SiC。常见的 α-SiC 是在温度 2000K 以上形成的,具有六方或菱面体结构,而 β-SiC 在 2000K 以下形成,为立方碳化硅。SiC 具有高模量、高强度、低密度、耐高温、耐腐蚀和低膨胀系数等优异特性,是镁基复合材料中较为理想的增强体,有利于提升基体材料的综合性能。同时,SiCp 成本低廉,作为增强体在金属基复合材料领域具有极大的商业应用前景。

1. 复合材料界面

对于 SiCp/Mg 复合材料,其界面上组织结构、相组成及结合强度等特征对材料内载荷传递、微区应力分布、屈服与断裂等力学行为至关重要。图 5.23 为 SiCp 增强 AT81 复合材料显微组织及界面结构(李传鹏,2017)。SiCp 与纯 Mg 基体间一般不发生界面反应,界面结合优异。然而在实际制备过程中,未经处理的 SiCp 表面极易吸附气体及杂质,降低颗粒与基体结合强度,造成颗粒脱落。为提高颗粒与基体间的润湿性,通常对 SiCp 进行表面预处理,使界面处发生化学反应,生成合适的界面产物从而强化界面,提高载荷传递能力。常用的表面预处理方法有:①对 SiCp 进行氧化预处理使表面生成干净、稳定的 SiO₂ 薄膜,与 Mg 在界面处发生化学反应生成氧化物,从而产生较强化学结合力,提高界面润湿性[图 5.23(d)];②在 SiCp 表面包裹金属镀层(常选用 Cu、Ni),使其与镁基体反应生成优异第二相,改善界面结合。此外,还有对 SiCp 进行酸碱处理清除表面污染物、高温烧结除碳等表面预处理方法。

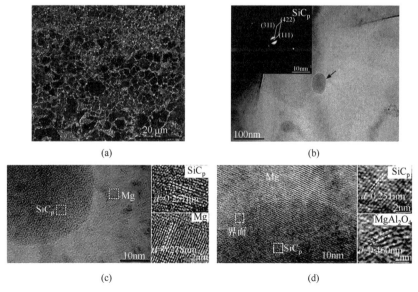

图 5.23　SiCp/AT81 复合材料显微组织及界面结构

(a)显微组织 SEM 图像;(b)纳米 SiCp 明场像及对应电子衍射图像;(c)未预处理 SiCp/AT81 复合材料界面结构;
(d)800℃/2h 预氧化处理 SiCp/AT81 复合材料界面结构

2. 室温力学性能

表 5.4 汇总了不同成分及加工方法制备的 SiC_p/Mg 复合材料力学性能。基体合金成分、SiC 颗粒粒度、颗粒含量，以及后续热处理和二次塑性变形加工都会对复合材料力学性能产生影响。

表 5.4　SiC_p/Mg 复合材料力学性能

复合材料成分	加工方法	弹性模量/GPa	抗拉强度/MPa	屈服强度/MPa	延伸率/%	参考文献
Mg	铸造-热挤压	42.6	199	110	—	
4.3%(体积分数) $SiC_p(25\mu m)/Mg$	铸造-热挤压	45.0	191	112	—	Manoharan 等(2002)
8.7%(体积分数) $SiC_p(25\mu m)/Mg$	铸造-热挤压	49.4	177	112	—	
16.0%(体积分数) $SiC_p(25\mu m)/Mg$	铸造-热挤压	54.1	154	114	—	
Mg-6Zn	铸造-热挤压	45	365	305	11	
20%(体积分数) $SiC_p(13\mu m)/Mg$-6Zn	铸造-热挤压	62	306	260	1.3	Martin 等 (1995)
20%(体积分数) $SiC_p(13\mu m)/Mg$-6Zn	铸造-热挤压-T4 热处理	73	396	284	3.4	
20%(体积分数) $SiC_p(13\mu m)/Mg$-6Zn	铸造-热挤压-T6 热处理	73	427	383	1.2	
AZ91	铸造-热挤压	45	293	169	19	
5%(体积分数) $SiC_p(10\mu m)/AZ91$	铸造-热挤压	50	307	221	3.3	张海峰(2007)
10%(体积分数) $SiC_p(10\mu m)/AZ91$	铸造-热挤压	55	323	259	2.4	
15%(体积分数) $SiC_p(10\mu m)/AZ91$	铸造-热挤压	69	369	289	1.9	
AZ91	挤压铸造	45	191	75	7.2	
50%(体积分数) $SiC_p(5\mu m)/AZ91$	挤压铸造	102	498	426	1.08	邱鑫(2006)
48%(体积分数) $SiC_p(20\mu m)/AZ91$	挤压铸造	113	338	314	0.61	
54%(体积分数) $SiC_p(50\mu m)/AZ91$	挤压铸造	127	323	315	0.52	

续表

复合材料成分	加工方法	弹性模量/GPa	抗拉强度/MPa	屈服强度/MPa	延伸率/%	参考文献
EW61	铸造-热挤压-T5 热处理	44	348	282	3.9	
1%(体积分数) SiC_p(6μm)/EW61	铸造	25	136	119	1.1	
1%(体积分数) SiC_p(6μm)/EW61	铸造-热挤压	52	191	136	7	周洋(2012)
1%(体积分数) SiC_p(6μm)/EW61	铸造-热挤压-T5 热处理	54	222	171	3.7	
1%(体积分数) SiC_p(0.7μm)/EW61	铸造-热挤压-T5 热处理	48	248	207	3.5	

对于同一种镁合金基体的复合材料，SiC_p 体积分数变化会影响复合材料致密度、晶粒尺寸、增强体承载能力等，进而影响复合材料力学性能。提高 SiC_p 体积分数有助于细化显微组织，提升复合材料强度，但同时会损失材料塑性变形能力，如图 5.24 所示(邓坤坤，2008)，因而在制备过程中应选择合适的增强体含量以获得最佳强塑性匹配复合材料。

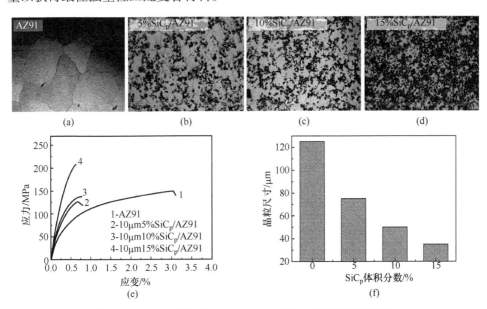

图 5.24　SiC_p 体积分数对 SiC_p/AZ91 复合材料组织性能影响
(a)~(d)显微组织；(e)室温拉伸性能；(f)基体晶粒尺寸

当 SiC_p 体积分数相同时，SiC_p 尺寸决定了颗粒间距大小，影响其对位错、晶界的钉扎作用，进而会影响增强体的失效机制及材料力学性能。就室温强度而言，大尺寸 SiC_p 在受外力作用时易出现颗粒断裂或界面脱黏现象，从而引发失效，相比较，小尺寸 SiC_p 强化效果更加优异。对于高温力学性能而言，细颗粒复合材料的温度敏感性更高，高温下其强化优势降低，如图 5.25 所示(邱鑫，2006)。

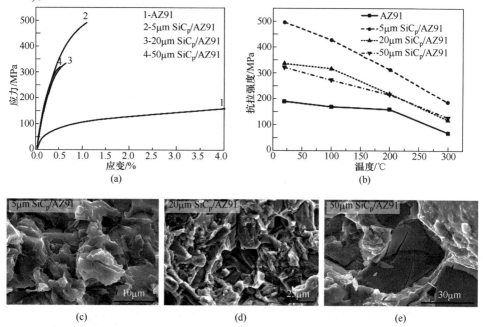

图 5.25　SiC_p 尺寸对 SiC_p/AZ91 复合材料组织性能影响

(a)室温拉伸应力-应变曲线；(b)抗拉强度随温度变化趋势；(c)~(e)复合材料拉伸断口形貌

增加后续大塑性变形工艺是改善 SiC_p/Mg 复合材料力学性能的有效方法，常用变形工艺包括热挤压、锻造、轧制、搅拌摩擦加工等。塑性变形过程有助于消除铸造工艺引起的材料内部缩孔、缩松、气泡，减少缺陷数量，同时使 SiC_p 形貌细化及圆角化，有利于其在基体中均匀分布。增大塑性变形有助于使基体充分再结晶，细化基体晶粒。此外，增加后续热处理、固溶时效等工艺也能够提升复合材料性能，该方法主要应用于 Mg-Al-Zn 合金、Mg-Re-Zn 合金及 Mg-Zn-Zr 合金基体中，以充分发挥固溶时效强化效果。适当提高固溶处理温度能够使基体中的合金元素和增强体固溶效果更加彻底，同时可大幅提升 SiC_p 分散均匀性，有利于改善合金在后续淬火和时效后的力学性能。

3. 高温力学性能

SiC_p 能够有效提高镁基体的高温抗变形能力。变形过程中，SiC_p 会使基体中的位错不断增殖和堆积,位错密度升高,运动受阻;同时,高刚度 SiCp 可以有效承担外加载荷,在基体内产生微观应变,促进高温下基体组织动态再结晶引起晶粒细化。

在高温蠕变过程中,SiCp 的添加会降低复合材料初始蠕变量,缩短减速蠕变阶段并降低稳态蠕变速率,提高 SiCp/Mg 复合材料高温抗蠕变性能,如图 5.26 所示(胡强,2008)。同时,在高温压缩过程中,SiCp/Mg 复合材料具有比镁基体更高的加工硬化速率,并更早发生动态再结晶,可有效延缓压缩过程中的材料失效。

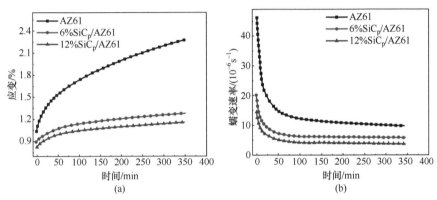

图 5.26 AZ61 合金基体与 SiCp/AZ61 复合材料高温蠕变行为(200℃,40MPa)
(a)蠕变曲线;(b)蠕变速率随时间变化曲线

4. 摩擦磨损行为

摩擦磨损行为是做相对运动的接触固体表面与亚表面材料的塑性变形与裂纹萌生扩展直至断裂的过程。SiCp 的加入可有效提高基体的耐磨性。由于 SiCp 的硬度和耐磨性远高于基体镁合金,可以起到承担载荷作用,限制对磨材料与镁基体直接接触产生高温摩擦。细小尺寸 SiCp 可阻碍位错运动,使镁基复合材料强度、硬度升高,提高复合材料在受摩擦磨损过程中抵抗塑性变形的能力。同时,在裂纹扩展过程中,分散在合金基体中的 SiCp 可捕获裂纹前沿,使裂纹发生偏折,降低有效应力强度因子,阻止或延缓微裂纹的扩展。图 5.27 为镁合金(RE-4p-EX-RS66 合金)与 SiCp 增强复合材料摩擦磨损行为(代盼,2015)。SiCp 的加入有助于缩短复合材料在磨损过程中进入稳态磨损的时间,显著降低磨损率,提高耐磨性。同时,提高增强体含量会使复合材料磨损率进一步降低,磨损表面上犁沟变细变浅。此外,当加入 SiCp 增强体粒径不同时,其引起的合金基体耐磨性提升作用效果也存在差异。

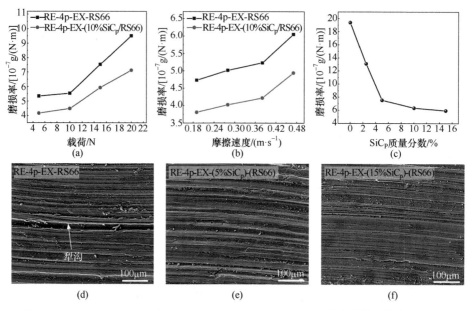

图 5.27　RE-4p-EX-RS66 合金与 RE-4p-EX-(10%SiCₚ/RS66)复合材料摩擦磨损行为

(a)磨损率随载荷变化；(b)磨损率随摩擦速度变化；(c)SiCₚ质量分数对磨损率的影响；(d)～(f)不同含量 SiCₚ 增强体颗粒复合材料磨损表面形貌

5. 阻尼性能

在镁合金基体中加入 SiCₚ 会有效提升阻尼性能，以制备兼具高阻尼与优异强韧性的镁基复合材料。在复合材料制备过程中，SiCₚ 与镁基体存在热膨胀系数差异使得在其界面附近产生热错配残余应力，基体中位错密度增加。位错线在较小的应力作用下就可以作往复运动，由此消耗能量从而提高材料的阻尼性能。图 5.28 为室温下频率固定为 1Hz 时，基体镁合金 RE-4p-EX-RS66 与复合材料 RE-4p-EX-(x SiCₚ/RS66)的应变-振幅-内耗曲线图(代盼，2015)，复合材料的

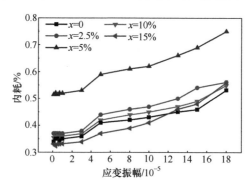

图 5.28　RE-4p-EX-(x SiCₚ/RS66)复合材料应变振幅-内耗曲线图

x-体积分数

阻尼性能有望大幅度优于基体镁合金。同时需要注意的是，对于阻尼性能而言，SiС$_p$ 的含量并非越高越好。随着 SiC$_p$ 体积分数增加，复合材料内部位错密度增大，增强体颗粒的强钉扎作用会使位错线发生缠结、塞积，降低可动位错数量与位错线长度。在外加振动作用下，位错做弦共振运动所吸收的能量也相应减少，有损于阻尼性能。因此，需要对镁基复合材料进行合理设计以得到轻质高强与高阻尼兼备的减振材料。

5.4.2 B$_4$C$_p$/Mg 复合材料

B$_4$C$_p$ 的晶体结构为菱面体，具有高熔点、高硬度(其硬度仅次于金刚石和立方氮化硼)、热膨胀系数低、价格低等优势，也是密度最低的陶瓷材料之一。这使得 B$_4$C$_p$/Mg 复合材料具有较高的比强度和比刚度，能够满足低密度高模量材料的要求，是一种极富开发前景的复合材料。

1. 复合材料界面

由于 B$_4$C$_p$ 密度低，与镁基体之间的润湿性较差，采用挤压铸造法和半固态搅拌铸造等方法制备的 B$_4$C$_p$/Mg 复合材料易存在界面结合不良、颗粒团聚等现象。需要进行适当界面优化、超声分散和高能分散等方法来改善界面结合及增强体分布。基于此，采用后续增加大塑性变形方法有助于减少由于原始增强体分散不足和镁液凝固过程中凝固前沿对颗粒的推移效应引起的 B$_4$C$_p$ 团聚现象[图 5.29(a)](南宏强等，2008)。此外，加入高熔点金属粉末增强体从而减小镁熔体的表面张力，也有利于提高 B$_4$C$_p$ 与镁基体间的润湿性。图 5.29(b)是采用金属辅助熔化渗透技术在无额外压力的情况下制备的(B$_4$C$_p$+Ti)/Mg 复合材料，通过加入少量 Ti 粉，获得了界面结合良好、增强体均匀分布的显微组织(Yao et al., 2014)。

(a)   (b)

图 5.29 优化镁基复合材料显微组织及界面结合

(a)采用挤压铸造法和半固态搅拌铸造工艺制备的 B$_4$C$_p$/AZ91 复合材料获得增强体分散均匀的显微组织；(b)采用
金属辅助熔化渗透技术通过添加 Ti 粉制备界面结合良好的(B$_4$C$_p$+Ti)/Mg 复合材料

B₄Cₚ 的氧化特性对复合材料的界面行为具有极大影响，对 B₄Cₚ 进行预氧化是提高复合材料力学性能的重要方法。图 5.30(a)是 Mg-B₄C 体系可能发生的化学反应热力学吉布斯自由能变(刘炎，2009)，其中 B₄Cₚ 的氧化反应具有极大驱动力，反应会优先发生。B₄Cₚ 本身不与纯 Mg 基体发生界面反应，但在制备过程中 B₄Cₚ 表面易发生氧化生成 B₂O₃ 氧化膜，其与 Mg 发生化学反应，在界面处形成 MgO 和 MgB₂[图 5.30(b)](陈玉喜等，2000)，反应过程如下：

$$B_4C(s)+4O_2(g)\longrightarrow 2B_2O_3(l)+CO_2(g)$$

$$B_2O_3(l)+4Mg(l)\longrightarrow MgB_2(s)+3MgO(s)$$

MgB₂ 的产生使液态 Mg 对 B₄Cₚ 的润湿性增加，提高界面结合强度，有利于复合材料力学性能。原始 B₄Cₚ 尺寸决定其在基体中的分布间距、反应速率等，因而会影响界面反应产物含量。一般而言，小尺寸颗粒复合材料中生成界面相的含量高于大尺寸颗粒复合材料，对小尺寸 B₄Cₚ 进行预氧化会进一步增加 MgB₂ 相的生成量。

尽管反应产物 MgB₂ 会提高增强体与基体界面结合力，过量的 MgB₂ 将使基体脆性升高，且尺寸较大的 MgB₂ 作为异质相存在会引起基体内应力集中，促使裂纹萌生从而损害力学性能。因此，B₄Cₚ/Mg 复合材料制备过程中应注意避免过度界面反应产生过量 MgB₂ 相。

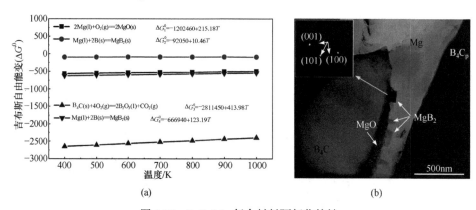

图 5.30　B₄Cₚ/Mg 复合材料预氧化特性

(a)Mg-B₄C 体系不同温度下化学反应吉布斯自由能变；(b)预氧化 B₄Cₚ/Mg 复合材料界面透射明场像及 MgB₂ 相在[010]晶带轴的电子衍射图

2. 力学性能

B₄Cₚ 的高强度、高弹性模量和高化学稳定性使其作为优异陶瓷颗粒增强体，在镁基体中发挥良好的增强补韧效果，可以有效提高镁基体的室温/高温抗变形能力及耐磨性等。

与镁基体相比，由于复合材料中增强体 B_4C_p 与基体之间存在较大热膨胀系数差异，在铸造及退火制备工艺从高温冷却的过程中，复合材料基体中会产生较大的热失配拉应力，产生大量位错(图 5.31)，使材料强度、硬度升高。图 5.32 为 B_4C_p/AZ91 复合材料力学性能研究结果(刘炎，2009)。复合材料室温力学性能较基体 AZ91 镁合金有明显提升，其布氏硬度值提高近两倍，同时抗弯强度由镁合金的约 268MPa 升高至约 700MPa。B_4C_p 的粒径大小、体积分数及预氧化处理等因素均会影响其强化效果。相同体积分数下，小尺寸 B_4C_p 一般具有更高的强化能力。随着增强颗粒尺寸减小，两弥散质点间距减小，位错绕过质点阻力增加，且更高的增强体界面积提升其承担外加载荷的能力并有助于镁基体晶粒细化。此外，颗粒体积分数也是主要强化因素之一，复合材料的弹性模量和硬度一般随增强体含量的增加而升高。

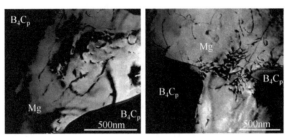

图 5.31　B_4C_p/AZ91 复合材料中 B_4C_p 与基体热失配引起基体内产生位错

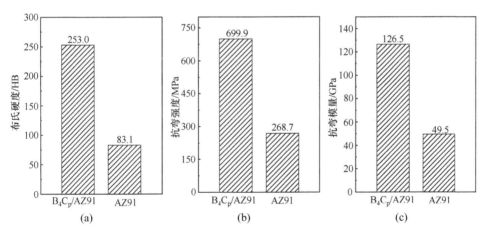

图 5.32　B_4C_p/AZ91 复合材料与基体 AZ91 镁合金力学性能比较
(a)布氏硬度；(b)强度；(c)抗弯模量
增强体为 50%体积分数、4.5μm 的 B_4C_p

B_4C_p 增强体的引入有利于使复合材料在高温蠕变过程中的蠕变速率降低，总蠕变量减少，高温变形能力提升。镁合金(如 AZ61 合金)中含有 β 相

(Mg$_{17}$Al$_{12}$)，其热稳定性差、熔点低，高温下易发生软化变形导致晶界滑动，从而引起蠕变。在基体中添加 B$_4$C$_p$ 一方面可以阻止高温下 Mg$_{17}$Al$_{12}$ 相的大量析出，同时可以起到钉扎晶界的作用，阻碍位错交滑移的发生。

高硬度的 B$_4$C$_p$ 能够一定程度上提升 B$_4$C$_p$/Mg 复合材料的耐磨性。当 B$_4$C$_p$ 均匀分散在镁合金基体中时，基体材料主要起到支撑和黏结硬质相的作用，而凸出于基体表面的 B$_4$C$_p$ 成为受磨损主体，抵御磨屑等外来颗粒刺入基体内部损伤基体合金，降低对基体材料的磨损。

3. 热膨胀性能

金属存在热膨胀行为是随着温度升高，原子运动加剧，原子间间距增大的表现。因此，金属的热膨胀系数与原子间结合力大小密切相关。B$_4$C$_p$ 增强体的加入会极大增加复合材料相界面，对基体体积膨胀起到约束作用。Mg 基体热膨胀程度以及增强体颗粒通过 B$_4$C$_p$/Mg 界面对基体热膨胀的制约程度共同决定了 B$_4$C$_p$/Mg 复合材料的热膨胀性能。镁及镁合金的线膨胀系数约为 2.5×10^{-5}K^{-1}，而 B$_4$C$_p$ 的线膨胀系数只有 5.0×10^{-6}K^{-1}，是镁基体的 1/5。在复合材料受热过程中，基体膨胀程度较大，而 B$_4$C$_p$ 体积几乎不变，这使得基体中产生热错配拉应力。被拉伸制约的基体以较低的速率膨胀，从而降低复合材料的热膨胀系数。

图 5.33 为镁合金(AZ91)与其 B$_4$C$_p$ 增强复合材料热膨胀性能(刘炎，2009)。在 B$_4$C$_p$/Mg 复合材料中，增强体 B$_4$C$_p$ 的加入可以使复合材料的热膨胀系数降低至镁基体的 1/3～1/2。同时，降低 B$_4$C$_p$ 粒径、提高 B$_4$C$_p$ 体积分数、对 B$_4$C$_p$ 进行预氧化等途径均有助于进一步降低复合材料热膨胀系数。小粒径尺寸、高体积分数的 B$_4$C$_p$，以及预氧化处理后生成的 MgB$_2$ 相使得复合材料在经历温度变化时，基体内位错密度增大，热错配应力松弛更加困难，基体的塑性流变受到抑制，对基体体积变化起到更大阻碍作用。

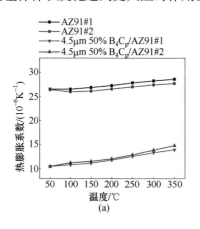
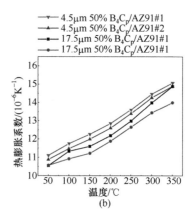

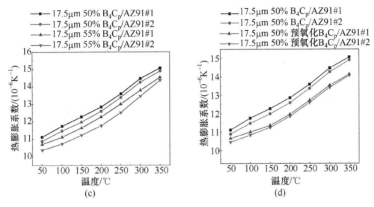

图 5.33　AZ91 合金与 B₄Cₚ/AZ91 复合材料热膨胀性能对比

(a)B₄Cₚ/AZ91 复合材料与基体 AZ91 镁合金热膨胀性能比较；(b)B₄Cₚ 粒径对 B₄Cₚ/AZ91 复合材料热膨胀系数影响；(c)B₄Cₚ 含量对 B₄Cₚ/AZ91 复合材料热膨胀系数影响；(d)B₄Cₚ 预氧化对 B₄Cₚ/AZ91 复合材料热膨胀系数影响

4. 阻尼性能

　　低温条件下，复合材料的阻尼性能主要由组分的固有阻尼和位错阻尼决定，与材料内部可动位错密度密切相关。B_4C_p 的引入会增加材料内相界面面积，抑制界面阻尼的发生，同时提高复合材料基体中的位错密度，使材料兼具优异机械性能和良好阻尼性能。高温条件下，材料内位错密度下降，位错阻尼对材料的整体阻尼贡献降低，此时的主要阻尼机制转变为界面滑移。振动应力促使热弹性界面运动，从而引起衰减和静态滞后，阻尼是相界面移动引起应力松弛的结果。B_4C_p 的加入使复合材料中基体同颗粒相之间更容易发生界面间滑移，造成摩擦内耗从而提高阻尼性能。图 5.34 为 Mg 及(B₄Cₚ+Ti)/Mg 复合材料阻尼性能及 B_4C_p 尺寸对阻尼性能影响(Yao et al., 2014)，其中 Ti 的添加有利于提高陶瓷颗粒与基体间的润湿性。常温与高温下复合材料的阻尼性能较纯镁基体均有明显提升，同时 B_4C_p 的粒径也会影响复合材料阻尼性能。

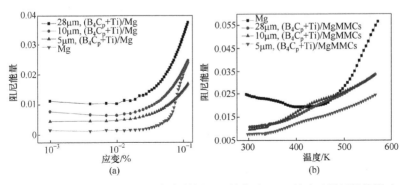

图 5.34　Mg 与(B₄Cₚ+Ti)/Mg 复合材料阻尼性能及 B₄Cₚ 尺寸对阻尼性能影响

(a)阻尼能量随应变变化规律；(b)阻尼能量随温度变化规律

5.4.3　C_f/Mg 复合材料

对碳纤维及其复合材料的研究起始于 20 世纪 60 年代,并迅速成为国内外学者的研究热点。碳纤维不仅具有碳材料的固有特性和纤维的柔软可加工性,还具有超高的力学性能。与其他种类增强体相比,碳纤维具有高比强度、比刚度的理想力学性能。同时,碳纤维质量轻,密度与镁合金相似($1.8 \sim 2.1\text{g/cm}^3$),膨胀系数小(甚至为负值)。此外,碳纤维还具备润滑性好、摩擦系数小、导电性高、价格低等优势。由于镁合金本身的优异性能及碳纤维理想增强体特性,碳纤维增强镁基复合材料兼具轻质高强、耐疲劳、良好导电及导热性等综合性能,具有更大应用于航空、航天等空间材料的潜力。常见的 C_f/Mg 复合材料分为长纤维连续增强复合材料及短纤维非连续增强复合材料两种。

1. 复合材料界面

界面作为增强体纤维与基体合金间的连接纽带,研究其结构、界面区元素分布、界面反应物等对高性能纤维增强复合材料设计及制备具有重要意义。纯镁与碳纤维的润湿性较差,其润湿角为 120°。且二者之间不发生化学反应,使得界面结合力弱,严重影响碳纤维优越性能的发挥。在 C_f/Mg 复合材料界面设计过程中,需使其界面结合强度适中,以保证界面处能够充分起到载荷传递的作用,又能使纤维通过拔出的方式有效消耗外界施加的能量。同时,需避免结合力过强导致界面间无法相对运动,从而引起界面处的脆性断裂现象。目前,改善 C_f/Mg 复合材料界面结合的方法主要包括选择含有碳化物形成元素的镁合金作基体促进合金元素与 C_f 发生界面反应,以及在碳纤维表面涂覆涂层来改善其与基体镁之间的润湿性。

向 C_f/Mg 复合材料基体中添加的合金元素依据其界面作用特征主要分成两类:一类合金元素在制备过程中会向碳纤维表面扩散并和碳纤维发生反应,如 Al、Mn 等,还有部分合金元素可以在界面处形成第二相,在改善界面润湿性的同时又不对碳纤维造成损伤,如 Y、Gd、Zr、Ag 等元素。其中,Al 元素是对 C_f/Mg 复合材料影响最重要的元素之一。基体合金中的 Al 元素在化学势的驱动下向界面处扩散,与 C 元素发生反应生成 Al_4C_3 脆性相呈针状从纤维表面长出,在界面处形成化学结合,从而改善界面润湿性。图 5.35 为 C_f/Mg-Al 合金复合材料界面形貌(蒋博,2016;任富忠等,2009),除 Al_4C_3 脆性相外,界面上也会有 Al_2MgC_2、Mg_xAl_y 等块状析出相生成。就基体 Al 含量而言,在合金中适当提高 Al 元素含量可以促进纤维之间的空隙被镁基体充分渗透,改善界面结合,减少合金与基体在受力过程中的脱黏。此外,碳纤维的石墨化程度会显著影响其表面被浸渗的难易程度,从而影响界面反应。因此,在设计镁基体合金化的过程中需合理协调合金元素种类、含量与碳纤维完整性等方面，以避免过度界面反应导致的碳纤维损伤，以及针状脆性相过多造成的复合材料低应力破坏等问题。

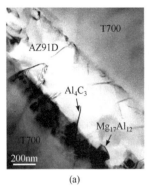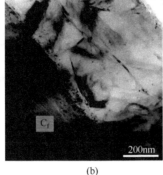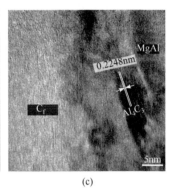

(a)　　　　　　　　　　(b)　　　　　　　　　　(c)

图 5.35　C$_f$/Mg-Al 合金复合材料界面形貌

(a) C$_f$/AZ91D；(b)(c) C$_f$/Mg-Al

另外，涂覆涂层也是改善界面结合的常用方法，如采用 CVD 方式在碳纤维上沉积热解碳，用溶胶凝胶法涂覆 SiO$_2$、TiO$_2$、γ-Al$_2$O$_3$ 涂层或 Ni、Cu 等金属涂层等，该方法在促进界面润湿性的同时能够阻挡过渡元素扩散并抑制界面反应，以保证足够的界面强度进行载荷传递强化基体。

2. 力学性能

影响 C$_f$/Mg 复合材料力学性能的因素包括：纤维种类(石墨化程度)、含量、排布方式，以及基体种类、制备方法、成形后热处理工艺等。表 5.5 总结了现有研究中 C$_f$/Mg 复合材料拉伸性能。

表 5.5　C$_f$/Mg 复合材料拉伸性能

基体种类	C$_f$ 类型	增强体体积分数/%	制备工艺	抗拉强度/MPa
MgAl	T300	45	挤压铸造	440
Mg99.85	M40	65	气压浸渗	1500
Mg-4Al	T300	33	真空压力浸渗	1050
Mg-8Li	T800H	45	压力浸渗	680
Mg-4Al	T300	30	挤压铸造	645
Mg-8Li	T800H	50	挤压铸造	744
Mg	T300	60	压力浸渗	1270
Mg	C-C	59	挤压铸造	1000
Mg	T800H	55	热压扩散结合	500

　　碳纤维在基体中的分布状态对复合材料抗拉强度起到重要作用。一方面，在设计和制备 C_f/Mg 复合材料时，应尽量使纤维分布均匀，避免 C_f 聚集。这是因为纤维聚集处在受外力作用下会产生严重的局部应力，材料内部过早发生损伤；同时，微观裂纹易在纤维聚集区域快速扩展形成宏观裂纹引起料破坏。另外，碳纤维的排布方向不同会使复合材料的力学性能表现出明显各向异性特点。图 5.36 显示了不同碳纤维排布的 C_f/AZ91D 复合材料断裂失效形式及弯曲性能(宋美慧，2010)。复合材料在 0°(拉伸应力方向与纤维轴向夹角)方向上为拉应力引起纤维拔出失效机制；15°～30°方向上为剪切应力与拉应力共同作用控制的失效模式；30°～90°方向上其失效方式基本以界面在拉应力下开裂主导。相应弯曲强度随碳纤维排布角度增大急剧降低。

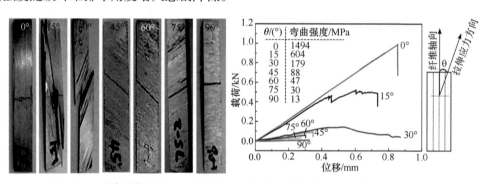

图 5.36　不同纤维方向 C_f(M40)/AZ91D 复合材料断裂形式及弯曲性能

　　复合材料基体合金成分相同时，纤维种类不同也会导致其横向抗拉强度产生差异。纤维石墨化程度越低，复合材料横向抗拉强度越高。这是因为低石墨化的碳纤维能够促进基体合金发生界面反应，生成界面第二相(如 Al_4C_3)，从而以化学结合方式提高与基体界面间的结合强度。

　　C_f/Mg 复合材料的强化机制主要包括：载荷传递、热错配强化和界面处纳米级第二相的奥罗万强化。载荷传递是连续纤维增强复合材料的主要强化机制。受力过程中纤维起到承担载荷的作用，而金属基体的作用在于固定纤维并通过纤维与基体间界面传递载荷，此过程通过界面间的剪切应力实现。碳纤维的优越性能只有当纤维方向平行于拉伸方向时才得以发挥，而垂直纤维方向上受界面强度影响，其强度较低，甚至低于基体强度。热错配机制的产生是由于碳纤维与镁基体的热膨胀系数存在较大差异(平行纤维：-1×10^{-6}～$2\times10^{-6}K^{-1}$；垂直纤维：$1.2\times10^{-5}K^{-1}$；镁基体：$2.7\times10^{-5}K^{-1}$)，在复合材料冷却过程中会产生热错配残余应力，向基体中引入高密度位错，从而引起位错强化，提高基体强度和刚度。另外，碳纤维具有较高的表面能，能够作为非均质形核部位促进第二相析出。碳纤维与基体间的弥散第二相会作为障碍物阻碍位错运动，起到奥罗万强化作用。

3. 热膨胀性能

对于 C_f/Mg 复合材料，高模量纤维具有优越的抗热变形能力，能够对基体产生约束作用，防止基体受热过程中发生变形，降低热膨胀系数。纤维的种类、含量、排布方式等因素都会影响复合材料的热膨胀性能表现。对于单向纤维增强复合材料，由于纤维在其横、纵方向上热膨胀系数相差数倍，使得复合材料的热膨胀性能存在明显各向异性，其横向热膨胀系数主要取决于基体，而纵向热膨胀系数由碳纤维控制。图 5.37(a)为 $C_f/AZ91D$ 复合材料热膨胀性能，其热膨胀系数随着测试方向与纤维轴方向夹角的增加逐渐升高，且在 0°方向上，由于碳纤维的负膨胀特性，复合材料热膨胀系数随温度升高呈现下降趋势(宋美慧，2010)。图 5.37(b)进一步放大了 0°方向上的热膨胀系数降低规律(王宁，2007)，其过程分为缓慢下降—快速下降—缓慢下降 3 个阶段。这是因为不同温度下纤维的热膨胀系数变化，以及基体软化影响界面对纤维制约能力两方面的共同作用。

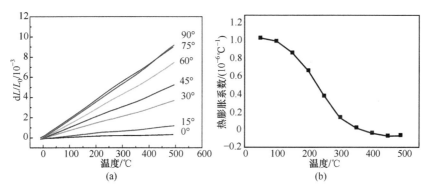

图 5.37　$C_f/AZ91D$ 复合材料热膨胀性能
(a)$C_f/AZ91D$ 不同纤维方向热膨胀曲线；(b)0°纤维方向复合材料热膨胀系数与温度的关系
L_0-原始长度；dL-温度升高 1℃时长度 L 的变化量

5.5　应　用　情　况

随着现代科技的发展，传统工程材料已无法满足高性能、轻量化的需求，这些都奠定了高性能金属基复合材料作为重要材料的地位。镁的最早应用可以追溯到第二次世界大战时期，当时镁被用于制造军用飞机及其部件，这开启了镁进入民用航空工业领域的进程。镁金属的优异延展性、可加工性，优越的比强度、比刚度、耐磨性、耐高温能力，以及优异的阻尼性能和电子屏蔽性能等，使得镁作为良好的功能材料在航空航天等工业领域具有潜在的应用前景。与金属铝相比，镁的密度仅为铝的64%，是当前最轻的结构金属材料之一，在提高飞机燃油效率和减少排放方面具有极大意义；并且，镁金属价格低廉，相同体积的镁合金较铝合金价格便宜 10%~20%；同时，镁合金的熔化潜热低，大大降低其回收成本，减少碳循环和废料产生，有助于工业领域的可持续发展。镁基复合材料的研究和发展弥补了纯镁作为轻质结构材料强度不足的缺陷，大幅提高了镁基体的力学性能，使得镁基复合材料成为继铝基复合材料之后的又一具有竞争力的轻金属基复合材料。

5.5.1　航空航天领域代表性应用

镁基复合材料在航空航天领域应用相对较晚，在常规结构件中的应用尚有限，但其在航空航天的众多构件方面具有广阔应用前景，如固体火箭发动机外壳、航天站安装板、光学测量观测系统的支架和构架、卫星天线及高精度遥感设备等。其中，纤维增强镁基复合材料由于研究较早，其应用相对广泛。表 5.6 是 C_f/Mg 复合材料在航空航天领域的代表性应用(杨程等，2021)。

表 5.6　C_f/Mg 复合材料在航空航天领域代表性应用

航天部件	航空航天装备	代理公司
抛物面天线结构	宇宙飞行器航天器	NASA
太阳能电池阵列基板 卫星系统准直镜框架结构	宇宙飞行器航天器	NASA
空间反射器的蜂窝状支撑结构	宇宙飞行器航天器	NASA
桁架结构	空间桁架	美国洛克希德·马丁空间系统公司
扇形反射镜 可折叠蝶形天线肋 椭圆天线馈电柱	哈勃太空望远镜	NASA

美国海军卫星已将镁基复合材料应用于支架、轴套、横梁等结构件，并在人造卫星抛物面天线骨架上使用 Gr/Mg 复合材料，使天线效率提高 539%(Allen et al., 1992)。图 5.38(a)是 FMI 航空公司、Dupont Lanxide 公司与 Martin Marietta 公司合作，利用真空铸造法制备出的直径 50mm、长 1.2m，含 40%(体积分数)P100 碳纤维的刚性管件(P100/AZ91C)，用其组装的桁架结构具有极佳的稳定性。他们还利用离心铸造法制备了 SiC_p 及 B_4C_p 混合增强的镁基复合材料管件，通过控制离心力使颗粒增强体均匀分布(Rawal, 2001)。图 5.38(b)是用 C_f/Mg 复合材料制作的轴承轮毂，其具有优异的阻尼减振、电磁屏蔽效果(兰永德等，1995)。日本 ART 公司从事陶瓷纤维增强镁合金活塞的研究，并在 20 世纪 90 年代开展将镁基复合材料用于火炮身管的研究，以减轻火炮身管的质量。美国先

进复合材料公司和海军地面战争中心合作研究粉末冶金法制备镁基复合材料，采用真空热压与热挤压方法制备的 20%(体积分数)SiC$_W$/ZK60A 复合材料，其抗拉强度 591MPa，弹性模量 98.5GPa，应用于海军卫星上的结构件，如轴套、支柱和横梁等(兰永德等，1995)。

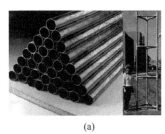
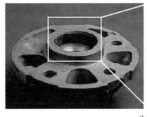

(a)　　　　　　　　　　　　　　　　(b)

图 5.38　镁基复合材料应用

(a)P100/AZ91C 复合材料管与桁架；(b)C$_f$/Mg 复合材料轴承轮毂

同时，颗粒增强镁基复合材料也逐渐被研究和应用，利用其非连续增强和强界面结合的特性使得镁基复合材料性能进一步提高。1992 年以来，英国镁电子公司开发了一系列成本低、可回收、可满足不同应用要求的非连续增强镁基复合材料。该公司开发的 SiC$_p$/Mg-Zn-Cu-Mn 镁合金基 Melram072 复合材料管材，当时被称为世界上最轻的金属材料(董群等，2004)。美国 TEXTRON、DOW 公司用 SiC$_p$/Mg 复合材料制造螺旋桨、导弹尾翼、内部加强气缸等。DOW 公司用(Al$_2$O$_{3p}$+SiC$_p$)/Mg 复合材料制造皮带轮、油泵盖等耐磨件，并用 Al$_2$O$_{3p}$/Mg 复合材料制备出完整的油泵构件。美国海军研究所联合斯坦福大学利用 B$_4$C$_p$/Mg-Li、B$_p$/Mg-Li 复合材料成功制造了天线构件(兰永德等，1995)。

5.5.2　航空航天领域潜在应用

先进复合材料的推广、应用与研究使我国航空航天事业受益无穷，大大加快了其发展速度。传统金属正逐渐被更加先进的复合材料取代。同时，航空航天领域对于复合材料的要求不断提高，随着科学技术的不断进步，复合材料在航空航天领域正向着记忆化与智能化的方向不断前进，且向低成本与轻质高强的道路不断深入。目前，几乎可以确定的是，未来对于全球航空公司生产的新型单通道飞机，其机翼、翼盒和尾部结构甚至机身，都将使用复合材料制造。其中，镁基复合材料作为金属基复合材料的重要组成部分，未来在航空航天领域必将大有作为。表 5.7 总结了处于实验室研发阶段 C$_f$/Mg 复合材料在航空航天领域的潜在应用。

<table>
<tr><td colspan="5" align="center">表 5.7　实验室研发阶段 Cr/Mg 复合材料在航空航天领域的潜在应用</td></tr>
</table>

年份	研究单位	制备工艺	潜在应用	创新点
2003	联邦实验室材料测试研究中心(瑞士)、苏黎世大学(丹麦)	挤压铸造	欧洲核子研究中心的大型强子碰撞	可代替铍及其合金,提高材料硬度和散热性
2006	材料科学和测试研究所(奥地利)、维也纳工业大学(奥地利)	挤压铸造	内圈高精度轴承	可减轻轴承质量,提高材料高温尺寸稳定性
2006	荷兰代夫特技术大学	扩散焊	飞机机身的外壳	可取代铝合金,实现飞机轻量化,提高机身抗冲击性
2007	哈尔滨工业大学	挤压铸造	支承轮	可减轻轴承质量,提高高温尺寸稳定性
2009	西北工业大学	真空浸润液固挤压	航空航天支架	可实现轻量化
2011	釜山大学(韩国)、材料科学研究所(韩国)	挤压铸造	高精度工业机器人手臂加工系统	可实现机器人轻量化、尺寸稳定性和定位精度
2016	西北工业大学	真空浸润液固挤压	武器装备的圆柱形部件	可实现武器系统减重、快速反应能力
2017	西北工业大学	真空浸润液固挤压	航空航天用薄板异型部件	可取代铝及其复合材料,实现轻量化
2017	上海交通大学、东北大学	粉末冶金	LED 金属基板散热片	与传统散热材料相比,质量更轻,散热性更高,使用寿命更长

注: LED-发光二极管。

　　鉴于此,归纳了镁基复合材料发展和研究过程面临的主要问题和挑战,以期能够帮助研究者把握镁基复合材料的突破点,推动其向多领域渗透应用。

　　(1) 发展低成本镁基复合材料。制备成本高在很大程度上限制了高性能材料的应用。为降低复合材料及其构件成本,需开发低成本增强或多相协同混杂增强的镁基复合材料技术,如自蔓延高温合成技术、重熔稀释法等;研究发展工艺简单、成本低、界面稳定的精密铸造技术制备非连续增强镁基复合材料;发展压力浸渗等低成本纤维增强镁基复合材料近净成形工艺,掌握构件整体近净成形工艺研发中的关键核心技术。

　　(2) 开发高性能镁合金基体及其复合材料。镁基复合材料制备工艺、增强体含量等因素与材料性能关系错综复杂,制备工艺稳定性仍有待大量试验验证,如何确保结构件性能及其批次稳定性仍需深入探索。同时,针对液态镁高活性、高危险等特点,开发专用高性能复合材料装备,在制备过程中维持真空或气氛保护，在实现界面组织结构优化调控的同时精准控制工艺过程，以制备稳定可靠的镁基复合材料；引入新思想设计调控复合材料，如设计制备超细纳米增强体等，变革常规显微组织提高复合材料性能；进一步研究开发超轻系镁基复合材料，如 Mg-Li 基复合材料，应成为航空航天领域的首选材料。

(3) 研究镁基复合材料防护机制和方法。镁的化学性能极为活泼，在大多数环境介质下易发生腐蚀。这也成为镁基复合材料推广应用的主要瓶颈之一。目前，常用的表面防护工艺存在工艺复杂、污染环境等问题，且相关腐蚀机制的研究较少。因此，有必要探索镁基复合材料表面腐蚀机制，开发制备-表面防护一体化技术是当前需要解决的重要问题。

(4) 拓展镁基复合材料功能性应用和智能化设计。针对镁基复合材料具体服役环境，通过增强体构型设计、材料微结构设计及相应工艺的开发，研制能够充分发挥特色的功能/结构一体化设计是未来镁基复合材料推广应用的必经之路。在研究提高镁基复合材料性能过程中，还需注重对材料环境性能的研究，解决材料与环境的适应性，实现其再生循环利用。这是应环保及可持续发展要求必须面对的新课题。另外，在材料研究过程中，为减少复杂实验过程中诸多因素的影响，应开发采用如计算机辅助技术等方法模拟镁基复合材料热力学、动力学过程，界面反应和结合强度等，为镁基复合材料的结构-性能-制备一体化设计开辟新的研究途径。

参 考 文 献

陈玉喜, 李斗星, 张国定, 2000. (SiC$_w$+B$_4$C$_p$)/MB15 Mg 基复合材料的微观结构[J]. 金属学报, 36(11): 1229-1232.

代盼, 2015. SiC$_p$增强快速凝固镁基复合材料的组织与性能研究[D]. 西安: 西安理工大学.

邓坤坤, 2008. 锻造工艺对 SiC$_p$/AZ91 镁基复合材料组织与性能的影响[D]. 哈尔滨: 哈尔滨工业大学.

董群, 陈礼清, 赵明久, 等, 2004. 镁基复合材料制备技术、性能及应用发展概况[J]. 材料导报, 4: 86-90.

胡强, 2008. SiC$_p$/AZ61 镁基复合材料的阻尼及蠕变性能的研究[D]. 南昌: 南昌大学.

蒋博, 2016. C$_f$/Mg 复合材料制备与组织性能研究[D]. 哈尔滨: 哈尔滨工业大学.

兰永德, 苏华钦, 1995. 国外镁基复合材料的研究与应用[J]. 江苏冶金, 4: 57-58.

李传鹏, 2017. 纳米碳化硅颗粒增强镁基复合材料的粉末冶金法制备及其力学性能[D]. 长春: 吉林大学.

刘炎, 2009. B$_4$C/AZ91 复合材料组织与性能研究[D]. 哈尔滨: 哈尔滨工业大学.

南宏强, 李金山, 巨少华, 等, 2008. 半固态搅拌法制备 B$_4$C$_p$/AZ91 复合材料热挤压态的组织与性能[J]. 稀有金属材料与工程, 11: 2041-2044.

邱鑫, 2006. 挤压铸造 SiC$_p$/AZ91 镁基复合材料的显微结构与性能[D]. 哈尔滨: 哈尔滨工业大学.

任富忠, 高家诚, 谭尊, 2009. 碳纤维增强镁基复合材料的界面研究进展[J]. 功能材料, 40: 1947-1950.

宋美慧, 2010. C$_f$/Mg 复合材料组织和力学性能及热膨胀二维各向同性设计[D]. 哈尔滨: 哈尔滨工业大学.

王宁, 2007. Gr$_f$/ZM6 复合材料的力学和热膨胀性能研究[D]. 哈尔滨: 哈尔滨工业大学.

徐志锋, 陈超, 吴开志, 等, 2012. 颗粒尺寸对 SiC$_p$/Mg 复合材料热膨胀性能的影响[J]. 特种铸造及有色合金, 32: 939-942.

徐学利, 骆凡, 路永新, 等, 2021. 镁基复合材料增强相及其制备方法研究进展[J]. 铸造技术, 42: 903-910.

杨程, 齐乐华, 周计明, 等, 2021. 碳纤维增强镁基复合材料制备技术与新进展[J]. 复合材料学报, 38(7): 1985-2000.

余静, 牛立斌, 许臻, 2018. 碳化硅颗粒增强镁基复合材料耐磨性研究[J]. 热加工工艺, 47: 117-119.

张海峰, 2007. 热挤压对 AZ91 和 SiC$_p$/AZ91 复合材料组织与力学性能的影响[D]. 哈尔滨: 哈尔滨工业大学.

周洋, 2012. SiC$_p$/EW61 镁基复合材料的组织和性能研究[D]. 长沙: 中南大学.

ALAHELISTEN A, BERGMAN F, OLSSON M, et al., 1993. On the wear of aluminium and magnesium metal matrix composites[J]. Wear, 165: 221-226.

ALLEN A J, BOUKE M A M, DAWES S, et al., 1992. The analysis of internal strains measured by neutron diffraction in Al/SiC metal matrix composites[J]. Acta Materialia, 40: 2361-2373.

ARRABAL R, PARDO A, MERINO M C, et al., 2010. Corrosion behaviour of a magnesium matrix composite with a silicate plasma electrolytic oxidation coating[J]. Corrosion Science, 52: 3738-3749.

AYDIN F, SUN Y, EMRE TURAN M, 2019. The effect of TiB$_2$ content on wear and mechanical behavior of AZ91 magnesium matrix composites produced by powder metallurgy[J]. Powder Metallurgy and Metal Ceramics, 57: 564-572.

BABU J S S, NAIR K P, UNNIKRISHNAN G, et al., 2010. Fabrication and properties of magnesium (AM50)-based hybrid composites with graphite nanofiber and alumina short fiber[J]. Journal of Composite Materials, 44: 971-987.

CHEN L Y, XU J Q, CHOI H, et al., 2015. Processing and properties of magnesium containing a dense uniform dispersion of nanoparticles[J]. Nature, 528: 539-543.

FARAJI G, ASADI P, 2011. Characterization of AZ91/alumina nanocomposite produced by FSP[J]. Materials Science and Engineering: A, 528: 2431-2440.

GUPTA M, SHARON N M L, 2010. Fundamentals of Metal Matrix Composites[M]//Encyclopedia of Materials: Composites. Singapore: John Wiley & Sons, Ltd.

KANDEMIR S, 2018. Development of graphene nanoplatelet-reinforced AZ91 magnesium alloy by solidification processing[J]. Journal of Materials Engineering and Performance, 27: 3014-3023.

LIAO H, CHEN J, PENG L, et al., 2017. Fabrication and characterization of magnesium matrix composite processed by combination of friction stir processing and high-energy ball milling[J]. Materials Science and Engineering: A, 683: 207-214.

LIN G, LIU D, CHEN M, et al., 2018. Preparation and characterization of biodegradable Mg-Zn-Ca/MgO nanocomposites for biomedical applications[J]. Materials Characterization, 144: 120-130.

LU L, THONG K K, GUPTA M, 2003. Mg-based composite reinforced by Mg$_2$Si[J]. Composites Science and Technology, 63: 627-632.

MANOHARAN M, LIM S, GUPTA M, 2002. Application of a model for the work hardening behavior to Mg/SiC composites synthesized using a fluxless casting process[J]. Materials Science & Engineering A, 333: 243-249.

MARTIN A, LIORCA J, 1995. Mechanical behaviour and failure mechanisms of a binary Mg-6%Zn alloy reinforced with SiC particulates[J]. Materials Science & Engineering A, 201: 77-87.

MEHER A, MAHAPATRA M M, SAMAL P, et al., 2020. Study on effect of TiB$_2$ reinforcement on the microstructural and mechanical properties of magnesium RZ5 alloy based metal matrix composites[J]. Journal of Magnesium and Alloys, 8: 780-792.

MEHER A, MAHAPATRA M M, SAMAL P, et al., 2021. Abrasive wear behaviour of TiB$_2$ reinforced in-situ synthesized magnesium RZ5 alloy based metal matrix composites[J]. Metals and Materials International, 27: 3652-3665.

NAI M H, WEI J, GUPTA M, 2014. Interface tailoring to enhance mechanical properties of carbon nanotube reinforced magnesium composites[J]. Materials & Design, 60: 490-495.

NIE K B, WANG X J, DENG K K, et al., 2021. Magnesium matrix composite reinforced by nanoparticles-A review[J]. Journal of Magnesium and Alloys, 9: 57-77.

QI L, GUAN J, LIU J, et al., 2013. Wear behaviors of C$_f$/Mg composites fabricated by extrusion directly following vacuum pressure infiltration technique[J]. Wear, 307: 127-133.

RAWAL S P, 2001. Metal-matrix composites for space applications[J]. Journal of Metals, 53: 14-27.

SHAMEKH M, PUGH M, MEDRAJ M, 2013. Processing and characterization of in situ (TiC-TiB$_2$)$_p$/AZ91D magnesium matrix composites[J]. Advanced Engineering Materials, 15: 708-717.

SHARMA S C, ANAND B, KRISHNA M, 2000. Evaluation of sliding wear behaviour of feldspar particle-reinforced magnesium alloy composites[J]. Wear, 241(1): 33-40.

YAO Y, CHEN L, 2014. Processing of B4C particulate-reinforced magnesium-matrix composites by metal-assisted melt infiltration technique[J]. Journal of Materials Science & Technology, 30: 661-665.

YE J, CHEN X, LUO H, et al., 2022. Microstructure, mechanical properties and wear resistance of Ti particles reinforced AZ31 magnesium matrix composites[J]. Journal of Magnesium and Alloys, 10: 2266-2279.

ZHANG W, LI X, DING D, et al., 2018. Microstructure and mechanical properties of Mg$_2$Si/AZ91 composites in situ synthesized by using silica fume as the Si source[J]. Journal of Materials Engineering and Performance, 27: 5300-5311.

第6章　航空航天用其他金属基复合材料

6.1　航空航天用金属间化合物复合材料

6.1.1　概述

金属间化合物是一类性能介于金属与陶瓷之间的新型材料，其优势在于能满足航空航天应用中的多种性能要求。随着航空航天科技的不断进步，陶瓷材料已无法满足发动机涡轮叶片等部件服役环境的耐高温性能需求。金属间化合物可以在更高的温度下工作，虽然其耐高温能力不强，但韧性、可加工性与导热性远优于陶瓷材料，如图 6.1 所示。

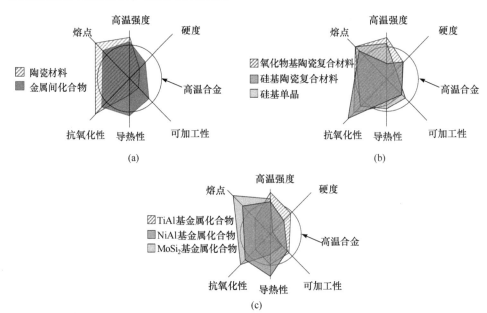

图 6.1　涡轮发动机应用金属间化合物复合材料与陶瓷材料性能雷达图

(a) 总体性能指标比较;(b) 陶瓷基主要材料性能指标比较;(c) 金属间化合物基主要材料性能指标比较

金属间化合物在 1950 年以来就被认为是高温合金的替代品。金属间化合物复合材料基体以 TiAl、Ti₃Al、NiAl、Ni₃Al、Al₃Ti、FeAl 和 Fe₃Al 等为主，其中钛铝合金密度仅为镍基合金的 50%，因此备受关注。

6.1.2　常见分类

航空航天用金属间化合物复合材料有多种分类方式，按基体种类分为镍铝系金属间化合物复合材料(NiAl、Ni₃Al 等)、铁铝系金属间化合物复合材料(FeAl、Fe₃Al 等)和钛铝系金属间化合物复合材料(TiAl、Ti₃Al 和 Al₃Ti 等)；按照增强体种类可以将金属间化合物复合材料分为颗粒增强复合材料和连续纤维增强复合材料；按照制备技术可分为液态成形复合材料和非液态成形复合材料，如图 6.2 所示。

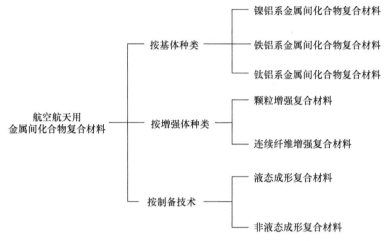

图 6.2　航空航天用金属间化合物复合材料分类

1. 镍铝系金属间化合物及其复合材料

镍铝系金属间化合物包括 NiAl、Ni₃Al、NiAl₃、Ni₂Al₃、Ni₅Al₃ 等，其中前两类镍铝系金属间化合物的应用较为广泛。NiAl 合金具有熔点高、密度低、抗氧化性能优异，塑性优异等一系列特点，部分 NiAl 合金具有超塑性，如表 6.1 所示。以这一类材料为基体的金属间化合物复合材料可以在高塑性的基础上具有其他方面的优良性能。

表 6.1　镍铝系金属间化合物的合金牌号及其成分

组成	粒度/μm	温度/K	应变速率/s⁻¹	最大延伸率/%
Ni50Al50	200	1273～1373	$1.67×10^{-4}$～$1.67×10^{-1}$	210
NiAl-25Cr	3～5	1123～1223	$2.20×10^{-4}$～$3.30×10^{-2}$	480
NiAl-20Fe-Y-Ce	50～80	1223～1253	$1.04×10^{-4}$～$1.04×10^{-2}$	233
NiAl-30Fe-Y	10～30	1173～1253	$1.67×10^{-4}$～$3.34×10^{-3}$	467
NiAl-9Mo	3～5	1323～1373	$5.50×10^{-5}$～$1.10×10^{-4}$	180
NiAl-27Fe-3Nb	—	1223～1373	$5.20×10^{-4}$～$1.04×10^{-2}$	260

组成	粒度/μm	温度/K	应变速率/s⁻¹	最大延伸率/%
NiAl-25Cr	—	1123～1373	$1.67\times10^{-4}\sim1.67\times10^{-2}$	170
NiAl-Cr-Mo-Hf	—	1323～1373	$5.20\times10^{-4}\sim6.20\times10^{-3}$	160
NiAl-15Cr	—	1123～1373	$1.67\times10^{-4}\sim1.67\times10^{-2}$	280
NiAl-31Cr-2.9Mo-0.1Dy	5	1273～1373	$5.20\times10^{-4}\sim1.04\times10^{-2}$	387

NiAl 金属间化合物复合材料可以在一定程度上减少金属间化合物 NiAl 室温塑性差和高温抗蠕变能力差的问题。通过机械合金化制备的纳米晶 NiAl 金属间化合物复合材料中，原位生成的增强体比外加增强体具有更好的界面结构及颗粒分布(周兰章等，1997)，图 6.3 为利用该工艺制备的 Mo₂C/NiAl 复合材料的 SEM 图像，材料由连续 NiAl 金属间化合物基体相和均匀的碳化钼析出相组成。

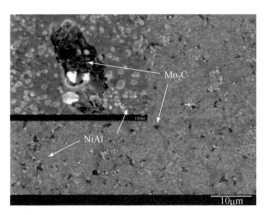

图 6.3　Mo₂C/NiAl 复合材料的 SEM 图像

Ni₃Al 被认为是金属间化合物复合材料中发展较为成熟的基体材料。合金化元素可以在一定程度上改善 Ni₃Al 屈服强度低的问题，还可以抑制开裂等问题。添加 B 可改善其塑性(Aoki，1990)。Cr 可以起到固溶强化的作用，能提高合金的强度和延展性(张永刚等，2001)。Mo、Mn 等元素可以使材料具有抗硫化、防渗碳等性能，适量的 Yb 添加可以提高 Ni₃Al 金属间化合物的抗氧化性能、抗疲劳断裂性能。表 6.2 列出部分商业化 Ni₃Al 金属间化合物复合材料基体的成分(Han et al.，2000)。

表 6.2　商业化 Ni₃Al 金属间化合物复合材料基体的成分

项目	IC-221LA 合金	IC-221W 合金	IC6 合金
Al 含量/%	4.5	8.8	7.5～8.5
B 含量/%	16.0	7.7	0.01～0.06

续表

项目	IC-221LA 合金	IC-221W 合金	IC6 合金
Mo 含量/%	1.2	1.4	13.5～14.5
Cr 含量/%	1.5	3.0	—
Zr 含量/%	0.003	0.003	—
Ni 含量	余量	余量	余量

以 Ni_3Al 金属间化合物为基体的复合材料可以在 Ni_3Al 高熔点、抗高温、抗氧化、耐腐蚀等优良性能的基础上进一步提高其性能。氧化铝陶瓷具有耐高温、耐腐蚀、力学性能好等特点，将其与 Ni_3Al 金属间化合物复合可以使得材料在上述性能方面均有提高(尹衍升等, 2003)。TiC 可以强化 Ni_3Al 金属间化合物中 γ' 相，获得综合性能良好的 TiC/Ni_3Al 复合材料。添加 WC 可以改善 Ni_3Al 金属间化合物的焊接性能，获得无裂纹焊接表面(索进平等, 2002, 2001)。目前，Ni_3Al 金属间化合物复合材料的应用仍面临多重问题，成本、界面反应、零件连接等方面的问题均需要克服。

2. 铁铝系金属间化合物及其复合材料

FeAl 与 Fe_3Al 金属间化合物复合材料的研究起步较晚，但是铁铝系金属间化合物所含成分均为价格较低的普通金属，且耐腐蚀性能高。研究热点集中于在 FeAl、Fe_3Al 金属间化合物基体中加入 Al_2O_3、SiC、TiB_2 等陶瓷颗粒或 W、Mo、Nb 等难熔金属的纤维、晶粒、晶须等。

铁铝系金属间化合物主要为 Fe_3Al 和 FeAl，分别具有 DO_3 和 B_2 两种晶体结构。铁铝系金属间化合物相比其他金属间化合物发展相对较晚，但是由于 Fe 与 Al 均成本较低且抗硫化性能较好。在基体中加入增强体时需要考虑增强体与铁铝金属间化合物基体界面的化学相容性，表 6.3 给出了部分增强体与铁铝系金属间化合物的化学相容性。

表 6.3 增强体与铁铝金属间化合物的化学相容性

体系类型	增强体成分
反应	SiC、B_4C、Si_3N_4、赛隆陶瓷、B、C
弱反应	TiC、TiB_2、TiN、ZrB_2、VC、WC、Al_2O_3
不反应	Al_2O_3、ZrO_2、MgO、Y_2O_3

用陶瓷或难熔金属的纤维、颗粒、晶须等制备的铁铝系金属间化合物复合材料可以在一定程度上改善铁铝系金属间化合物本身具有的室温脆性和高温抗蠕变性能差的问题。例如，加入 B 提高晶界内聚性、加入 Cr 降低脆性、加入 Si

增加强度、加入 Ti 提高有序温度等。从热力学方面考虑，Al_2O_3 和其他硼化物、碳化物是铁铝系合金基体中稳定、有效的增强剂。

用压力铸造的方式将液态铁铝系金属间化合物材料渗入 Al_2O_3 纤维中可以获得连续纤维增强的金属间化合物复合材料。除了压力铸造的方式外，液态渗透、热压、箔叠法等工艺均是制备金属间化合物复合材料的有效手段。VC、Al_2O_3、TiC、TiB_2 等陶瓷颗粒增强的铁铝系金属间化合物复合材料均可以提高材料的室温强度。采用高能球磨、内氧化法、共沉淀法、机械合金化法等工艺制备的铁铝系金属间化合物纳米复合材料也有广泛研究，其中最普遍的工艺为高能球磨。

3. 钛铝系金属间化合物及其复合材料

在众多金属间化合物中钛铝系金属间化合物以其密度低、比强度高、高温力学性能与抗氧化性能优良等特点脱颖而出。钛铝系金属间化合物主要包括 TiAl、Ti_3Al、Al_3Ti 三种，均为非常好的高温轻质结构材料，缺点是室温塑性和韧性较差。用于复合材料基体的钛铝系材料主要包括 TiAl 和 Al_3Ti 两种。

TiAl复合材料按照增强体不同分为连续纤维增强和非连续增强两种。连续纤维增强体有 Mo、W、Nb、Ti、SiC、TiB_2、TiNb、Al_2O_3 等，非连续增强颗粒与晶须有 SiC、Al_2O_3、TiC、Ti_2AlC、Ti_5Si_3、TIB_2 等。无论何种方法制备何种增强体的 TiAl 金属间化合物复合材料，在适当工艺和增强体含量的前提下，均会获得力学性能的改善和提高。在众多钛铝系金属间化合物中，Al_3Ti 密度最小、比强度最高、高温抗氧化性能最好，但由于其塑性和韧性均较低，不能直接用于高温结构材料，仅用于复合材料的基体部分。

以 Al_3Ti 作为复合材料的基体材料，并加入 TiB_2 颗粒作为增强体获得的复合材料高温力学性能是镍基高温合金的 4 倍(杨锐等，2005)。通过原位反应制备的 Ti_2AlC 和 Ti_3AlC 增强 TiAl 金属间化合物复合材料中，基体与增强体的界面完美、成本低廉、增强体分布均匀，如图 6.4 所示(茅昕辉等，2002)。该复合材料通过裂纹偏转、裂纹脱黏、裂纹钝化等方式增强材料韧性。

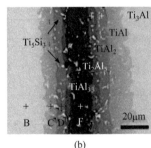
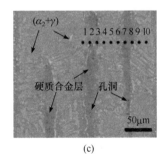

(a)　　　　　　　　　(b)　　　　　　　　　(c)

图 6.4　$(Ti_2AlC+Ti_3AlC/TiAl)/TiAl$ 复合材料相识别

(a) 660℃退火 1h; (b) 40MPa、1225℃、2h 致密化过程; (c) 进一步退火 1200℃、10h

6.1.3 性能

1. 镍铝系金属间化合物复合材料性能

NiAl 金属间化合物由于室温脆性无法作为结构材料,而加入晶粒细化剂可以将其转变为延性较好的材料,如表 6.4 所示。

表 6.4　加入晶粒细化剂的 NiAl 金属间化合物复合材料力学性能

材料	抗压强度/MPa	屈服强度/MPa	维氏硬度/HV
细晶 NiAl 金属间化合物	1900	—	456
10%SiC/NiAl	—	333	449
6%Fe+2%Mo/NiAl	2520	1496	610
8%Mo$_2$C/NiAl	2282	1676	625
0.5%Au /NiAl	560	490	322

NiAl 金属间化合物复合材料的力学性能普遍优于 NiAl 金属间化合物,可以将其用作结构材料。表 6.5 展示了部分 NiAl 金属间化合物及 NiAl 金属间化合物复合材料的压缩性能对比(Guo et al., 1997; Xing et al., 1996)。

表 6.5　部分 NiAl 金属间化合物复合材料室温压缩性能

材料	热压放热合成			热压放热合成+热等静压			热压放热合成+热压		
	抗压强度/MPa	屈服强度/MPa	延伸率/%	抗压强度/MPa	屈服强度/MPa	延伸率/%	抗压强度/MPa	屈服强度/MPa	延伸率/%
NiAl	632	429	4.0	1050	465	10.5	906	420	10.8
10%TiB$_2$/NiAl	923	739	8.7	—	—	—	—	—	—
20%TiB$_2$/NiAl	1365	897	9.0	2045	1409	11.8	2051	1374	18.2

2. 铁铝系金属间化合物复合材料性能

对于铁铝系金属间化合物复合材料来说,连续纤维增强 FeAl 金属间化合物复合材料比颗粒增强复合材料的断裂强度更高,如图 6.5 所示。Al$_2$O$_3$ 连续纤维增强 FeAl 金属间化合物复合材料的抗弯强度高于 SiC、TiC、TiB$_2$、Al$_2$O$_3$ 颗粒增强铁铝系金属间化合物复合材料。

碳化物增强 FeAl 金属间化合物复合材料是铁铝系金属间化合物复合材料中研究较为广泛的一类材料,同样是具有较广发展前景的复合材料。这类材料成本低廉,且材料中存在 Fe$_3$AlC$_{0.5}$ 碳化物,具有稳定的钙钛矿结构,并随着 Al 含量的增加稳定性逐渐提高。表 6.6 展示了 FeAl 金属间化合物中加入 C 对材料成本及性能的影响。

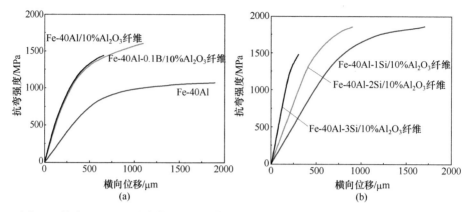

图 6.5　掺杂 B 和 Si 对连续 Al_2O_3 纤维/FeAl 金属间化合物复合材料抗弯强度的影响

(a) 掺杂 B；(b) 掺杂 Si

表 6.6　C 的加入对 FeAl 金属间化合物成本及性能的影响

影响类型	影响结果
材料成本	有效降低成本
熔炼成本	采用炉渣覆盖的空气感应熔炼可以显著低熔炼工艺成本
切削性能	大幅提高材料的切削性能
硬度及强度	通过间隙碳及在铝化物中形成碳化物可以增强材料的硬度和强度
抗蠕变性能	大幅提高材料的抗蠕变性能
滑动磨损	磨碎率降低，且随着含碳量的增加磨损率持续降低

3. 钛铝系金属间化合物复合材料性能

表 6.7 列出了常用于 TiAl 金属间化合物复合材料纤维增强体的主要性能(杨锐等, 2005)，当引入连续纤维 Mo、W、TiNb 后，钛铝系金属间化合物复合材料的屈服强度和弹性模量有明显提高，张全成等(2001)给出了部分钛铝金属间化合物复合材料的性能(图 6.6)。

表 6.7　TiAl 金属间化合物复合材料中增强体纤维主要性能

纤维	密度/(g/cm³)	熔点/℃	屈服强度/MPa	弹性模量/GPa
W	19.3	2610~3410	1380~1725(110℃)	325~400
Mo	10.2			
TiB_2	4.51	3000	965(室温)	345
SiC	3.18	2500	2070(1100℃)	420
Al_2O_3(单晶)	3.99	2010	1100(1100℃)	380

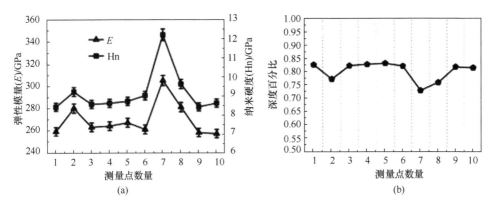

图 6.6　1220℃退火 2h 后(Ti$_2$AlC+Ti$_3$AlC)/TiAl 复合材料性能

(a) 1220℃退火 2h 后(Ti$_2$AlC+Ti$_3$AlC)/TiAl 复合材料的弹性模量和纳米硬度曲线; (b) 1220℃退火 2h 后
(Ti$_2$AlC+Ti$_3$AlC)/TiAl 复合材料的塑性变形能力

6.1.4　发展方向

我国金属间化合物复合材料相关研究起步较晚，存在研究力量不足、研究
面窄、创新程度不足和主要进行模仿跟踪研究等问题。镍铝系、铁铝系、钛铝
系金属间化合物存在室温塑性和高温抗蠕变能力差等问题。以镍铝、铁铝和钛
铝金属间化合物为基体的复合材料可以在一定程度上克服上述问题，扩大材料
应用范围，其中 TiAl、Fe$_3$Al、Ni$_3$Al 等金属间化合物复合材料已经进入实用化
研究。

金属间化合物复合材料是航空航天领域不可或缺的一部分，未来将向着降
低飞行器质量、提高推重比的方向继续发展。基于此，从以下四方面对金属间
化合物复合材料面临的问题和挑战进行展望，以帮助读者把握研究要点，推动
材料发展。

(1) 降低金属间化合物复合材料的生产成本。制备成本在很大程度上限制了
金属间化合物复合材料的发展，尤其是镍铝系和钛铝系金属间化合物复合材
料。在此类材料的生产过程中不仅要尝试采用操作简单、成本低廉、稳定性高
的制备工艺，更需要把握材料回收利用率，以降低材料的综合成本。

(2) 开发高性能的金属间化合物复合材料。复合材料基体与增强体间的相互
作用关系复杂、增强体种类和含量对复合材料性能的影响程度较大，要对这两
个方向进行深入研究，并针对所需性能开发新型金属间化合物复合材料。

(3) 研究金属间化合物复合材料的防护机理和室温塑性差的解决措施。金属
间化合物复合材料均具有室温塑性差的特点，针对这一棘手的情况需要从增强
体选择和生产工艺上入手，解决材料易开裂的问题。

(4) 开发材料的一体化研究。金属间化合物复合材料的应用依赖于设计、材

料、加工工艺和应用等方面，要使发动机推重比提升到 10 以上，需要从战略层面安排和组织材料的全生命周期一体化研究，制订"探索一代、预研一代、研制一代、生产一代"的规划和生产计划，结合国情建立国家航空航天结构材料体系和技术平台。

6.2　航空航天用难熔合金复合材料

6.2.1　概述

钨(W)、钼(Mo)、钽(Ta)、铌(Nb)、铼(Re)是最常见的难熔金属，具有熔点高(一般高于 2200℃)、高温强度好、耐磨损、抗冲击及抗疲劳性好等优点。难熔合金普遍应用于航空航天、武器、电力、核聚变等领域，是国家级战略材料中不可或缺的重要支撑材料，可以在一定程度上反映一个国家的综合国力。表 6.8 列举了部分难熔金属的基本物理参数。

表 6.8　部分难熔金属的基本物理参数

类型	熔点/℃	密度/(g/cm³)	摩尔质量/(g/mol)	晶体结构
W	3410	19.4	183.8	BCC
Mo	2623	10.2	96.0	BCC
Ta	2996	16.6	181.0	BCC
Nb	2469	8.6	92.9	BCC
Re	3180	21.0	186.2	HCP

难熔金属材料自 18 世纪末被发现，20 世纪初钨丝已在白炽灯中取代碳丝。随后，钨在多个领域得到应用。20 世纪 30 年代，难熔合金生产企业涌现，开始大批量生产。半导体、激光等技术的兴起使难熔金属的需求激增，在 20 世纪 70 年代难熔金属进入广泛应用阶段。进入 20 世纪末，随产业技术进步，难熔合金进一步深化研究。

难熔金属在室温到 2469℃时结构稳定，具有优良力学性能。但许多难熔合金会在室温发生韧脆转变，塑性差(Sturm et al., 2007)。这一问题限制了其进一步应用。常见难熔金属如钨、钼、钽、铌、铼等具有高熔点和良好的耐高温性能，在航空、电力、核聚变等关键领域得到应用。

改善材料制备方法，改善成分和结构设计是解决难熔合金韧脆转变温度高、中低温塑性差等问题的主要手段。这些方法可以使复合材料在高温下保持强度，达到抗蠕变和损伤容限的平衡，解决塑性问题，图 6.7 展示了两种难熔合金复合材料的断面形貌(Miao et al., 2016)。难熔金属复合化是优化材料性能的关键，已在航空等领域得到广泛应用。

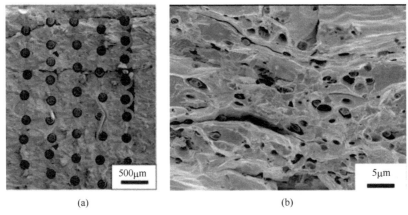

(a)　　　　　　　　　　　　　　(b)

图 6.7　难熔合金复合材料断面形貌

(a) 连续纤维增强难熔合金复合材料；(b) 非连续颗粒增强难熔合金复合材料

6.2.2　常见分类

图 6.8 为难熔合金复合材料的常见分类，本节将以基体材料对难熔合金复合材料进行分类介绍。

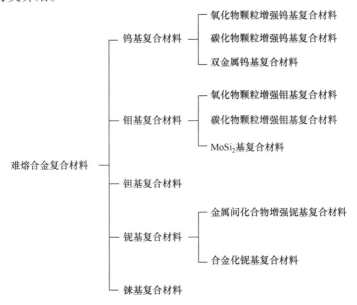

图 6.8　难熔合金复合材料的常见分类

1. 钨基复合材料

钨(W)在室温至 3410℃都能稳定地维持体心立方晶体结构，展现出高强度、高硬度、优越导热性和低溅射产率。这种材料在高温下的力学性能卓越，其作为结构材料的应用温度能够达到 2200℃。在难熔合金复合材料领域，钨基复合材料研究最为丰富且应用广泛，主要包括氧化物颗粒增强钨基复合材料、碳化物颗粒增强钨基复合材料和双金属钨基复合材料三大类。

1) 氧化物颗粒增强钨基复合材料

氧化物颗粒增强钨基复合材料通过分散，如 ThO_2、La_2O_3、Y_2O_3、ZrO_2 等氧化物与 W 基体合成。尽管 ThO_2/W 表现出优异的耐高温性能，但 ThO_2 的辐射性使其应用受限。La_2O_3/W 和 Y_2O_3/W 在高温下具良好的拉伸和抗蠕变性能，但 La_2O_3 的吸湿性和 Y_2O_3 的不稳定性限制了其使用。ZrO_2/W 相较纯 W，其抗压和耐磨性更优，但在图 6.9 所示的增强体质量分数为 1.5%的 ZrO_2/W 复合材料微观结构中，较大的 ZrO_2 颗粒可能成为裂纹源，韧性降低。其中，ZrO_2/W 为最常用的氧化物颗粒增强钨基复合材料。

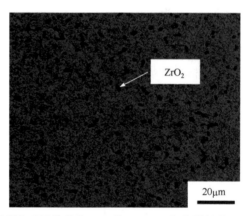

图 6.9　增强体质量分数为 1.5%的 ZrO_2/W 复合材料微观组织形貌图

2) 碳化物颗粒增强钨基复合材料

TiC、ZrC 等碳化物与氧化物颗粒性质相近，但其熔点更高且与 W 相容性优越，能为钨基复合材料提供卓越的性能。ZrC 能作为 W 的吸氧剂，与晶界上的 O 生成热稳定的 ZrO_2 颗粒，从而增强晶界强度并优化接近室温下的塑性，图 6.10 展示

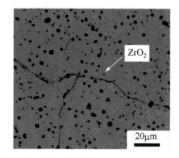

图 6.10　ZrC/W 复合材料的金相组织图

了一种 ZrC/W 复合材料的金相组织图(Xie et al., 2014)。鉴于 ZrC 具有高达 3540℃的
熔点和与 W 相近的晶格常数,它被视为最有前景的钨基复合材料增强体。

3) 双金属钨基复合材料

尽管陶瓷颗粒增强钨基复合材料在某些性能中展现明显的优势,但陶瓷相
的脆性会牺牲材料一定的塑性和冲击韧性,形成木桶效应,限制其更广泛的应
用。相反,双金属钨基复合材料通过综合两种或更多金属成分的特性,能够表
现出均衡的机械性能,包括硬度、塑性和抗冲击性等。

在提升材料塑性方面,主要采取两种设计策略:其一,加入与 W 有较高
固溶度的金属元素,形成固溶体合金,借助增强 W-W 原子间的强度来提高
材料韧性;其二,引入与 W 无法固溶的金属元素,制成双金属复合材料,
双金属复合的微观结构允许金属之间的强化和相互支撑,从而提供了更高的
韧性和抗裂纹扩展能力。因此,双金属钨基复合材料在很多高要求的应用
中,如航空、航天和核能领域,被视为比陶瓷颗粒增强钨基复合材料更具优
势的选择。

W-Cu 复合材料是被研究得最为深入的钨基双金属材料,其综合性能卓越,
不仅具有高硬度、耐磨性、抗电弧性,还具有优良的导电性能、导热性能,以
及较低的热膨胀系数,因而在民用工业及航空航天领域有着广泛的应用。W-Cu
复合材料的理想微观结构是 W 与 Cu 均匀、致密地交错形成的网络结构,如
图 6.11 所示(Hou et al., 2019b)。

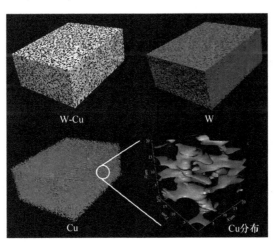

图 6.11　W-Cu 复合材料的三维重构图像

随着电磁技术与核工业的发展,单一功能的屏蔽材料已经不能满足辐射防
护的需求,W-Ni-Fe 复合材料除了优秀的 γ 射线吸收能力之外,本身还有良好的
综合性能,是一种优秀的辐射屏蔽材料。此外,若在其中添加 Re 元素或者 Y 元

素，还能进一步优化微观组织，优化合金的力学性能，图 6.12 是一组 W-Ni-Fe 材料的微观组织形貌图，添加 Re 元素之后材料的晶粒组织明显细化(Ravi Kiran et al., 2015)。

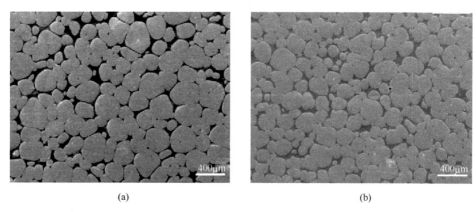

(a)　　　　　　　　　　　　　　　　　　(b)

图 6.12　93W-4.9Ni-2.1Fe 和 93W-4.9Ni-1.9Fe-0.2Re 的微观组织形貌图
(a) 93W-4.9Ni-2.1Fe；(b) 93W-4.9Ni-1.9Fe-0.2Re

2. 钼基复合材料

因在室温至 2610℃均表现出热稳定性、优异的导热系数和高强度，钼(Mo) 在高温应用，如导弹、涡轮和核聚变反应堆部件中广受欢迎。为了增强其性能，研究者探索了多种钼基复合材料，其中包括氧化物颗粒增强钼基复合材料、碳化物颗粒增强钼基复合材料和 $MoSi_2$ 基复合材料等。这些复合材料均结合了 Mo 的核心优点，并为其赋予了新的功能特性。

1) 氧化物颗粒增强钼基复合材料

钼合金在室温下的塑性与钨合金相似，均略显不足，因此 Mo 的塑性增强成为研究焦点(Sturm et al., 2007)。钼基复合材料的合金化和复合化是解决此问题的主要手段，控制 Zr、B 和稀土元素在晶界的偏析或控制与晶界 O、N 的反应，以减少杂质，进而提高塑性。此外，碳化物和氧化物增强体的加入不仅促使晶粒形核，还能抑制其生长，将 Mo 的晶粒尺寸从几十微米缩减至氧化物弥散强化钼基复合材料(oxide dispersion strengthened-Mo，ODS-Mo)的几微米级，从而增强其力学性能。图 6.13(a)揭示了 La_2O_3 对 ODS-Mo 的强化机制，大部分的 La_2O_3 主要集中在晶界，导致 Mo 的晶粒尺寸减少至 1.4μm。图 6.13(b)展示了不同钼合金的工程应力-工程应变关系，其中，氧化物的添加与晶粒细化均有助于提高 Mo 的塑性(Liu et al., 2013)。相较于 ODS-Mo，碳化物弥散强化钼基复合材料(CDS-Mo)未展现出相似的卓越性能。

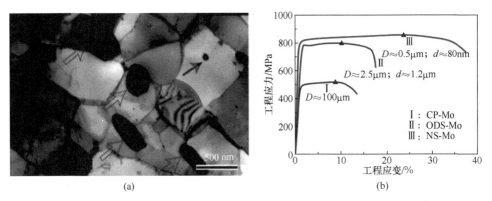

(a)　　　　　　　　　　　　　　　(b)

图 6.13　La₂O₃ 增强 ODS-Mo 的微观组织图及 CP-Mo、ODS-Mo 和 NS-Mo 的工程

应力-工程应变曲线

(a)La₂O₃ 增强 ODS-Mo 的微观组织图；(b) CP-Mo、ODS-Mo 和 NS-Mo 的工程应力-工程应变曲线

D-钼基体晶粒尺寸；d-增强体粒径；CP-Mo-商业纯 Mo；NS-Mo-纳米晶 Mo

2) 碳化物颗粒增强钼基复合材料

ZrC/Mo 是应用最广的碳化物颗粒增强钼基复合材料。图 6.14 展现了其微观结构的 SEM 图像，其中 ZrC 在高温状态下保持稳定，仅极少数与 Mo 发生共晶反应，形成不太稳定的(Zr, Mo)C(Wang et al., 2020)。纳米级的 ZrC，作为增强体，能有效细化晶粒，增强材料强度与稳定性。此外，它也能与 Mo 基体形成共格界面，降低晶界的脆化效果。

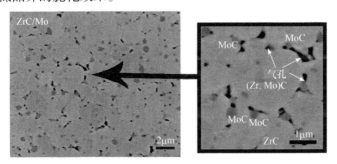

图 6.14　ZrC/Mo 复合材料的微观结构 SEM 图像

当 WC 被作为增强体加入 Mo 基体时，材料的力学性能得到显著提升。在烧结过程中，WC 与 Mo 反应形成 W 和 Mo₂C。W 在 Mo 中固溶强化基体，而 Mo₂C 则起到细化晶粒的作用。如图 6.15 所示，纯 Mo 的平均晶粒尺寸随着 WC 的增加而有所减少。此外，Mo₂C 与 Mo 之间的共格界面表现出卓越的界面强度，12%WC/Mo 的抗拉强度比纯 Mo 高 21.2%(Wang et al., 2022)。

3) MoSi₂ 基复合材料

难熔金属的硅化物材料具有熔点高、高温稳定、抗蠕变和抗氧化性能优良的特性，$MoSi_2$ 是其中最有前途的高温结构用二元硅化物(Petrovic, 1997)。

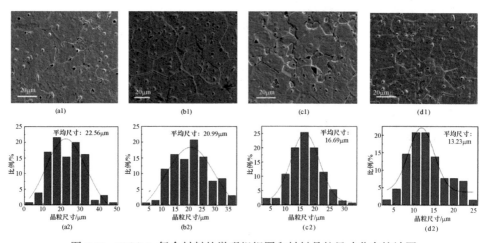

图 6.15　WC/Mo 复合材料的微观组织图和材料晶粒尺寸分布统计图
(a1)(a2) 纯 Mo；(b1)(b2) 3%WC/Mo；(c1)(c2) 7%WC/Mo；(d1)(d2)12%WC/Mo

TZM(钛、锆、钼)等钼合金在高温条件下的力学性能较好，但是在服役过程中容易生成气态的 MoO_3，在材料内部产生孔洞，导致材料抗氧化能力较差。相对地，$MoSi_2$ 可以在高温条件下生成保护性的 SiO_2，保护内部材料，避免氧化进一步发生，大幅提高材料的抗氧化能力。$MoSi_2$ 与硅基陶瓷的断裂行为相似，是典型的脆性断裂，韧性差，为增强其韧性，研究人员将 SiC 纤维、Si_3N_4 或 Mo_5Si_3 颗粒加入 $MoSi_2$ 基体，从而制备出韧性更佳的复合材料(Mitra, 2018)。同时，因为 $MoSi_2$ 优异的抗氧化性，$MoSi_2$ 基复合材料也经常会被作为抗氧化涂层用于钼合金，图 6.16 为 $Si_3N_4/MoSi_2@Mo$ 材料金相图(Huang et al., 2015)。

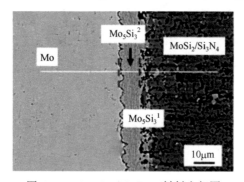

图 6.16　$Si_3N_4/MoSi_2@Mo$ 材料金相图

3. 钽基复合材料

钽(Ta)以其高密度($16.6g/cm^3$)和熔点(2996℃)、出色的化学稳定性、低线膨胀系数、优异的氚滞留及生物相容性而被视为重要的功能性材料。在航空、航天、电子工业和生物医学领域,钽基复合材料都具有广阔的应用前景。然而,与其他传统高密度结构材料,如 Ni 和 W 相比,纯 Ta 的机械强度仍存在不足。因此,有必要引入特定的金属元素或增强体对其性能进行优化。

在众多金属元素中,W、Ti 和 Hf 被证实为 Ta 中最具强化效果的合金元素。特别是,Ti 不仅能够提供固溶强化,还可增强材料的抗氧化性。W 和 Hf 与 Ta 不发生反应,能在 Ta 基体中独立存在,这为形成高效的双金属复合材料、优化材料耐高温性能提供了可能。Browning 等(2017)的研究显示(图 6.17),添加 10%W 的 Ta 材料在晶粒尺寸上有明显的减小,这主要来源于 Ta 与 W 的相互扩散及其诱导的晶界扩散。

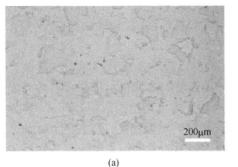 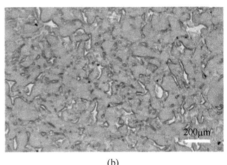

(a)　　　　　　　　　　　　　　(b)

图 6.17　纯钽与钽基复合材料的金相组织图

(a) Ta; (b) Ta-10%W

另外,过渡金属的氧化物、碳化物或氮化物陶瓷颗粒作为增强体,已被证实可以有效地提高钽基材料的机械性能。这种强化效果主要归因于陶瓷颗粒本身的卓越机械性能及与基体界面产生的(W, Hf)C 等混合固溶物,这不仅强化了晶界,还优化了载荷传递效率。然而,这些优化策略导致钽基复合材料的室温塑性下降明显,实现高强度与高塑性的钽基复合材料仍是科研领域的研究重点。

4. 铌基复合材料

在难熔合金中,Nb 和 Mo 因其与众多元素的高溶解度被认为是最具应用前景的金属。相较于航空航天领域中的 Fe、Co 和 Ni 材料,Nb 合金和其复合材料在更高的温度下仍然维持优越的力学性能,适用于关键的高温结构,如火箭发动机等。Nb 合金抗氧化性较差,纯铌在 600℃会发生"pest"氧化(即在某一特定温度范围内结构快速发生灾难性破坏,同时伴随有加速内氧化过程的行为),严重限制其应用。解决方法有合金化、复合化和涂层等,但各有缺点。铌基复合材料则不存在这些问题,被视为航空航天中最有前景的铌材料。

1) 金属间化合物增强铌基复合材料

铌基复合材料中，$NbCr_2$、Nb_3Si 和 Nb_5Si_3 作为主要金属间化合物增强体被广泛采用，这些复合材料的熔点高达 1750℃。由 Cr-Nb 相图可知，在 1703℃存在 Nb 与 $NbCr_2$ 的共晶反应，Nb 与 Cr 可以通过粉末冶金共晶反应原位生成 Laves 相的 $NbCr_2$，保证增强体与 Nb 基体的物理相容性与化学稳定性，优化复合材料的性能(赵鑫, 2013)。Laves 相是一种具有拓扑密排结构的较大一类金属间化合物，大多具有熔点高、高温力学性能好、抗氧化性能好等优点，是金属基复合材料理想的颗粒增强体候选材料之一。由 Nb-Si 相图可知，Nb-Si 间存在 Nb_3Si、β-Nb_5Si_3、α-Nb_5Si_3、$NbSi_2$ 等多种金属化合物(Wang et al., 2010a)。所以可以依照相图控制反应条件生成不同增强体以调控材料的微观组织，在高韧性的铌基固溶体基础上嵌入高强度 Nb-Si 增强体以获得具有良好综合机械性能的铌基复合材料(赵鑫, 2013)。

2) 合金化铌基复合材料

在铌基复合材料的基础上加入合金元素可以进一步优化材料力学性能。例如，加入 W、Mo 作为间隙固溶元素为材料提供固溶强化，提高合金的高温强度，图 6.18 展示了两种 Nb-16Si-10Mo 复合材料的微观组织形貌。Ti 和 Hf 元素可以在不改变 Nb 韧脆转变温度的前提下优化材料室温塑性，有效抵消其他合金元素可能导致的室温延展性降低问题(赵鑫, 2013)。采用粉末爆炸固结法制备出的由 Nb、Si、Mo 与 Nb_3Si 相组成的复合材料，其致密度可达 92.8%，并展现超过 1000MPa 的压缩强度(曹腊梅等, 2002)。

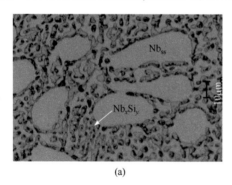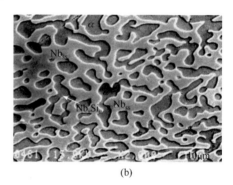

(a)　　　　　　　　　　　　　　　(b)

图 6.18　Nb-Si-Mo 复合材料的微观组织形貌

(a) Nb-16Si-10Mo 复合材料的金相；(b) Nb-20Si-10Mo 复合材料的微观结构

Nb_{ss}-Nb 固溶体

5. 铼基复合材料

Re 为密排六方结构，无碳化物，无脆性转变温度，具有难熔金属中最优异的塑性，在较宽的温度范围内可以保持优异的拉伸性能，在高温和低温条件下均能表现出良好的抗蠕变能力。Re 的化学兼容性好，与 Ir、C/C 复合材料、多种碳化物、硼化物、氧化物等都表现出良好的化学兼容性。此外，铼还具有抗水蒸气和其他燃气腐蚀、理化稳定性好、耐磨损等一系列其他难熔金属不具有的优异性能。除上述特性，Re 还具有抗热氢腐蚀和低氢气渗透率的特性，可以用于制作火箭的热交换器件。铼合金及其复合材料可以用于制造喷气发动机部件、涡轮机叶片等。

通过化学气相沉积法制备的 Re-Ir 复合材料在 2200℃的高温环境中展现出了出色的性能，其工作寿命达到 47.6h。这一成果不仅满足了 Re-Ir 高温发动机的使用需求，还成功达到了"九五"国家科技攻关项目的相关标准(胡昌义, 2002)。

因其独特的优秀性能，铼合金及铼基复合材料被广泛应用于石油工业、电子工业、宇航核工业等领域，成为现代尖端科技领域重要的新型材料之一。但也由于其用途特殊，各国对铼材料的研发使用均为保密状态，可查阅资料少。

6.2.3 性能

金属基体与增强体的特性、形态、尺寸与含量等因素决定了金属基复合材料的性能。难熔合金本身熔点高、强度高，抗液态金属的腐蚀性良好，在此基础上添加不同特性的增强体与基体进行耦合，可得到不同特性的复合材料。本小节将简要介绍部分难熔合金复合材料的突出性能。

1. 物化性能

1) 钨基复合材料的导电性

通过 SPS 得到的纳米晶结构 W-Cu 复合材料中 W-Cu 界面与 W 晶界都表现出较强的取向关系。纳米尺度的 W 晶体结构在强化材料力学性能的同时几乎不对 Cu 元素的物理性能产生负面影响，使得 W-Cu 复合材料能够兼具高硬度与高导电性，图 6.19 展示了不同尺寸结构 W-Cu 复合材料的硬度与导电性对比(Hou et al., 2019a)。

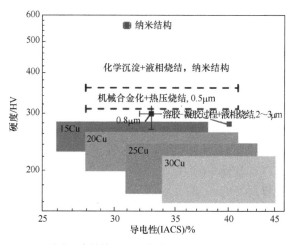

图 6.19 不同尺寸结构 W-Cu 复合材料的硬度与导电性对比

2) 钨基复合材料的热力学性能

0.5ZrC/W 复合材料在室温下的导热系数为 157W/(m·K)，在 500℃下为 124W/(m·K)，略低于国际热核实验堆(ITER)级纯 W，但显著高于超细晶 TiC/W 复合材料，如图 6.20 所示。较好的导热性能、更好的低温延展性和更高的强度，为 0.5ZrC/W 复合材料带来了优异的抗热震性(Xie et al., 2017)。

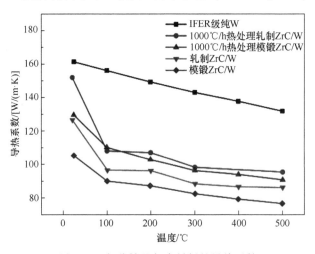

图 6.20　部分钨基复合材料的导热系数

烧结后锻造的 0.5ZrC/W 复合材料与热吸收功率密度相关的开裂阈值为 0.22~0.44GW/m², 而轧制材料为 0.88~11.1GW/m²(Xie et al., 2016a)。锻造 0.5ZrC/W 可承受 0.66GW/m² 的热载荷而不产生裂纹或者表面熔化，在室温不同吸收功率密度下，单脉冲 5ms 对 0.5ZrC/W 表面形貌的光镜组织表征图见图 6.21，其开裂阈值要高于 CVD 纯 W、烧结纯 W、形变纯 W 和 L₂O₃/W 复合材料等。在室温下锻造 0.5ZrC/W 复合材料弯曲强度可达 11.2GPa，断裂能量密度为 $2.9×10^6$J/m³。轧制材料室温下的抗弯曲强度为 2.4GPa，断裂能量密度为 $3.2×10^7$J/m³，表现出更优异的抗热震性(Xie et al., 2017)。

3) 钨基复合材料的抗辐射性能

与纯 W 材料相比，粉末冶金工艺制备的 Y_2O_3/W 复合材料硬度提升不明显，但材料的韧脆转变温度降低到 400℃，这种特性使其成为核聚变反应堆中理想的防护材料(Battabyal et al., 2012)。

对比纯 W、CVD-W@W(CVD-W 涂层的 W 材料)、Y_2O_3/W、L_2O_3/W、ZrC/W 等材料的抗辐射性能可知：He 离子辐照实验后仅有 ZrC/W 复合材料表现出针孔形貌，没有进一步恶化，ZrC/W 复合材料的损伤层厚度最小，在所测试材料中表现出最好的抗等离子体辐照和侵蚀性能(Liu et al., 2017)。采用大塑性形变制成的超细晶 TiC/W 复合材料，在中子辐照后其显微组织变化与辐照硬化程度要远低于纯 W 与 W-K 合金，表现出更优异的抗辐射性能，同时 1.1TiC/W 还有高达 4.4GPa 的断裂韧性和 16%的延伸率(Kurishita et al., 2010, 2007)。

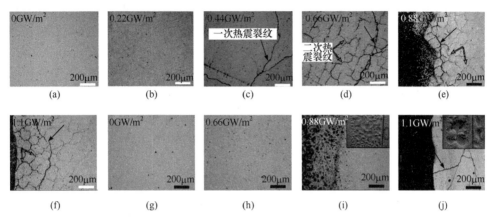

图 6.21　在室温不同吸收功率密度下单脉冲 5ms 对 0.5ZrC/W 表面形貌的光镜组织表征图
(a)～(f)模锻 0.5ZrC/W；(g)～(j) 轧制 0.5ZrC/W

4) 钼基复合材料的耐腐蚀性与抗氧化性

如图 6.22 所示，La$_2$O$_3$/Mo 复合材料的耐腐蚀性能与纯 Mo 相比得到显著提高，这一提高体现在阳极极化电流密度的减少及电荷转移电阻的三倍增加。在被腐蚀的过程中，纯 Mo 会形成 MoO$_2$ 和 MoO$_3$ 两种氧化物膜，缺陷多、易开裂，而 La$_2$O$_3$/Mo 复合材料则只生成 MoO$_2$ 氧化物，形成更为紧凑致密、保护性更好的氧化膜，具有更好的保护性(Cairang et al., 2021)。

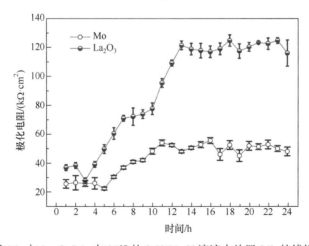

图 6.22　纯 Mo 与 La$_2$O$_3$/Mo 在 25℃的 3.5%NaCl 溶液中放置 24h 的线性极化电阻

　　MoSi$_2$高温下力学性能优异，但容易发生"pest"氧化，导致材料失效，而添加第二相化合物可以有效改善其抗氧化性。如图 6.23 所示，在等温氧化 500h 和循环氧化 50 次时，复合材料表现出良好的抗氧化性和抗循环氧化性，同时部分材料成功避免了"pest"现象的出现。SiC/MoSi$_2$ 在等温氧化和循环氧化实验中分别经过 300h 和 10 次循环，成功由非保护性氧化转变为保护性氧化(Kang et al., 2010)。此外，添加 Al$_2$O$_3$、ZrO$_2$、HfB$_2$、ZrB$_2$、B$_2$O$_3$、Si$_3$N$_4$ 等增强体的 MoSi$_2$复合材料涂层也可有效提高材料的抗氧化性。

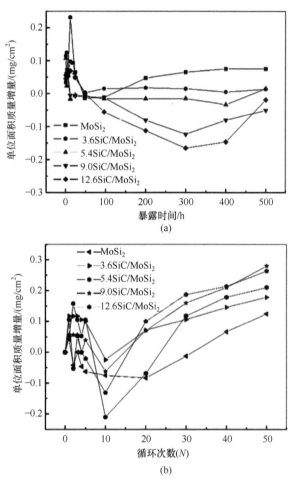

图 6.23　SiC/MoSi$_2$ 在 500℃空气中氧化过程中的单位面积质量增量

(a) 随暴露时间变化；(b) 随氧化循环次数变化

5) 钽基复合材料的耐腐蚀性

　　钽基复合材料由于其优异的耐腐蚀性，可以用作耐腐蚀涂层。在 C17200 铍

铜合金上制备 TaC/Ta 复合材料涂层，测试材料的自腐蚀电压、自腐蚀电流结果如图 6.24 所示(Xi et al., 2019)。TaC/Ta 涂层的自腐蚀电压和自腐蚀电流分别为 $-0.428V$ 和 $1.17\times10^{-6}A/cm^2$，优于内部 C17200 合金，同时涂层在电性质方面还展现出了更宽的频率范围、更大的电容半圆半径、相角和|Z|(电阻绝对值)，综合保护效率超过90%。此外，TaC/Ta 涂层在冲击腐蚀环境中维持了致密的表面，无明显点蚀和腐蚀产物，如图 6.25 所示，腐蚀中 Ta_2O_5 的形成也提高了其耐腐蚀性能(Xi et al., 2019)。

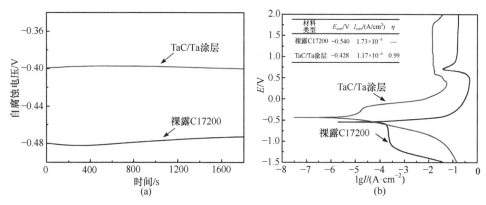

图 6.24　裸露 C17200 合金与 TaC/Ta 涂层 C17200 合金 10%H_2SO_4 中的腐蚀参数

(a) 自腐蚀电压；(b) 动电压极化曲线

E_{corr}-自腐蚀电压；I_{corr}-自腐蚀电流；η-保护效率；E-电位

图 6.25　TaC/Ta 涂层及其在 10%H_2SO_4 中腐蚀后的组织形貌

(a) TaC/Ta 涂层组织形貌；(b) 腐蚀后的组织形貌

6) 铌基复合材料的抗氧化性

在 Nb-Si 复合材料的基础上添加 Hf、Ti、Cr、Al 和 Mo 等金属元素，材料可以在表现出优异抗氧化性的同时维持良好的抗蠕变性能。Nb-Si 复合材料针对抗氧化性能设定了短期目标与长期目标。短期目标是在 1370℃下暴露 10h 时，氧化损失不超过 200μm；长期目标则是在 1315℃下，100h 暴露的氧化损失不超过 25μm。终极目标是替代第二代单晶镍基高温合金(2GSX)。经过多次研发，已确定在 760~1370℃温度下，当 Nb 与(Ti+Hf)的原子比为 1.8~2.1，且 Si 含量为

17%～19%时，材料能达到最佳的抗氧化与抗蠕变性能，满足短期抗氧化目标(Bewlay et al., 2003)。

铌基复合材料若要满足抗氧化性的长期目标，则依赖涂层的保护。$MoSi_2$ 等硅化物涂层可以在高温氧化过程中在材料表面生成连续致密的玻璃态 SiO_2 保护膜，覆盖住涂层；同时，玻璃态 SiO_2 在高温下有流动性，可以修复使用过程中产生的裂纹和孔洞等缺陷，有一定自愈能力，能有效阻止基体在高温下的氧化腐蚀。SiO_2 在 1800℃以上的超高温、低氧压环境下容易分解，且玻璃态 SiO_2 的流动性也降低了硅化物涂层的高温抗气流冲刷能力，限制了硅化物涂层的使用范围。电弧离子镀技术(AIP)沉积 Mo-W 合金层+包埋法渗 Si 两步法制备 W 改性 $MoSi_2$ 涂层可以改善玻璃态 SiO_2 的流动性，阻碍 Si 元素向材料基体的渗透，改善了涂层的低温 "pest" 现象，延长了涂层的使用寿命(Liu et al., 2020, 2019)。

2. 力学性能

1) 钨基复合材料的力学性能

在 W-Cu 中添加氧化物、碳化物、硝酸盐、硼酸盐等硬质颗粒增强体可以实现阻碍晶界和位错运动的迁移，以抑制晶粒生长、细化晶粒，提高材料强度。在 W 中添加吸氧剂 ZrC 与基体中的杂质氧反应生成稳定 ZrO_2，进而提高晶界结合强度，改善低温力学性能，降低韧脆转变温度。0.5ZrC/W 的韧脆转变温度为 100℃，室温抗拉强度为 911MPa，脆性断裂延伸率为 1.1%。200℃时抗拉强度为 963MPa，延伸率达到 14%，且能承受 3.3MJ/m² 的热负荷而不产生裂纹(Xie et al., 2015)。表 6.9 列出部分轧制钨基复合材料拉伸性能，涵盖 ZrC、Y_2O_3、TiC、TaC 增强体及 K 和 Ra 的合金化材料。其中，0.5ZrC/W 表现出最为优异的拉伸性能。

表 6.9　部分轧制钨基复合材料的拉伸性能

材料	抗拉强度(MPa)/延伸率(%)						
	室温	100℃	150℃	200℃	300℃	400℃	500℃
纯 W(Deng et al., 2018)	—	—	780/—	644/4.3	455/19.1	386/23.7	339/20.7
0.5ZrC/W(Xie et al., 2015)	911/1.1	1058/3.0	986/6.5	963/14	683/21	619/27	582/41
1.0Y₂O₃/W(Xie et al., 2016b)	613/—	—	702/—	841/5	623/17	542/16	504/12
1.0Y₂O₃/W(Zhao et al., 2016)			—	840/6.5		650/6.3	—
(0.2Zr+1.0Y₂O₃)/W(Xie et al., 2016b)	789/—	—	798/3.2	864/6.2	728/18	651/23	581/12
0.5TiC/W(Miao et al., 2016b)	423/—	746/—	767/0.9	780/8.5	750/19.3	719/18.4	632/13

续表

材料	抗拉强度(MPa)/延伸率(%)						
	室温	100℃	150℃	200℃	300℃	400℃	500℃
0.5TaC/W(Miao et al., 2016a)	505/—	596/—	670/—	717/10.7	542/11.2	534/16.6	493/16.7
轧制纯 W(Shen et al., 2016)	590/—		803/—	739/0.7	592/19	523/30	484/36
K 掺 W(Sasaki et al., 2015)	—	约 1000/约 25	—	—	—	—	—
3%Re/W(Fukuda et al., 2016)	—	约 950/约 4	—	约 880/约 25	—	—	—
3%Re/K 掺 W(Fukuda et al., 2016)	—	约 980/约 12	—	约 820/约 20	—	—	—

2) 钼基复合材料的力学性能

通过水热合成和粉末冶金工艺制备的 ZrO₂/Mo 复合材料相较于纯 Mo 晶粒显著细化，硬度提升 40%，1400℃下的高温强度提升 50%，同时面积收缩率提升 5 倍，表现出显著的变形抗力(Cui et al., 2017)。纳米 ZrC/Mo 复合材料力学性能表现更为出色(图 6.26)，韧脆转变温度低至−80℃，室温屈服强度可达 920MPa，总延伸率高达 34.4%。1000℃下抗拉强度和总延伸率分别为 562MPa 和 23.5%，1200℃分别为 483MPa 和 10.9%，力学性能优异。此外，其再结晶起始温度为 1400℃，较纯 Mo 材料高 400℃，表现出良好的热稳定性(Jing et al., 2022)。

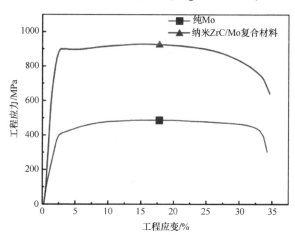

图 6.26　纳米 ZrC/Mo 复合材料与纯 Mo 的力学性能曲线

采用粉末冶金工艺制备的 La₂O₃/Mo 复合材料，在 1500℃退火 1h 后展现出完全再结晶形貌，其晶粒在轧制方向上表现出纤维状伸长。在 $10^{-7}\sim10^{-4}\text{s}^{-1}$ 的中等蠕变速率下，其蠕变应力指数为 11~20，约是纯 Mo 蠕变应力指数(5.6)的 3 倍。

3) $MoSi_2$ 基复合材料的力学性能

$MoSi_2$ 单晶及合金在室温下断裂韧性为 $2.5\sim3.5MPa\cdot m^{1/2}$，随着制备技术优化，多晶 $MoSi_2$ 室温断裂韧性为 $3\sim5MPa\cdot m^{1/2}$。引入脆性增强体后，材料的断裂韧性进一步增强，SPS 制备的 $SiC/MoSi_2$ 复合材料断裂韧性可达 $5.1MPa\cdot m^{1/2}$，维氏硬度达 $13.4GPa$，弯曲强度为 $674MPa$，分别比纯 $MoSi_2$ 材料高 82%、44%和 171%。表 6.10 列举了 $MoSi_2$ 基复合材料的室温断裂韧性和抗弯强度，其断裂韧性最高可达 $8.2MPa\cdot m^{1/2}$(Han et al., 2018)。

表 6.10 $MoSi_2$ 基复合材料的室温断裂韧性和抗弯强度

材料	断裂韧性/(MPa·m$^{1/2}$)	抗弯强度/MPa	参考文献
$MoSi_2$	5.3	$140\sim160$	Gac 和 Petrovic 团队
$20SiC_w/MoSi_2$	8.2	310	(Maloney et al., 1992)
$MoSi_2$	5.3	—	
VLS $SiC_w/MoSi_2$	8.2	—	Carter 团队(Wiederhorn et al., 1992)
VS $SiC_w/MoSi_2$	6.6	—	
$MoSi_2$	4.8	263	
$20TiC/MoSi_2$	5.0	—	Yang 等(1990)
$20SiC_w/MoSi_2$	6.4	—	
$MoSi_2$	2.6	$250\sim600$	
$30PSZ/MoSi_2$	6.6	—	Petrovic 等(1992)
$20ZrO_2/MoSi_2$	7.9	—	
$20SiC/MoSi_2$	7.5	$220\sim295$	Cook 等(1992)
$MoSi_2$	$2.6\sim4.8$	$300\sim475$	Henager 等(1992)
$30SiC/MoSi_2$	6.7	—	
$20TiB_2/MoSi_2$	6.1	380	Tiwari 等(1992)
Starck $MoSi_2$	4.3	146	
$20SiC/MoSi_2$	5.2	290	
RHP $MoSi_2$	4.8	193	Mitra 等(1999)
$20SiC/MoSi_2$	4.6	240	
2.8%$\sim$9% $Al/MoSi_2$	$4.5\sim6.4$	223	
$MoSi_2$	—	160	
$10SiC/MoSi_2$	—	394	Lee 等(1998)
$15SiC/MoSi_2$	—	760	
$(30\sim50)Si_2N/MoSi_2$	5	—	
$(30\sim50)\beta\text{-}Si_3N_4/MoSi_2$	14	—	Hebsur(1999)
$(30SiC_f+30\,Si_3N_{4p})/MoSi_2$	35	—	
$Mo_5Si_3/MoSi_2$	$4\sim6.5$	$250\sim370$	Schneibel 等(2003)

注：VLS 为蒸汽-液体-固相法；VS 为气体-固相法，简称气固法；PSZ 为部分稳定氧化锆；Starck 为德图成世泰科公司。

4) 钽基复合材料的力学性能

与粉末冶金制备的纯 Ta 相比，场辅助粉末烧结法制备的 1.5TiC/Ta-10W 维氏硬度提高140%。然而，与纯 Ta 的高延展性不同，Ta-10W 和 1.5TiC/Ta-10W 在室温下呈现脆性断裂。当测试温度提高到 1927℃和 2204℃后，两种复合材料才会表现出良好的塑性。如图 6.27 所示，加入 W 之后材料的弯曲强度由纯 Ta 的 354.8MPa 提高到 786.1MPa。进一步添加 TiC，1.5TiC/Ta-10W 的室温抗弯强度达到 912.2MPa，远超单一组分性能的简单叠加。在 1927℃和 2204℃下 1.5TiC/Ta-10W 的抗拉强度是纯 Ta 的 5 倍，高温下 TiC 被氧化为 TiO_xC_y，但其弥散强化的效果得以保留(Browning et al., 2017)。

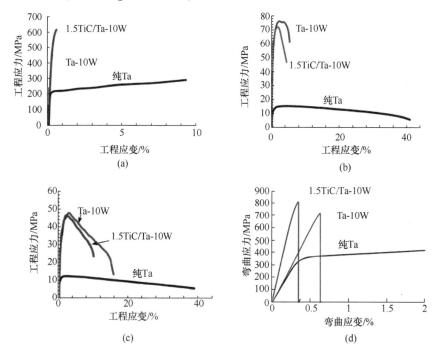

图 6.27　纯 Ta、Ta-10W 与 1.5TiC/Ta-10W 在不同温度下的拉伸曲线及弯曲曲线
(a) 室温拉伸曲线；(b) 1927℃拉伸曲线；(c) 2204℃拉伸曲线；(d)室温弯曲曲线

此外，Ta 也可作为其他难熔金属的合金化元素。在 W 中添加少量 Ta 与 C 并使其原位反应生成纳米 TaC，得到 TaC/W-0.5Ta 材料。TaC 阻碍 W 晶粒界面迁移，细化晶粒，进而提高再结晶温度，增强材料中位错产生和储存的能力，从而避免晶界开裂；同时，TaC 还能捕捉 W 中的杂质氧，形成更稳定的 TaC_xO_y，在保证合金延伸率的同时提高材料强度，其抗拉强度在 400℃可以达到 565MPa，总延伸率达到 54%(Miao et al., 2017)。

5) 铌基复合材料的力学性能

机械合金化和热压烧结工艺制备的 Laves 相 NbCr$_2$ 增强铌基复合材料,室温下屈服强度为 2950MPa,抗压强度为 3345MPa,延伸率为 7.01%(肖璇等, 2008)。在此基础上,引入 V 和 Fe 元素,形成 Laves 相 Nb(Cr, V)$_2$ 和 Nb(Cr, Fe)$_2$,可以显著提高材料的断裂韧性,分别可达 5.3MPa·m$^{1/2}$ 和 6.3MPa·m$^{1/2}$,其中 NbCr$_2$-4.0Fe/Nb 复合材料的抗压强度可达 2256MPa,延伸率为 6.03%,增韧效果显著(肖璇等, 2013)。

此外,Nb-Si、Nb-Si-Fe 也是铌基复合材料的重要研究方向。Nb 与 Si 粉末混合烧结得到的由 Nb$_{ss}$、Nb$_3$Si、Nb$_5$Si$_3$ 构成的铌基复合材料,室温维氏硬度可达 1.01GPa,弯曲强度达 506.9MPa,断裂韧性为 10.98MPa·m$^{1/2}$(Wang et al., 2010a, 2010b)。进一步引入 Fe,材料中形成 Nb$_4$Fe$_3$Si$_5$,Nb-4.5Si-1Fe 展现出 11.2GPa 的维氏硬度、330GPa 的弹性模量和 682MPa 的弯曲强度。Nb-1Si-1Fe 的断裂韧性达到 14.6MPa·m$^{1/2}$。随 Si 含量变化,Nb-xSi-1Fe 在 1300℃ 下的抗拉强度范围为 112~237MPa,延伸率介于 54%~95%,与 Nb-Si 材料相比塑性提升显著(Yu et al., 2010; Yu et al., 2008a)。Nb-4.5Si-1Fe 在高温下呈现超塑性,特别在 1450℃ 下,其延伸率达到 338%,图 6.28 为 Nb-4.5Si-1Fe 拉伸前后试样对比。经超塑挤压处理后,其断裂韧性从 11.2MPa·m$^{1/2}$ 增至 20.1MPa·m$^{1/2}$,且耐高温性能得到显著提升(Yu et al., 2008b)。

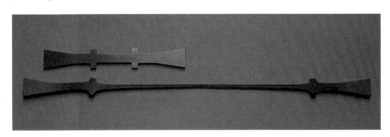

图 6.28　Nb-4.5Si-1Fe 在 1450℃、初始拉伸速率 2.31×10^{-4}s^{-1} 拉伸变形前后的试样

与其他难熔合金复合材料相比,铌基复合材料在抗蠕变性能上优势明显,可以满足 1200℃、170MPa 条件下服役 125h,蠕变小于 1%的严苛服役要求。在 1150℃ 条件下,Nb-Si 铌基复合材料的蠕变应变均低于典型第二代单晶镍基高温合金(2GSX),表现出更优异的抗蠕变性能(Bewlay et al., 1996)。Nb-Si 复合材料的蠕变断裂行为与第三代单晶高温合金类似,得益于更低的密度,Nb-Si 复合材料断裂韧性表现更佳(Erickson, 1995)。

6.2.4　应用前景

难熔合金复合材料因其独特的耐高温性能、耐腐蚀性和抗氧化特性,已逐渐成为航空航天领域的关键材料。从 W、Mo 到 Ta,再到 Nb 和 Na,这些材料不仅在传统的应用中展现了其不可替代的角色，而且在新兴的技术领域中也展现出巨大的潜力。本小节将探讨这些难熔合金复合材料的代表性应用以及面临的问题，揭示其在未来技术发展中的关键地位。

1. 代表性应用

难熔合金复合材料已经在航空航天领域应用于多种关键部件。在传统航空航天领域中，除用作高温结构材料外，难熔合金复合材料可被用于制造火箭喷管、离子火箭发动机的离子环、喷漆叶片、定位环、热燃气反射器和燃气舵等关键部件。这些应用不仅提高了部件的耐用性和可靠性，还大大提高了其在高温极端环境下的性能。表 6.11 列出了难熔合金复合材料在航空航天领域的部分应用。

表 6.11 难熔合金复合材料在航空航天领域的部分应用

材料类型	设备/飞行器	部件/应用描述
钨基复合材料	超高音速飞行器	用于制作飞行器表面工作温度最高的前缘部分，约 400kg 钨基复合材料用于飞行器表面
钨基复合材料	美国阿波罗宇宙飞船火箭	替代钼合金用作火箭发动机的进口套管和喉管喉衬，提升工作温度至 3320℃
W-Cu	美国联合航空公司火箭发动机	制作火箭发动机喷管隔板，承受 3400℃ 高温条件(郑欣等，2011)
SiC/MoSi$_2$ 和 Si$_3$N$_4$/MoSi$_2$	普惠公司燃气涡轮发动机	外空气密封热截面组件，抗热冲击性，从室温到 1500℃ 的 250 次循环后仍可继续服役(Petrovic, 1997)
Ta-W	美国空军阿金纳火箭二次推进系统	燃烧室，提高对热循环和机械应力的耐受能力
T-111(Ta-W-Hf)	美国飞机、火箭、导弹	喷嘴的耐高温材料，提高喷嘴的效率和可靠性
T-222(Ta-W-Hf-C)	冥王星探测器	发电装置，确保深空探测任务中的稳定性和可靠性
CVD Re-Ir	高超音速飞机、导弹、火箭	用于航空航天工业和各种固体推进热敏元件、抗氧化涂层等，可用于制作火箭热交换器件，使其满足超高温和强热震的工作条件
铌基复合材料	飞行器、导弹、火箭姿态控制喷嘴	提高部件耐高温能力的同时，降低元件质量，提高飞行器的有效载荷

除了航空航天领域，难熔合金复合材料在核能领域也展现了其不可替代的价值。在核能领域，我国已具备自主研制应用于 ITER 的 W-Cu 复合材料偏滤器的能力。截至 2023 年，国际上已采用合金化、弥散粒子增强、纤维增韧等手段优化钨基复合材料的热/力学性能及抗辐射能力；国内研究则集中在弥散强化钨基复合材料，我国在核能领域的复合材料应用与国外相比尚有一定差距(刘凤等，

2017)。随着核能技术的进步，难熔合金复合材料在核反应堆的结构和冷却系统中展现出巨大的应用前景。

除上述高精尖技术领域之外，难熔合金复合材料在电子技术工程、电子信息工程、制造业、医疗、照明工程、汽车工业、国防武器等领域，也有广泛的应用。例如，Ta 表面可以形成稳定、致密的无定形氧化膜，可以准确控制电容器的阳极氧化工艺。Ta 制成的电容器体积小、容量大、片式化程度高，在通信、汽车、计算机、国防军工等领域均有应用。Ta 的高化学稳定性、与人体组织的良好相容性和高耐腐蚀性，让其在医疗领域也有较好的应用前景，可以制作人体骨骼和其他医疗器械，图 6.29 展示了部分增材制造的个性化钽基复合材料植入体(杨坤等，2022)。钽基复合材料导电性好，与石英玻璃结合牢固，且本身耐卤素腐蚀，可以承受高温下的热应力，因此在照明工程中可以用于制备卤素灯。

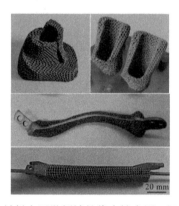

图 6.29　难熔合金复合材料在医学领域的代表性应用：钽基复合材料钽单块髋臼

这些难熔合金复合材料应用不仅提供了更高的性能和可靠性，还为相关领域带来了技术和经济上的巨大进步。

2.　应用中存在的问题

尽管难熔合金复合材料在多个领域展示了广阔的应用前景，它们在实际应用中也面临着一系列技术和经济方面的挑战。克服这些挑战不仅需要提高材料性能和降低成本，还涉及复杂的加工、制造和应用环境问题。本节将探讨难熔合金复合材料在应用中遇到的主要问题，以及解决这些问题所需的研究与工作。

随着科技水平的不断进步，对难熔合金复合材料在高温环境下的性能提出了更高的要求。这些材料经常用于需要承受极端高温的应用场合，在这样的服役条件下，复合材料面临着氧化、蠕变和热疲劳等多种挑战。因此，进一步优化这些材料的耐高温性能成为新的研究重点。具体措施包括开发具有更高温度稳定性的氧化物和碳化物涂层，以及通过添加特定的增强体，如碳纳米管或陶瓷颗粒，来增强其高温稳定性和耐用性。

在难熔合金复合材料中，除铌基复合材料之外，都存在密度和质量大的问题，限制了其在航空航天等部分轻量化场景的应用。可以通过添加低密度的增强体或采用多孔结构，尽量降低复合材料的整体密度。热膨胀系数的不匹配也是一个技术挑战。难熔金属与其他工程材料(如钢或铝)的热膨胀系数存在较大差异，在温度变化较大的应用环境中容易导致复合材料内部产生应力或裂纹使材料失效。为解决这一问题，可以通过添加具有不同热膨胀系数的增强体或进行微观结构设计来调整复合材料的热膨胀性能。

这些来自材料本身的挑战要求科研人员不断地重新审视和优化材料的性能，应对服役过程中的新挑战。除此之外，难熔合金复合材料在实际应用中还面临一系列外部因素的制约，限制了材料更广泛的、可持续的应用。

加工难度是难熔合金复合材料研究和应用的一个核心挑战。这些金属熔点极高，导致传统的加工方法如铸造、焊接和机械加工在技术和经济方面都面临巨大的制约：高熔点导致铸造过程中液态金属的高表面张力和黏度，增加铸件缺陷产生的风险；焊接过程中，高熔点和导热系数的不匹配也可能导致热应力和微观结构不均匀。此外，难熔合金复合材料在加工中容易吸附碳和氧等杂质，这不仅会严重影响其机械性能，还可能导致其化学稳定性下降。因此，在生产过程中需要严格控制环境条件。新的加工技术，如火花等离子喷涂、电子束熔化和粉末冶金等，正在被广泛研究并逐步应用。然而，这些新技术也带来了自身的挑战，如设备成本高、操作复杂度增加及与传统工艺的兼容性问题，这些都需要进一步学术研究和工程优化。

成本也是制约难熔合金复合材料广泛应用的一个关键因素。难熔合金复合材料的高成本不仅源于难熔合金本身的稀缺性和高价格，还涉及其加工和制造过程中的高能耗和专用设备需求。这些因素综合作用，使得难熔合金复合材料在成本敏感的应用场景中受到限制。为降低成本，可以通过优化合成和加工工艺，如采用更高效的电解或还原方法，以及开发能量回收和循环利用技术，来降低生产过程中的能量消耗。新工艺同时也有望从解决难熔金属开采和加工中带来的环境问题和可持续性问题。

综上所述，难熔合金复合材料在应用中面临的这些共性问题需要通过跨学科的研究和开发来解决，涉及材料科学、材料加工工程、环境科学和供应链管理等多个方面。随着这些问题逐渐得到解决，难熔合金复合材料的应用前景将更加广阔。

6.3　航空航天用高熵合金复合材料

6.3.1　概述

对于现代航空航天材料而言，其在极端高温敏感条件下的机械强度、微观结构稳定性、耐腐蚀性与抗氧化性等都必须达到一个较高的水平，这对材料的极端环境服役性能提出了十分严苛的要求(Arif et al., 2022)。21 世纪以来，拥有高耐磨性、高强度、耐腐蚀性和耐高温软化等优异特性的高熵合金(high entropy alloys, HEA)很快引起了人们的广泛关注(图 6.30)。相较于传统合金，高熵合金在组织、性能与结构层面上具有灵活的可调节性，这种无与伦比的优势使其成为有望在航空航天高温结构部件领域发挥重大作用的新兴材料(薛云飞, 2019)。

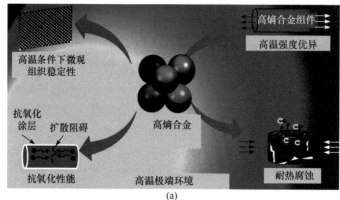

(a)

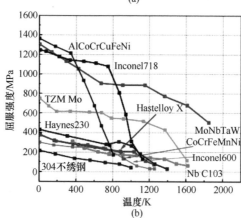

(b)

图 6.30　高熵合金的一系列优异耐高温性能及与其他合金体系在不同服役温度的屈服强度对比
(a) 高熵合金的一系列优异耐高温性能；(b) 两种耐高温高熵合金与其他各合金体系在不同服役温度条件下的屈服强度对比

相比于传统合金，高熵合金的最佳组成元素数目介于 5～13，且每一种元素的含量均介于 5%～35%。恰当的元素选择与成分设计，使得高熵合金仅依靠简单的固溶体结构组成，并不会出现复杂的金属间化合物对其力学性能产生负面影响(马壮等，2015)。在高熵合金独特的元素组成、排列方式和原子间作用力的加持下，其展现出与传统合金迥异的四大独特效应，分别为热力学层面的高熵效应，动力学层面的迟滞扩散效应，结构层面的晶格畸变效应和性能层面的"鸡尾酒"效应(项忠楠等，2018)。一系列独特效应的有机结合赋予了高熵合金极优异的理化性能，主要包括极高的强度与韧性，较高的硬度与耐磨性，较高的耐热性及较强的耐热腐蚀性，如图 6.30 所示(Dewangan et al., 2022)。首先，在多主元构成下，高熵合金晶格畸变严重，位错的运动受阻，较难的位错运动提高了合金的强度与韧性；其次，高熵合金内部的固溶强化与析出强化等强化方式显著提升了其硬度及耐磨性(赵玉桥，2019)；再次，高熵合金各类大小原子等概率占据晶格的不同位置，晶格畸变效应和固溶强化作用强烈，即便经历了高温回火过程，合金内的晶格畸变与固溶体结构也不会发生剧烈改变，因而表现出较好的耐热性(Fang et al., 2022)；最后，多主元高熵合金内部通常含有较高含量的 Co、Cr 等元素，使得高熵合金一定程度上与不锈钢的成分类似，从而具有较强的耐腐蚀性(赵永，2020)。

作为一种具有优良综合性能的金属基体，高熵合金不仅为其突破传统金属材料的性能极限提供了无限可能，而且为进一步开发与之相关的复合材料打下了坚实的基础。伴随着高熵合金相关研究的不断深入，开发各方面性能优异、适用于航空航天和工业制造的高熵合金复合材料已然成为高熵合金研究的一个前沿方向(Zhang et al., 2014)。对于当前常见的高熵合金基体而言，其大致可以分为 FCC 结构、BCC 结构和 HCP 结构，其中 FCC 结构的高熵合金往往具有优异的塑性和良好的耐腐蚀性，可以引入具有高强度的颗粒增强体来提升其强度与硬度，实现其作为结构件的应用(Zhou et al., 2018)。对于以 BCC 或者 HCP 结构为主的高熵合金基体而言，其往往具有极为优异的韧性、硬度、耐高温氧化或耐腐蚀性。因此，可以通过在基体中加入纤维或者晶须等增强体，得到强度、塑性与耐腐蚀性兼具的优异复合材料，从而在高温或其他极端条件下得到应用(Chen et al., 2020)。除此之外，参照传统金属基复合材料的增强体选择，高熵合金复合材料的增强体也应该服从其与合金基体之间的润湿性良好、化学结合稳定、热膨胀系数接近等几个重要原则，从而尽可能地优化高熵合金复合材料的组织结构与各项力学性能。

6.3.2 常见分类

图 6.31 为高熵合金复合材料分类示意图。按照目前普遍使用的复合材料增

强体，大致可以将高熵合金复合材料分为陶瓷颗粒增强高熵合金复合材料、晶须增强高熵合金复合材料、碳纳米管增强高熵合金复合材料及石墨烯增强高熵合金复合材料。其中，陶瓷颗粒成本低廉、硬度与弹性模量较高，是最常用的高熵合金复合材料的增强体。此外，晶须、碳纳米管及石墨烯等增强体也为开发新型高熵合金复合材料、进一步扩宽高熵合金复合材料的应用领域起到了至关重要的作用。

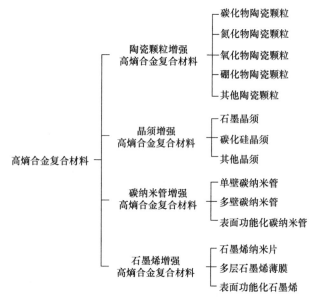

图 6.31　高熵合金复合材料分类示意图

1. 陶瓷颗粒增强高熵合金复合材料

陶瓷颗粒凭借其较高的强度及较低的制备成本，成为高熵合金复合材料体系中最常用的增强体，目前常用的陶瓷颗粒增强体可以大致分为碳化物陶瓷、氮化物陶瓷、氧化物陶瓷及硼化物陶瓷等。将不同含量的陶瓷颗粒通过外加或者原位合成的方式引入高熵合金基体内部，不仅可以获得不尽相同的增强体分散效果，还可以起到细化晶粒、产生固溶体、促进析出强化等独特作用。

大多数陶瓷颗粒增强高熵合金复合材料的构建往往采用在基体粉末或者熔体中直接外加增强体的方式，这不可避免地导致较高含量增强体的团聚现象。例如，在利用真空电弧熔炼制备的不同质量分数外加 TiC 增强 $AlCr_2FeNi_2Cu_{1.6}$ 高熵合金复合材料中，随着 TiC 质量分数的不断上升，其富集倾向也越来越严重，当外加 TiC 的质量分数高于 10%时，其发生了严重的团聚现象，这导致高熵合金基体的连续性被严重割裂，从而对其力学性能产生了不利影响(杨思华等, 2019)。

如图 6.32 所示，在激光熔覆制备的不同质量分数的 TiC 增强 FeMnCrNiCo 高熵合金复合材料中，随着 TiC 的质量分数不断增加，其高熵合金基体中的团聚区域占比逐渐增大，说明较高含量 TiC 在该高熵合金基体中分散性逐渐变差(Sun et al., 2022)。

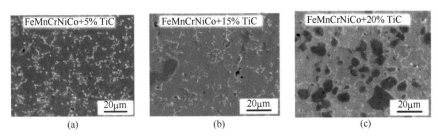

图 6.32　不同质量分数的 TiC/FeMnCrNiCo 微观组织
(a) 5%；(b) 15%；(c) 20%

相较于外加陶瓷颗粒合成高熵合金复合材料的传统技术路线，原位合成陶瓷颗粒增强高熵合金复合材料能够通过合理地调控高熵合金合成路线中各元素的反应获得需要的陶瓷增强体产物，同时能够大幅度提高高熵合金基体中陶瓷增强体的分散性，是目前高熵合金复合材料的一个热门研究方向。例如，在利用真空电弧熔炼制备的 TiC 增强(FeCrNiCo)Al$_{0.75}$Cu$_{0.25}$ 高熵合金复合材料中，TiC 陶瓷颗粒通过含有 Al、Ti、C 的前驱体合成，这一过程高熵合金基体的熔炼同时进行，其反应式如下所示：

$$3Al(l)+Ti(s) \longrightarrow Al_3Ti(s) \tag{6.1}$$

$$Al_3Ti(s)+C(s) \longrightarrow TiC(s)+3Al(s) \tag{6.2}$$

如图 6.33 所示，该原位合成的 TiC 在(FeCrNiCo)Al$_{0.75}$Cu$_{0.25}$ 基体中分散较为均匀，即使在 TiC 的体积分数达到10%时，仍没有出现严重的团聚现象(Fan et al., 2014)。此外，在感应熔炼制备的原位 TiC 增强 Fe$_{1.2}$MnNi$_{0.8}$Cr 高熵合金复合材料中，原位合成的 TiC 增强体即使在质量分数为 10%时仍然能达到较好的分散效果，进一步说明了原位合成陶瓷颗粒增强高熵合金复合材料在分散高含量增强体方面的可行性(Zhao et al., 2022)。

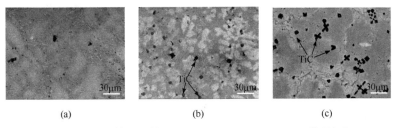

图 6.33　不同体积分数的 TiC/(FeCrNiCo)Al$_{0.75}$Cu$_{0.25}$ 微观组织
(a) 2.5%；(b) 5%；(c)10%

当硬质的陶瓷颗粒均匀地分散在高熵合金基体内部时，其往往通过钉扎晶界或促进均匀形核的方式使晶粒细化，从而获得晶体尺寸均匀的高熵合金复合材料。例如，在粉末冶金法制备的质量分数为 1%的纳米 ZrO_2/WMoNbTaV 高熵合金复合材料中，基体中弥散的一部分 ZrO_2 颗粒存在于晶界处，通过钉扎晶界的机理起到了晶粒细化的效果(Zong et al., 2022)。此外，在利用粉末气雾化和 SPS 的 TiC/CoCrFeMnNi 高熵合金复合材料体系中(Yim et al., 2019)，通过在高熵合金基体中加入质量分数为 5%的 TiC 纳米颗粒，可使烧结态合金的平均晶粒尺寸从 10.6μm 下降至 5.1μm，也起到了较好的晶粒细化效果。在利用电弧熔炼法制备的不同含量 SiC 增强 FeMnCoCr 高熵合金复合材料中，当 SiC 体积分数低于 0.5%时，其晶界或晶粒内部会析出少量的 SiC，从而通过促进均匀形核为材料带来进一步的晶粒细化(Gu et al., 2022)。

由于陶瓷颗粒中往往含有不同种类的非金属元素，会在高熵合金复合材料的制备过程中与高熵合金基体发生较为复杂的化学反应，形成种类不一而足的析出相或者固溶体，从而对高熵合金的组织成分造成一定影响。如图 6.34 所示(Ma et al., 2022)，在利用激光熔覆法制备的增强体质量分数 60%的 WC/FeCoNiCr 高熵合金复合材料中，通过对单个 WC 颗粒周围进行细微的观察与能谱表征，可以明显地看到圆形 WC 颗粒周围出现了析出相，分别位于颗粒的远端与近端，其中远端析出相的结构呈现明显的鱼骨状，而近端的析出相基本与颗粒表面相贴合，其中，远端鱼骨状析出相中的 W 元素含量明显低于近端(Ma et al., 2022)。此外，在利用电弧熔炼制备的原位氮化物增强的 TiZrHfNbTaN$_x$(x 为 0~0.4)高熵合金复合材料中(Tian et al., 2022)，还发现了具有 FCC 结构的氮化物 MN(metallic and nitrogen)，其主要元素组成包括 Zr、Hf 和 N。经过选区电子衍射可以发现，这种固溶体与 BCC 结构的合金基体构成了一定的取向关系，表示为[111]$_{BCC}$//[011]$_{MN}$、(101)$_{BCC}$//(200)$_{MN}$、(110)$_{BCC}$//(111)$_{MN}$。

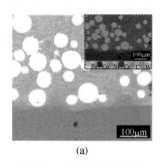
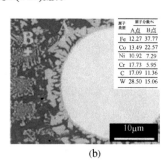
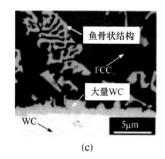

(a)　　　　　　　　　　(b)　　　　　　　　　　(c)

图 6.34　增强体质量分数 60%的 WC/FeCoNiCr 复合材料微观组织、元素组成与析出相结构
(a) WC 分布与元素组成；(b) WC 颗粒附近的析出相与元素组成；(c) 析出相结构

如图 6.35 所示，在真空电弧熔炼制备的 TaC 增强 $MoNbRe_{0.5}W$ 高熵合金复合材料的微观结构中，交错的板条组织由 BCC 结构的合金固溶体和析出于晶界的碳化物组织共同构成，两者构成的层状界面形貌弯曲、光滑且无明显杂质。能谱分析表明，BCC 合金固溶体中 Mo、Re、W 元素含量较高，而晶界碳化物中主要包含 Nb、Ta、C 元素(Wei et al., 2019)。另外，在利用机械合金化和 SPS 制备的体积分数 8%的纳米 $Al_2O_3/Al_{0.4}FeCrCo_{1.5}NiTi_{0.3}$ 高熵合金复合材料中，合金基体内部出现了 FCC 结构的固溶体，其与 Al_2O_3 之间构成了光洁的边界，这对复合材料的力学性能提升起到了一定的助力作用(Yang et al., 2018a)。

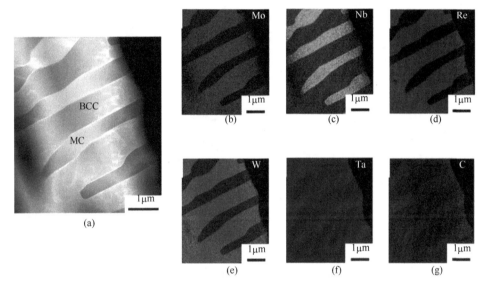

图 6.35　TaC/$MoNbRe_{0.5}W$ 复合材料片层微观组织照片及其对应的能谱扫描结果

(a) 微观片层组织照片；(b)~(g) 片层组织对应的 Mo、Nb、Re、W、Ta、C 元素扫描结果

2. 晶须增强高熵合金复合材料

晶须在改善高熵合金复合材料的组织性能层面也作出了一定的贡献，目前已经投入研究应用的主要是碳化硅晶须和石墨晶须等。与陶瓷颗粒增强高熵合金复合材料类似，较高含量的晶须增强体也会出现聚集现象，从而对复合材料的组织与力学性能造成负面影响。例如，在利用真空感应熔炼制备的体积分数为 5%的原位 TiC 颗粒和石墨晶须共同增强 FeCoNiCu 高熵合金复合材料中[(TiC_p+C_w)/FeCoNiCu]，随着石墨晶须的含量从 5%上升至 10%，其尺寸变得愈发粗大，这种大尺寸石墨晶须甚至促进了高熵合金基体内部原位 TiC 颗粒的生成与聚集(Sun et al., 2018)。高含量晶须增强体除了以团聚形式存在于高熵合金基体以外，还可以通过影响高熵合金复合材料的晶间结构对其组织性能产生不利影

响。如图 6.36 所示，在利用粉末冶金和 SPS 制备的质量分数 0%～5%的 SiC$_w$/CoCuFeMnNi 高熵合金复合材料中，较低含量的 SiC$_w$ 主要存在于合金的晶界部位，与基体之间界面清晰，一部分呈现颗粒状，而随着 SiC$_w$ 含量的不断增大，复合材料的晶间裂纹明显增多，孔隙率明显增大，这使得该高熵合金复合材料的力学性能出现了严重的下降(杨轶丽, 2020)。

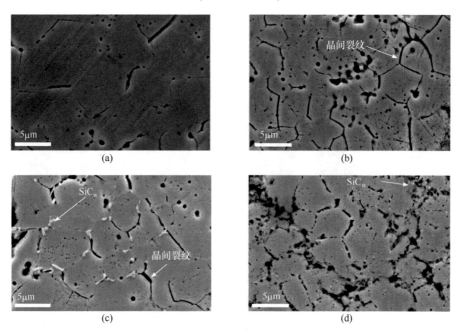

图 6.36　不同增强体质量分数的 SiC$_w$/CoCuFeMnNi 高熵合金复合材料微观组织示意图
(a) 0.5%；(b) 1.0%；(c) 2.0%；(d) 5.0%

3. 碳纳米管/石墨烯增强高熵合金复合材料

作为 21 世纪新材料的代表，碳纳米管和石墨烯均被认为是具有巨大潜力的增强体。因此，碳纳米管和石墨烯增强高熵合金复合材料相继成为了新兴的材料研究领域。与陶瓷颗粒与晶须相似，高含量的碳纳米管与石墨烯增强体易团聚的问题亟待进一步解决，如图 6.37 所示(Singh et al., 2020)，在高能球磨和 SPS 结合制备的质量分数 0%～7% CNTs/FeCoCrNiCu 高熵合金复合材料中，随着 CNTs 质量分数的不断上升，CNTs 在基体中的分散性逐渐变差。对于 2% CNTs/FeCoCrNiCu 高熵合金复合材料而言，尚且能够观察到 CNTs 大致均匀的分散；在 7%CNTs/FeCoCrNiCu 高熵合金复合材料中，CNTs 的团聚现象极为明显，这将对复合材料的烧结致密性产生极为不利的影响(Singh et al., 2020)。

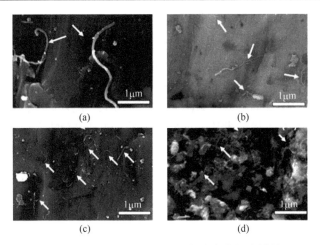

图 6.37　不同 CNTs 质量分数的 CNTs/FeCoCrNiCu 高熵合金复合材料 CNTs 分散效果示意图
(a) 0.2%；(b) 0.5%；(c) 2.0%；(d) 7.0%

　　碳纳米管和石墨烯除了作为有效的增强体以外，还能够成为碳源与高熵合金基体反应，形成结构与化学组分不尽相同的复杂碳化物，从而对高熵合金复合材料的微观组织或者力学性能产生一定影响。如图 6.38 所示，在利用机械混合和激光熔覆结合制备的 1.0% 质量分数的 CNTs/CoCrFeNi 复合材料涂层中，可以明显观察到 CNTs 与高熵合金基体发生了化学反应，析出了一种化学组成为 $(Fe, Cr)_7C_3$ 的 α 共晶相，晶体结构较为复杂(Han et al., 2022)。除此之外，在利用高能球磨和真空热压烧结法制备的 GNPs/CoCrFeNiMn 复合材料中，也发现了 Cr 元素与 GNPs 原位反应生成的碳化物，其化学组成为 $Cr_{23}C_6$(Liu et al., 2022)。相似的现象也出现在镀 Ni 氧化石墨烯(RGO@Ni)增强的 CoCrFeNiMn 复合材料中，经过热压烧结后，RGO@Ni 表面的 Ni 颗粒固溶进入高熵合金基体，氧化石墨烯(RGO)则与高熵合金基体发生化学反应生成了尺寸在亚微米和微米级别的富 Cr 碳化物，其化学结构可大致表示为 $M_{23}C_6$，这种弥散的复杂碳化物与基体之间并未发现严格的晶体学取向关系(杨天海, 2021)。

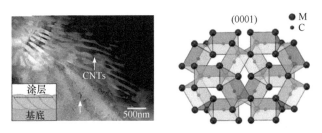

图 6.38　$(Fe, Cr)_7C_3/\alpha$ 共晶相的明场像照片和晶体结构示意图

　　在石墨烯增强高熵合金复合材料的制备过程中，纳米尺寸的石墨烯和高熵

合金基体会因为热膨胀系数不匹配产生晶格体积变化不同的热失配现象，从而在界面处产生热失配应力，进一步导致大量位错与孪晶的形成。例如，在利用粉末冶金制备的多层石墨烯(MLGs)增强的 CrMnFeCoNi 高熵合金复合材料中，大量的位错与孪晶带出现于高熵合金基体中，这也说明 MLGs 的加入导致高熵合金基体在球磨过程中变形更为严重(Luo et al., 2021)。此外，在高能球磨与真空热压烧结结合制备的石墨烯纳米片(GNPs)增强的 CoCrFeMnNi 复合材料中，其微观结构中也出现了明显的孪晶带与位错，位错和孪晶的出现增加了复合材料的变形能力，促进了材料的应变强化，提高了材料的强度和硬度，两者的协同作用确保了复合材料具有良好的力学性能(Liu et al., 2022)。

6.3.3　性能

1. 力学性能

通过向高熵合金基体内加入不同种类不同含量的增强体，可以有效提升高熵合金的抗拉强度，为其在各种工程构件中服役奠定了重要基础。例如，在原位合成制备的不同体积分数的 TiC/$Fe_{2.5}$CoNiCu 高熵合金复合材料中，随着增强体体积分数从 0%上升到 10%，材料的最大抗拉强度从 639MPa 提升到 782MPa，但塑性下降较为明显(邱欢, 2019)。对于高能球磨+SPS 制备的增强体质量分数为 1%的纳米 ZrO_2/WMoNbTaV 复合材料而言(Zong et al., 2022)，其屈服强度、最大抗拉强度和断裂延伸率分别为 2171.1MPa、2461.4MPa 和 12.7%，较未添加 ZrO_2 颗粒的 WMoNbTaV 基体分别提高了 69.0%、62.5%和 32.3%。综合该复合材料的抗拉强度和塑性，可以明显看出其优于真空熔炼法和 SPS 制备的同种合金基体和其他体系的高熵合金，达到了一个良好的强度-塑性匹配，如图 6.39 所示(Zong et al., 2022)。

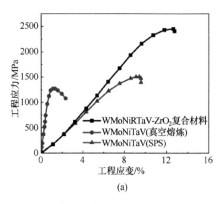
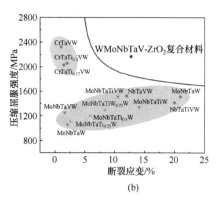

图 6.39　1%纳米 ZrO_2 增强 WMoNbTaV 复合材料与基体的拉伸曲线对比及该复合材料与其他高熵合金的压缩屈服强度对比

(a) ZrO_2/WMoNbTaV 复合材料与 SPS 及真空熔炼制备合金基体的拉伸曲线；(b) 该复合材料与其他体系高熵合金的压缩屈服强度对比

如图 6.40(a)所示，对于原位合成的体积分数 5%～15% TiC/Fe$_{1.2}$MnNi$_{0.8}$Cr 高熵合金复合材料而言，随着 TiC 体积分数的不断上升，复合材料的抗拉强度和塑性均呈现先上升后下降的趋势，而硬度不断上升，相比之下，10% TiC/Fe$_{1.2}$MnNi$_{0.8}$Cr 高熵合金复合材料的抗拉强度和硬度达到了 856MPa 和 454.7HV，断裂延伸率 34%，综合性能最佳(Zhao et al., 2022)。相似地，如图 6.40(b) 所示(Gu et al., 2022)，在体积分数 0%～3%的 SiC/FeMnCoCr 高熵合金复合材料中，随着 SiC 体积分数上升，复合材料的抗拉强度和塑性也呈现先上升后下降的趋势，其中 1%SiC/FeMnCoCr 复合材料的最大抗拉强度达到了 1157MPa，断裂塑性 31%，表现出较为均衡的综合力学性能(Gu et al., 2022)。

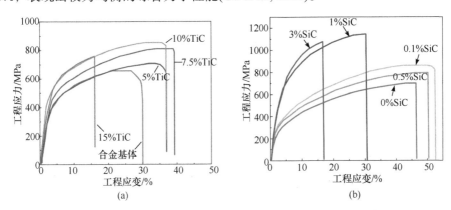

图 6.40　不同体积分数 TiC 增强 Fe$_{1.2}$MnNi$_{0.8}$Cr 高熵合金复合材料以及不同体积分数 SiC 增强 FeMnCoCr 高熵合金复合材料的拉伸曲线

(a) 不同体积分数 TiC/Fe$_{1.2}$MnNi$_{0.8}$Cr 的拉伸曲线；(b) 不同体积分数 SiC/FeMnCoCr 的拉伸曲线

不同增强体对高熵合金复合材料的压缩强度和塑性也有不尽相同的提升效果，如图 6.41(a)所示，在利用溶液球磨和 SPS 制备的 10%增强体体积分数的 TiB$_2$/Co$_{27}$Cr$_{13}$Fe$_{27}$Ni$_{27}$Mo$_4$ 高熵合金复合材料中，较高体积分数的 TiB$_2$ 有效提升了高熵合金基体的最大压缩强度，使其达到了 4.0GPa 的极高值，但塑性有待进一步提升(Yadav et al., 2022)。相比之下，图6.41(b)所示的利用粉末冶金制备的1.0% 增强体质量分数 GNPs/CoCrFeNiMn 高熵合金复合材料则表现出了一个较为平衡的压缩性能，其最大压缩强度达到了 2.4GPa 的较高值，同时保持了 50%以上的压缩应变(Liu et al., 2022)。相似地，对于 TaC$_x$/MoNbRe$_{0.5}$W(x=0, 0.2, 0.4, 0.5, 0.6)高熵合金复合材料而言，其压缩屈服强度和最大压缩强度均随着增强体摩尔分数的上升而上升。当 x=0.6 时，复合材料的压缩屈服强度达到了 1241MPa，最大压缩强度达到了 2351MPa，同时压缩应变仍保持在 9.64%，也达到了一个较高的性能水平(Wei et al., 2019)。

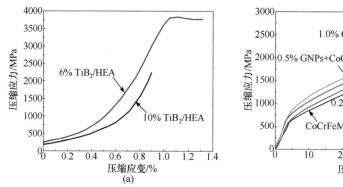
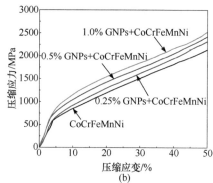

图 6.41　不同 TiB$_2$ 体积分数增强 Co$_{27}$Cr$_{13}$Fe$_{27}$Ni$_{27}$Mo$_4$ 高熵合金复合材料压缩曲线及不同质量
分数 GNPs 增强 CoCrFeNiMn 复合材料的压缩曲线

(a) 不同体积分数 TiB$_2$/Co$_{27}$Cr$_{13}$Fe$_{27}$Ni$_{27}$Mo$_4$ 的压缩曲线；(b) 不同质量分数 GNPs/CoCrFeNiMn 的压缩曲线

　　表 6.12 总结了不同增强体增强高熵合金复合材料的力学性能，包括抗拉强度、压缩强度和硬度。图 6.42 则更进一步地展示了不同增强体增强高熵合金复合材料的拉伸性能与压缩性能对比，从图 6.24 中可以看出，各类型高熵合金复合材料普遍具有较高的压缩强度(>2000MPa)，但其压缩应变相差巨大。同时，对比不同高熵合金复合材料的抗拉强度和塑性可以发现，晶须增强高熵合金复合材料的抗拉强度和塑性普遍不理想，尚有较大的提升空间；石墨烯增强高熵合金复合材料的抗拉强度通常介于 700～900MPa，硬度差异巨大，总体性能处于一个中间水平。不同陶瓷颗粒增强高熵合金复合材料的拉伸性能差别显著，其中 ZrO$_2$ 颗粒、TiC 颗粒和 SiC 颗粒增强的高熵合金复合材料综合性能较为出色，尤其是 TiC 颗粒、ZrO$_2$ 颗粒在某些特定高熵合金基体内部的强化效果远远超过了其他陶瓷颗粒增强体，使得复合材料获得了极高的抗拉强度和较高的塑性，这给高熵合金复合材料的成分设计和增强体选择提供了有力的理论依据与方案指导。

表 6.12　不同高熵合金复合材料抗拉强度、压缩强度与硬度

增强体	基体材料	抗拉强度/MPa	压缩强度/MPa	硬度/HV	参考文献
TiC 颗粒	CoCrFeMnNi	—	2216	—	Yim 等(2019)
	Al$_{0.3}$FeNiCo$_{1.2}$CrCu	—	2260	645	Yang 等(2018b)
	Fe$_{2.5}$CoNiCu	892	—	364	邱欢(2019)
	Fe$_{1.2}$MnNi$_{0.8}$Cr	856	—	454.7	Zhao 等(2022)
	(FeCrNiCo)Al$_{0.75}$Cu$_{0.25}$	2972	—	621	Fan 等(2014)
SiC 颗粒	Fe$_{50}$Mn$_{30}$Co$_{10}$Cr$_{10}$	1157	—	—	Gu 等(2022)
	AlCoCrFeNi$_{2.1}$	1495	—	—	Guo 等(2023)

续表

增强体	基体材料	抗拉强度/MPa	压缩强度/MPa	硬度/HV	参考文献
B_4C 颗粒	CoCrFeMnNi	1024	—	—	Ahn 等(2023)
TaC 颗粒	$MoNbRe_{0.5}W$	—	2351	615	Wei 等(2019)
NbC 颗粒	FeCrNiCu	691.6	—	521.8	Wu 等(2020)
WC 颗粒	$Co_{27.4}Cr_{13.8}Fe_{27.4}Ni_{27.4}Mo_4$	—	2200	—	Yadav 等(2021)
Al_2O_3 颗粒	$Al_{0.4}FeCrCo_{1.5}NiTi_{0.3}$	—	2140	654	Yang 等(2018a)
ZrO_2 颗粒	WMoNbTaV	2461.4	—	997.8	Zong 等(2022)
TiN 颗粒	CoCrFeMnNi	1059	—	—	Li 等(2020)
TiB$_2$ 颗粒	FeCoNiCr	803.5	—	—	Zhang 等(2022)
	FeCoNiCu	571.8	—	—	孙晓东(2018)
	CoCrFeNiMo	—	3750	2244.9	Yadav 等(2022)
SiC 晶须	CoCuFeMnNi	660.1	—	303.1	杨轶丽(2020)
石墨晶须与 TiC 颗粒	FeCoNiCu	566	—	—	Sun 等(2018)
CNTs	CoCrFeNi	—	—	271.8	Han 等(2022)
GNPs	$Fe_{50}Mn_{30}Co_{10}Cr_{10}$	922	2205	—	刘芯宇(2018)
	CoCrFeNiMn	826.4	2530.1	425.7	Liu 等(2022)
多层石墨烯片 (MLG)	CrMnFeCoNi	762	—	276.2	Luo 等(2021)
镀镍氧化石墨烯 (Ni@RGO)	CoCrFeMnNi	722	—	265	杨天海(2021)

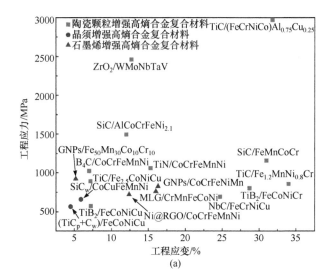

(a)

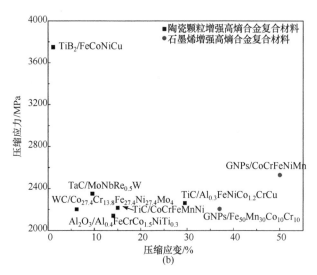

图 6.42　不同种类高熵合金复合材料的力学性能对比
(a) 抗拉强度与塑性对比；(b) 压缩强度与塑性对比

2. 耐磨性

对于添加不同增强体的高熵合金复合材料而言，硬质陶瓷颗粒和带有自润滑特性的纳米碳材料都能够有效提升其耐磨性。总体而言，高熵合金复合材料的摩擦磨损行为与相关机理受到多方面因素的影响，包括增强体的含量、析出相成分、摩擦试验的温度等。

随着增强体含量的上升，高熵合金复合材料的耐磨性与摩擦磨损机制将发生一定的变化。如图 6.43 所示，在 SPS 制备的原位 $TiC/Al_{0.2}Co_{1.5}Cr\,FeNi_{1.5}Ti_{0.5}$ 复合材料中，经过 10N 载荷的室温两体干摩擦测试后，发现随着原位增强 TiC 的物质的量逐渐上升，复合材料的磨损率呈现下降的趋势，而摩擦系数先上升后下降(Xin et al., 2020)。进一步测量该复合材料磨痕宽度与磨痕截面深度得知，磨损表面的划痕逐渐变浅，宽度也渐渐变窄，这说明硬质原位 TiC 颗粒能够有效地提升该复合材料的耐磨性(Xin et al., 2020)。此外，在利用球磨+SPS 制备的不同摩尔分数 WC/FeCoCrNi 高熵合金复合材料中，经过 20N 载荷的室温两体干摩擦测试，发现不同摩尔分数的高熵合金复合材料的磨损机理随着 WC 含量的变化而变化。在 WC 摩尔分数低于 7%时，该复合材料的主要磨损机理是黏着磨损，磨损率较低；当增强体摩尔分数增加时，硬质 WC 倾向于嵌入基体，并在摩擦过程中将基体带出，因此磨损率迅速上升，磨粒磨损成为主导机制(Zhang et al., 2023)。

如前文所述，特定的增强体会与高熵合金基体发生反应形成原位固溶体或硬质析出相，这对于高熵合金复合材料的耐磨性也会起到一定的提升作用。如图 6.44

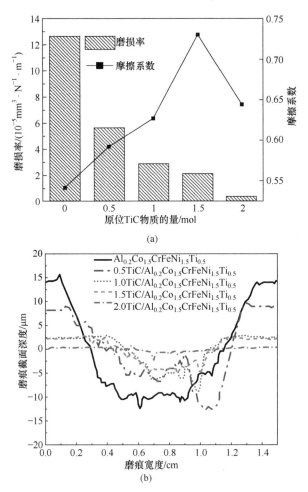

(a)

(b)

图 6.43　不同含量 $TiC/Al_{0.2}Co_{1.5}CrFeNi_{1.5}Ti_{0.5}$ 复合材料及基体在室温摩擦实验条件下的特性
(a) 摩擦系数、磨损率变化；(b) 磨痕宽度与磨痕截面深度变化

所示(Han et al., 2022)，通过对激光熔覆制备的 CNTs/CoCrFeNi 复合材料进行载荷 4.9N 的室温两体摩擦实验可以发现，复合材料的磨损率和磨痕截面积显著低于 CoCrFeNi 基体，说明 CNTs 的加入有利于提升 CoCrFeNi 高熵合金的耐磨性。这种增强效果主要来自碳元素在晶界的溶解强化和基体内碳化物在晶界的析出强化。在磨损过程中，层状碳化物以 α 共晶结构沉积在磨损层表面，形成碳化物硬化层，防止了 CNTs/CoCrFeNi 涂层的进一步严重磨损(Han et al., 2022)。类似地，在质量分数 8%及以上 SiC 增强 $CoCrFeNiMo_{0.2}$ 复合材料中，高含量的 SiC 促进了高熵合金基体内部原位碳化物和 BCC 结构析出相的生成，从而有助于材料表面硬度的提升与耐磨性的上升(Zhang et al., 2023)。

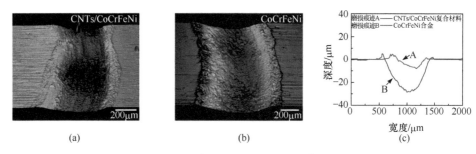

图 6.44　CNTs/CoCrFeNi 复合材料与基体的磨损程度对比及磨损截面示意图
(a)(b) 磨损程度对比；(c) 磨损截面宽度与深度示意图

与高熵合金复合材料的室温摩擦相比，高熵合金复合材料高温摩擦过程中往往会在基体表面形成氧化物，从而起到一定的润滑效果，有效减少了磨损率。如图 6.45 所示，通过对 SPS 制备的 (CaF_2+BaF_2+Ag)/CoCrFeNi 复合材料进行恒定载荷 20N、持续时间 20min 的不同温度(22℃～800℃)条件下的两体滑动摩擦实验可以发现(Zhang et al., 2017)，在测试温度范围内，复合材料的摩擦系数始终介于 0.20～0.26，磨损率也一直保持在较低范围，始终低于高熵合金基体。CaF_2+BaF_2+Ag 的增强体组合能够在高温条件下与基体磨损面生成的氧化物起到较好的协同自润滑效果，从而大幅提高复合材料的耐磨性。此外，如图 6.46 所示(Sun et al., 2022)，对激光熔覆制备的 TiC/CrMnFeCoNi 复合材料进行恒定载荷 30N、

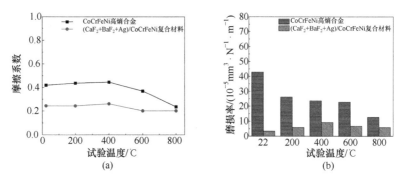

图 6.45　(CaF_2+BaF_2+Ag)/CoCrFeNi 复合材料及基体在不同温度磨损试验下的性能
(a) 摩擦系数；(b) 磨损率

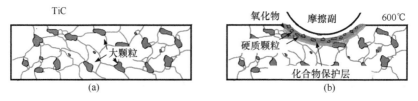

图 6.46　TiC/CrMnFeCoNi 复合材料的微观组织示意图和高温摩擦磨损机理
(a) 微观组织示意图；(b) 高温摩擦磨损机理

600℃条件下的高温滑动摩擦试验也发现，高熵合金基表面的突出颗粒间隙会形成或者截留一定量的磨损氧化物，从而起到固体润滑剂的作用，有效减少了磨损率(Sun et al., 2022)。

3. 耐腐蚀性能

通过在高熵合金复合材料基体中加入不导电且耐腐蚀的增强体，可以在一定范围内有效提升其抵抗电化学腐蚀的能力。例如，对于含有不同质量分数(0.1%~7.0%)的 CNTs/FeCoCrNiCu 高熵合金复合材料而言(Singh et al., 2020)，其电化学腐蚀速率在 CNTs 含量不超过 2.0%时与增强体质量分数呈负相关关系；当 CNTs 的添加含量分别达到 3%、5%和 7%时，碳纳米管的团聚颗粒使得复合材料的腐蚀速率显著提高。与原始 FeCoCrNiCu 高熵合金基体相比，2%CNTs/FeCoCrNiCu 复合材料的腐蚀速率降低了 88.6%。

就高熵合金复合材料耐电化学腐蚀的机理而言，普遍认为增强体在高熵合金中可以促进氧化物形成、细化晶粒和保护钝化膜的结构，从而有效提升复合材料的耐腐蚀性。例如，在氧化石墨烯(oxidized graphene, GO)增强的 MnFeCoNiCu 复合材料中，所有复合材料的涂层耐腐蚀性均高于不含氧化石墨烯的合金基体，且复合材料的耐腐蚀性与氧化石墨烯含量呈正相关。这种耐腐蚀性的提高源于氧化石墨烯加入 MnFeCoNiCu 基体中可以促进稳定氧化物的形成，从而减少离子扩散，进一步提高了复合材料的耐腐蚀性(Aliyu et al., 2022)。

图 6.47 展示了激光粉床熔融制备的 TiB_2/FeCoNiCr 高熵合金复合材料在 NaCl 溶液中的腐蚀机理，对于高熵合金基体，晶粒取向差导致相邻晶粒之间存在电位差，形成微电池，因此电化学腐蚀沿着晶界传播，腐蚀坑密度较少但深度较深；对于加入 TiB_2 纳米颗粒的复合材料而言，较小的晶粒尺寸阻碍了晶间腐蚀程度的加深，同时高密度的晶界也有助于钝化膜的形成，从而有效地降低了合金基体的腐蚀速率(Zhang et al., 2022)。

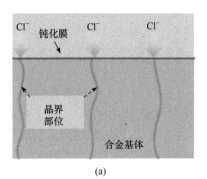
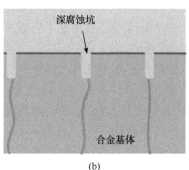

(a)　　　　　　　　　　　　　(b)

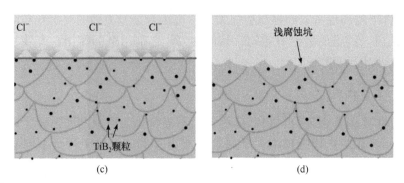

图 6.47　FeCoNiCr 合金基体与 TiB₂/FeCoNiCr 复合材料的腐蚀机理示意图
(a)(b) 合金基体的腐蚀机理；(c)(d) 复合材料的腐蚀机理

6.3.4　应用前景

通过前文的论述和研究结果不难发现，高熵合金复合材料不论是在力学性能、耐磨性、耐腐蚀性能与耐高温性能层面都有着传统合金难以企及的优异表现。这种各方面性能并重的"多面手"特点使得高熵合金复合材料有望填补现代航空航天、国防军工乃至民用设备领域的多项材料需求缺口。由此可见，高熵合金复合材料不论是在结构材料领域还是功能材料领域都拥有广阔的应用前景与巨大的应用潜力。基于现有的科学研究与探索，普遍认为高熵合金复合材料的主要应用方向包括航空航天、核工业、机械制造和生物医学领域。

1. 航空航天领域的应用

航空航天飞行器结构件经常需要面对高温和高压的服役环境，相关材料的高温力学性能面对不少挑战，而高熵合金复合材料能够完美地适配这一需求。例如，对于 MoNbTaW 体系的高熵合金而言，其在 1200K 的条件下仍能维持 1GPa 左右的屈服强度，这种得天独厚的高温力学性能要远好于目前商用的 Inconel 718 高温镍基合金和绝大多数非晶合金，如果将这种高熵合金与新一代高强耐高温增强体复合，其构成的复合材料体系有望在航空航天耐高温结构材料的研究领域取得突破性的重大进展。

作为高熵合金体系投入实际应用的一个研究热点，轻质高强高熵合金复合材料有助于实现航空航天领域构件轻量化和性能强化的目标。对于飞行器外壳、航空发动机涡轮叶片(图 6.48)(Li et al., 2017)、交通运输结构件及机载移动设备而言，轻质高熵合金复合材料将毋庸置疑地成为它们的有力候选材料。

图 6.48 　增材制造制备的 $SiB_2/FeAlCuCoCr$ 高熵合金复合材料发动机涡轮叶片

与此同时，高熵合金基体自身就拥有极好的耐磨性和耐热特性，因此通过向高熵合金基体内部添加硬质增强陶瓷颗粒的高熵合金复合材料将可以被用作热障涂层和耐磨损涂层，这为未来航空航天飞行器外壳涂层、发动机抗氧化涂层及起落架刹车片相关材料的设计、开发与制造提供了启示。

2. 核工业领域的应用

对于高熵合金复合材料而言，其独特高熵效应是一个组成元素种类和体系混合熵值不断增加的过程，这一点与核裂变反应的特点完美契合。此外，高熵合金复合材料具有较高的抗辐射特性、极强的耐腐蚀性和耐高温氧化性，因此高熵合金复合材料可为核工业相关材料的探索提供思路，是核反应堆的高压容器包覆材料及抗辐射屏蔽材料的有力竞争者。例如，对于 BN 薄膜和 B_4C 颗粒共同增强的 WNiCoFeCr 高熵合金复合材料而言，其能够大幅降低较高辐射能量下(>0.4MeV)光子的平均运动自由程。此外，该复合材料的辐照屏蔽效果和中子辐照吸收效果也要远强于传统的混凝土材料(Kavaz et al., 2022)。

3. 机械制造领域的应用

对于碳化物和氮化物陶瓷颗粒增强的高熵合金复合材料，其微观结构中往往会形成大量金属碳化物或者金属氮化物，它们通常呈现非晶态组织或者固溶体结构，且具有极高的强度与硬度。因此，对于高速钢或者刀具切削钢，这一类高熵合金复合材料可以被用作扩散屏障及硬质涂层，从而有效延长切削器件的寿命(Chen et al., 2010)。除此之外，高熵合金复合材料也可以用作两种合金之间的过渡层，用于扩散焊接纯 Ti、Ti-Cu 合金、Al-Cu 合金或 Cr-Ni-Ti 不锈钢的焊料(吴正刚等, 2021)。高熵合金复合材料还可以被用作焊接硬质合金和钢的钎焊钎料，这一类以高熵合金复合材料为主要成分的钎料提供了良好的焊接接头灵活性，确保了一个令人满意的制造和安装工艺。

4. 生物医学领域的应用

金属生物材料由于具有适当的弹性模量、耐磨性和耐腐蚀性等独特的力学性能，一直被视为生物医学行业的关键组成部分。对于目前已经使用的 316L 不锈钢和 Ti_6Al_4V 等材料而言，它们在生物相容性、耐磨性和耐腐蚀性方面均存在一定的问题。例如，Ti_6Al_4V 生物材料在长期使用过程中，V 和 Al 元素会被释放到血液中，对人体神经系统造成一定的损害(Brechtl et al., 2022)。因此，对于某些不含有 Al 和 V 元素，同时具有较好耐磨性和耐腐蚀性的高熵合金复合材料而言，其在生物医学领域的应用潜力值得进一步地挖掘。有报道指出，$Ti_xZrNbTaMo$ 体系的高熵合金及其复合材料能够在磷酸盐缓冲液中形成稳定的表面氧化膜，且其在缓冲溶液中的耐磨性要优于传统的 Ti_6Al_4V 合金，具有较高的生物医学应用价值，有望成为新一代人造骨、人工关节、接骨板或骨钉的制造材料(Gromov et al., 2022)。

6.4　航空航天用非晶合金复合材料

6.4.1　概述

非晶态金属合金是金属熔体在极高的冷速下凝固，来不及形核结晶就已经冷却为固态，从而保留了非晶结构的一种合金，简称非晶合金(amorphous alloy)，也被称为金属玻璃(metallic glass)。不同合金形成非晶结构的能力不同。常规合金必须以极高的冷速凝固，才能保留非晶结构。有些合金在较低冷速下就可以形成非晶结构。用来衡量合金非晶形成能力的常用参数是约化玻璃转变温度和过冷液相区。一般来说，合金的约化玻璃转变温度越高、过冷液相区越大，其非晶形成能力也越强。研究发现，具有深共晶成分的合金系(特别是三元、四元或组元更多的合金系)一般具有较强的非晶形成能力，这些合金系的成分通常是经过专门设计的。基于大量的实验和设计，Inoue 等(2000)总结出了非晶合金成分设计的"三项经验原则"：①合金系由三种及三种以上元素组成；②合金系中三种主要组成元素的原子直径差高于12%；③合金系的三种主要组成元素的混合热为负值。随着非晶合金成分设计理论不断完善和制备技术不断提高，有很多非晶合金形成能力很强的合金被设计出来，非晶合金的临界尺寸也在不断提高，其实用价值逐步显现。不同合金系非晶合金的最大临界尺寸及其制备年份如图 6.49 所示(Qiao et al., 2016)。

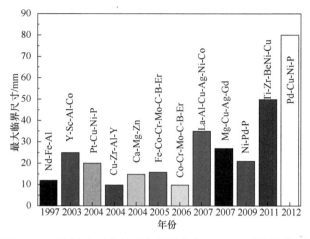

图 6.49　不同合金系非晶合金的最大临界尺寸及其制备年份

　　非晶合金的原子处于长程无序、短程有序的状态，原子排列呈均质界面，不具有空位、位错和晶界等缺陷。因此，非晶合金抵抗变形的能力更强，其强度远高于同成分的晶态合金。非晶合金中不存在晶界和位错，因此也没有成分偏析和析出相。这种高度均匀的结构和成分，使非晶合金具有良好的耐腐蚀能力。非晶合金表面能很高，容易在表面形成均匀、致密和包覆性良好的钝化膜，进一步提高其耐腐蚀性能。除此之外，非晶合金还具有低热膨胀系数和高电阻率等物理特性。非晶合金的电阻率比同成分的晶态合金要高 2～3 倍。虽然非晶合金表现出超高的刚度、强度，但塑性却极差。非晶合金与晶体材料的变形机理不同，非晶合金是通过高度局域化剪切带实现变形的。虽然在剪切带内的塑性变形很大，但是材料整体产生的剪切带太少，且单一剪切带过度扩展会导致材料很快产生裂纹，使非晶合金的塑性变形受到限制，从而导致非晶合金在室温下表现出宏观脆性，这极大地限制了非晶合金的应用。

　　当非晶合金中没有第二相时，仅产生少数剪切带，且剪切带一出现就开始沿着单一方向扩展，这对塑性变形极为不利；当非晶合金中存在第二相时，第二相可以阻碍单一剪切带的过度扩展，促使非晶合金在应力作用下产生更多剪切带。此外，剪切带扩展遇到第二相时还会在应力作用下增殖，发展出更多扩展方向不同的剪切带，进而提高非晶合金的塑性。为了改善非晶合金的宏观脆性，使其更具有工程实用价值，人们开始对非晶合金复合材料进行大量研究，希望利用复合材料中的第二相来控制剪切带的数量和扩展方向。非晶合金复合材料的塑性与非晶合金相比得到了极大的提升，且非晶基体本身拥有很高的强度，因此非晶合金复合材料的韧性极高。非晶合金复合材料的断裂韧性远远高于与其基体成分相同的非晶合金本身的韧性，也高于常见镁合金、铝合金、陶瓷的韧性，甚至高于钛合金和钢铁的韧性。图 6.50 为新型非晶合金复合材料与传统工程材料的弹性模量及断裂韧性对比(Hofmann et al., 2008)。发展非晶合金复合材料已经成为提高非晶合金塑性、充分利用其力学性能的一个重要途径，非晶合金复合材料也被视为极具潜力的工程材料。

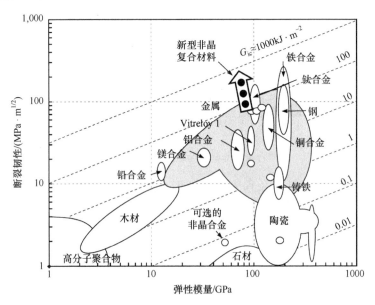

图 6.50　新型非晶合金复合材料与传统工程材料的弹性模量及断裂韧性对比
G_{ic}-断裂能量释放率

6.4.2　常见分类

按照增强体的引入方式可以将非晶合金复合材料分为原位内生型非晶合金复合材料和外加型非晶合金复合材料，如图 6.51 所示。其中，原位内生型非晶

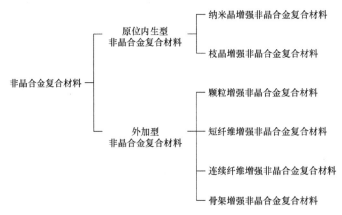

图 6.51　非晶合金复合材料的分类

合金复合材料包括纳米晶增强非晶合金复合材料和枝晶增强非晶合金复合材料；外加型非晶合金复合材料包括颗粒增强非晶合金复合材料、短纤维增强非晶合金复合材料、连续纤维增强非晶合金复合材料和骨架增强非晶合金复合材料。

1. 原位内生型非晶合金复合材料

1) 纳米晶增强非晶合金复合材料

由弥散的纳米晶对非晶基体进行增强的材料称为纳米晶增强非晶合金复合材料。纳米晶是从非晶基体中直接生长出来的，与基体结合良好，因此纳米晶增强非晶复合材料通常表现出良好的性能。非晶合金中的纳米晶可直接通过熔体快速凝固获得，也可以通过非晶晶化的方法获取，还有一些其他更为特殊的方法。

快速凝固制备纳米晶增强非晶合金复合材料的方法依赖于材料的成分，一般需要向合金系中添加掺杂剂。例如，向 Pr 系合金中添加 Fe 元素(Wang et al., 2006)或向 Fe 系合金中添加 Nb 元素(Zheng et al., 2023)，当掺杂达到合适比例时，都会促使非晶合金中形成纳米晶相。掺杂元素会使合金产生相分离，部分熔体在合金凝固过程中脱离共晶成分导致非晶形成能力下降，最终形成纳米晶，如图 6.52 所示(Zheng et al., 2023)。

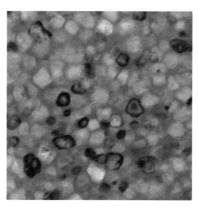

图 6.52　通过掺杂元素结合快速凝固获得的纳米晶

非晶晶化法通过热处理退火、通电退火及激波晶化等将非晶基体部分晶体化，从而制备得到纳米晶增强非晶合金复合材料。退火时间越长，纳米晶生长尺寸越大；当时间足够长时，材料整体可以完全转变为具有纳米晶结构的晶体合金，而不再具有非晶结构，非晶晶化法纳米晶在非晶基体中形核生长如图 6.53 所示(Inoue et al., 2000)。非晶合金经过退火后生长出的纳米晶在基体内弥散分布，如图 6.54 所示(Inoue et al., 2000)。非晶基体和纳米晶的界面具有完美的过渡区，没有界面分离现象，如图 6.55 所示(Zhang et al., 2010)。以上两点可以确保纳米晶增强非晶复合材料的结构完整性。

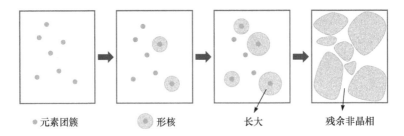

·元素团簇　　　　　　形核　　　　　　　长大　　　　　　残余非晶相

图 6.53　非晶晶化法纳米晶在非晶基体中形核生长示意图

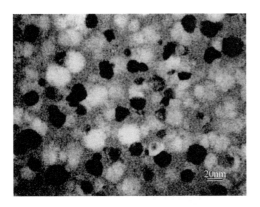

图 6.54　$Zr_{65}Al_{7.5}Ni_{10}Cu_{7.5}Pd_{10}$ 合金经过退火　　　图 6.55　$Zr_{67.5}Cu_{17.5}Fe_5Al_{10}$ 非晶基体与纳
　　　　　　后生长出的纳米晶　　　　　　　　　　　　　　　米晶具有良好的界面

2) 枝晶增强非晶合金复合材料

由内生枝晶对非晶基体进行增强的材料称为枝晶增强非晶合金复合材料。枝晶增强非晶合金复合材料一般通过急冷铸造法获得，组织均匀。

非晶合金中枝晶的形成也比较依赖合金成分。在凝固过程中，枝晶和非晶基体的形成大致分为两个阶段。第一阶段，熔体温度降到玻璃转变温度之前，β 枝晶从均匀熔体中析出并长大，剩余熔体成分逐渐靠近非晶形成能力较强的共晶成分。第二阶段，材料温度降至玻璃转变温度以下，枝晶停止长大，剩余熔体凝固并保留了非晶结构。容易形成枝晶的非晶合金系有 Zr 系、Ti 系和 Fe 系合金。另外，向合金中加入 Nb 元素有助于枝晶的形成。Nb 元素容易和 Zr、Ti 等主元素形成固溶体型初晶相，并能使该固溶体稳定存在。

Zr 系合金中形成的具有微米枝晶形貌的 β-Zr(Ti, Nb) 相，如图 6.56 所示(Hays et al., 2000)；Ti 系合金中形成的具有微米枝晶形貌的 β-Ti(Zr, Nb) 相，如图 6.57 所示(Cui et al., 2015)。

图 6.56　Zr 系非晶合金中形成的具有微米
枝晶形貌的 β-Zr(Ti, Nb) 相

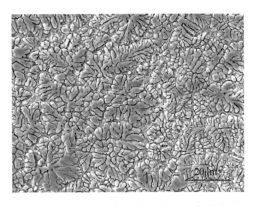

图 6.57　Ti 系非晶合金中形成的具有微米枝
晶形貌的 β-Ti(Zr, Nb) 相

枝晶的变形能力较强，因此枝晶增强非晶合金复合材料表现出极大的塑性变形能力，并有加工硬化现象，具有典型的缩颈现象，其断裂韧性和传统的钢、钛合金的断裂韧性相当，甚至更高。单一 β-Zr(Ti, Nb) 枝晶相的屈服强度仅为 550MPa，但有良好的室温塑性。因此，强度较低的 β 枝晶在应力作用下首先可以通过位错运动、孪晶等产生变形，随后载荷会被传递到枝晶周围的非晶合金基体，基体将产生剪切带。随着载荷的进一步增加，剪切带会扩展并与其他的枝晶或剪切带产生相互作用。剪切带扩展至枝晶处，可能会停止扩展，也可能产生新的剪切带并改变扩展方向以绕过或者穿过枝晶。因此，枝晶可以有效地阻止单一剪切带在单一方向的过度扩展，促进多重剪切带的形成，使复合材料的室温塑性得以改善。

2. 外加型非晶合金复合材料

1) 颗粒增强非晶合金复合材料

颗粒增强非晶合金复合材料通过外加颗粒增强体对非晶合金基体进行增强。常用的颗粒增强体可分为脆性陶瓷颗粒和韧性金属颗粒。一般采用搅拌铸造、搅拌感应熔炼和粉末冶金等方式制备颗粒增强非晶合金复合材料。

由于颗粒增强体大多为微米级颗粒，一般没有团聚倾向，无论采用哪种制备方法，都可以较容易地将颗粒增强体分散在基体中。非晶合金复合材料采用的陶瓷颗粒和金属颗粒增强体一般为高熔点增强体，如 SiC、WC、TiC、W、Ta 和 Nb 等。采用这些高熔点颗粒增强体可以避免制备过程中合金基体和增强体颗粒过度反应或诱发结晶。粉末冶金法一般采用振动混粉或低能球磨法将增强体分散到非晶合金粉末中，后续采用 SPS 或热压法，将混合粉末烧结为块体。这要求粉末冶金采用的非晶合金具有很强的非晶形成能力，否则非晶基体容易在 SPS 或热压的过程中晶化。

陶瓷颗粒与金属的润湿性一般较差，但陶瓷颗粒可与非晶基体在界面处发生扩散或界面反应形成稳定的界面。例如，SiC 加入 Zr 基非晶合金后会在界面处形成 ZrC 层。陶瓷颗粒具有晶体结构且与金属的润湿性较差，因此陶瓷颗粒与非晶合金基体的界面较为清晰。图 6.58 为 15%WC/$Zr_{57}Nb_5Al_{10}Cu_{15.4}Ni_{12.6}$ 非晶合金复合材料(Choi-Yim et al., 1997)，15%为增强体体积分数，图 6.58 中 WC 颗粒与非晶基体的界面清晰可见。大多数陶瓷颗粒增强非晶合金复合材料的形貌与之相似。金属颗粒与非晶晶体有可能会有更好的润湿性，因此金属非晶基体的界面不那么明显。图 6.59 为 50%Nb/$Zr_{57}Nb_5Al_{10}Cu_{15.4}Ni_{12.6}$ 非晶合金复合材料(Choi-Yim et al., 2002)，50%为增强体体积分数。金属颗粒增强非晶合金复合材料的形貌大多相似。如果使用金属颗粒增强非晶合金，还可以采用激光增材制造。由于激光增材制造过程中粉末有短暂的熔化过程，这有利于金属颗粒和非晶基体的扩散而形成连续的过渡界面。图 6.60 为激光增材制造的 50%Nb/$Zr_{50}Ti_5Cu_{27}Ni_{10}Al_8$ 非晶合金复合材料中 Nb 颗粒与非晶基体的界面(Hu et al., 2022)。

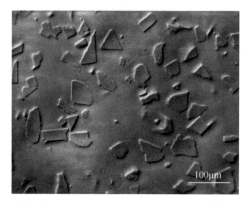

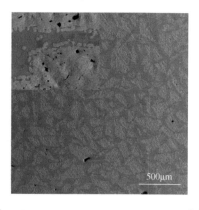

图 6.58　15%WC/ $Zr_{57}Nb_5Al_{10}Cu_{15.4}Ni_{12.6}$ 非晶合金复合材料

图 6.59　50%Nb/ $Zr_{57}Nb_5Al_{10}Cu_{15.4}Ni_{12.6}$ 非晶合金复合材料

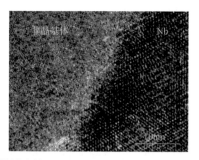

图 6.60　激光增材制造的 50%Nb/$Zr_{50}Ti_5Cu_{27}Ni_{10}Al_8$ 非晶合金复合材料中 Nb 颗粒与非晶基体的界面

2) 短纤维增强非晶合金复合材料

短纤维增强非晶合金复合材料通过外加短纤维增强体对非晶合金基体进行增强。短纤维增强非晶合金复合材料一般采用搅拌铸造、搅拌感应熔炼和粉末冶金等方式来制备。常见的短纤维增强体一般具有高弹性模量、高抗拉强度和稳定的物化性能，如碳纤维(C_f)、碳纳米管等。

短纤维增强体相对于非晶合金基体有更高的弹性模量，可在界面上与基体形成弹性位错，导致应力变化，有利于多重剪切带和二次剪切带的形成。图 6.61 为 $7\%C_f/Zr_{50.5}Cu_{36.45}Ni_{4.05}Al_9$ 非晶合金复合材料组织(Liu et al., 2011)。

石墨结构的 C_f 与基体润湿性较差，界面结合强度较低，载荷传递效果较弱。但值得注意的是，增强体通常会和基体发生界面反应。对于 C_f 和非晶合金基体来说，其本征界面强度较弱、载荷传递效率的不足可以通过界面反应来弥补。例如，在 $7\%C_f/Zr_{50.5}Cu_{36.45}Ni_{4.05}Al_9$ 非晶合金复合材料中，C_f 与 $Zr_{50.5}Cu_{36.45}Ni_{4.05}Al_9$ 的界面会反应生成 ZrC 界面相，如图 6.62 所示(Liu et al., 2011)。这些界面产物可以使增强体与基体通过强烈的化学键连接到一起，使界面强度提高。除此之外，C_f 还是剪切带的主要形核源。当单一剪切带的延伸被 C_f 阻挡，会衍生出多重剪切带，直到 C_f 上承受的载荷足以使其被破坏，可以提高非晶基体的变形能力。这表明如果使用具有更高本征剪切强度的增强体(如 CNTs)，可以增强非晶合金复合材料的塑性，促使增强展现出更高的强度。

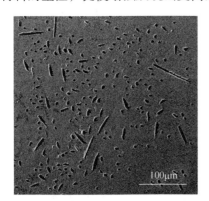

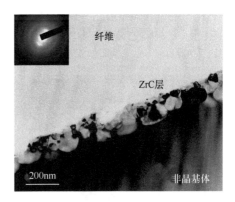

图 6.61　$7\%C_f/Zr_{50.5}Cu_{36.45}Ni_{4.05}Al_9$ 非晶合金
复合材料组织

图 6.62　$7\%C_f/Zr_{50.5}Cu_{36.45}Ni_{4.05}Al_9$ 非晶合金
复合材料的 ZrC 界面相

3) 连续纤维增强非晶合金复合材料

连续纤维增强非晶合金复合材料是研究人员针对性开发的一种材料。最初研究连续纤维增强非晶合金复合材料是为了利用其自锐性，用于替代制造贫铀穿甲弹壳体的材料。利用连续纤维增强非晶合金复合材料制备弹芯的穿深比钨合金的穿深提高了 10%以上。连续纤维自身连续性很好且贯穿了整个基体，还可以有效提高非晶合金的塑性。连续纤维增强非晶合金复合材料的制备主要采用浸渗方法，使用的纤维主要有碳纤维、钨丝、钢丝等。连续纤维对非晶合金的塑性提高程度与其体积分数相关，但并非线性相关。图 6.63 为 $80\%W_f/Zr_{41.2}Ti_{13.8}Ni_{10.0}Cu_{12.5}Be_{22.5}$ 非晶合金复合材料沿钨丝径向横截面组织(Zhang et al., 2013b)。连续纤维在径向和轴向的尺寸差别很大，因此最终的复合材料中沿纤维径向的横截面和沿纤维轴向的纵截面组织形貌差异很大，这将使连续纤维增强非晶合金复合材料具有明显的各向异性。

4) 骨架增强非晶合金复合材料

骨架增强非晶合金复合材料采用具有连续空间结构的增强体(骨架)。在铸造过程中添加造孔剂可以获得骨架增强体，也可以采用粉末冶金或增材制造的方法制备骨架增强体。采用粉末冶金的优点是更容易控制空隙的尺寸、比例等，制备处的骨架空隙较均匀，质量更好。将非晶合金与骨架增强体同时加热至一个高于合金熔点但低于骨架增强体熔点的温度，随后使非晶合金熔体通过压力铸造或压力浸渗的方法融入骨架增强体。制备工艺要求骨架增强体在压力铸造或浸渗过程中不能熔化，因此骨架增强体的熔点必须高于非晶合金基体的熔点。W 是最常用的制备骨架增强体的金属。为了获得更轻质的骨架增强体，Mo、Ti 等金属和 SiC 等非金属相继被用于制备骨架增强体。具有连续空间结构的骨架是一个整体，因此骨架增强体除了有利于多重剪切带的形成外，还有助于协调非晶基体的变形，这可以大幅度提高非晶合金复合材料的塑性。图 6.64 为 $80\%W_p/Zr_{38}Ti_{17}Cu_{10.5}Co_{12}Be_{22.5}$ 非晶合金复合材料的微观组织(Xue et al., 2007)。

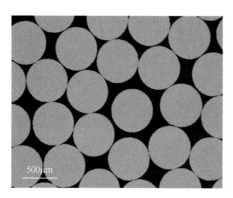
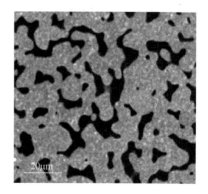

图 6.63　$80\%W_f/Zr_{41.2}Ti_{13.8}Ni_{10.0}Cu_{12.5}Be_{22.5}$ 非晶合金复合材料沿钨丝径向横截面组织

图 6.64　$80\%W_p/Zr_{38}Ti_{17}Cu_{10.5}Co_{12}Be_{22.5}$ 非晶合金复合材料的微观组织

6.4.3　性能

1. 力学性能

纳米晶增强非晶合金复合材料力学性能与其纳米晶性质、尺寸及体积分数密切相关。当纳米晶尺寸大于剪切带的宽度时，晶体相能够有效阻止剪切带的扩展，并产生更多新的剪切带，使非晶合金基体中的单一剪切带发展成为多剪切带，进而大幅度提高塑性。如果纳米晶是脆性相，就会先于基体断裂而威胁到基体本身的性能。当纳米晶的尺寸小于剪切带的宽度时，就不能有效地阻止剪切带的扩展，也难以使单一剪切带发展成为多剪切带，只能阻碍剪切带内的原子运动，使剪切带变窄，导致材料强度增加，无法有效提高塑性。图 6.65 为非晶合金复合材料中剪切带的扩展示意图(薛云飞, 2019)。

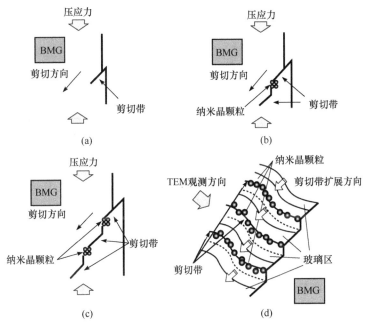

图 6.65　非晶合金复合材料中剪切带的扩展示意图
BMG-块状金属玻璃材料

随着纳米晶相体积分数的提高，非晶合金复合材料的压缩强度也会提高，但只有在纳米晶相比例较低时复合材料的塑性才能获得较明显的改善。当纳米晶的尺寸适中、数量合适时，可以起到促进多重剪切带形成的作用；纳米晶多为脆性的金属间化合物，粗化的纳米晶容易断裂，造成材料塑性下降。图 6.66 为非晶合金复合材料压缩屈服强度、压缩强度和压缩断裂应变随纳米晶体积分数的变化(Fan et al., 2000)。从图 6.66 中可以看出，纳米晶增强的非晶合金复合材料的压缩强度可超过 2000MPa，而压缩断裂应变可达到 5%。

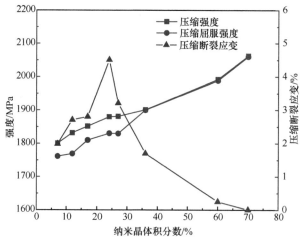

图 6.66　非晶合金复合材料压缩屈服强度、压缩强度和压缩断裂应变随纳米晶体积
分数的变化

　　通过退火和熔体快速凝固制备的非晶合金复合材料也有差异。退火容易导致非晶基体的结构弛豫，大多数非晶基体在这种情况下都会出现脆化倾向。利用熔体快速凝固制备出的纳米晶增强非晶合金复合材料没有经过退火处理，含有大量的自由体积，力学性能更好。但熔体快速凝固制备出的纳米晶增强非晶合金复合材料具有明显的尺寸效应。随着样品尺寸增大，析出晶体相的尺寸和分布变得极不均匀，从而导致塑性急剧下降。

　　对于枝晶增强非晶合金复合材料，其力学性能受内生枝晶的强度和体积分数、尺寸的影响。枝晶强度分为两种情况：第一种是枝晶的强度与非晶合金基体的屈服强度相当。当载荷达到非晶合金的屈服强度时，原来枝晶内部的滑移带通过界面延伸到基体内部形成剪切带，非晶合金基体内部产生剪切带。剪切带遇到其他枝晶后被阻碍，要么停止扩展，要么改变扩展方向，并形成多重剪切带以绕过或穿过枝晶。样品最终的破坏是由于复杂剪切带贯穿整个试样，此时样品表现为一定程度的加工硬化。第二种是枝晶强度低于非晶合金基体的屈服强度。在载荷达到非晶合金屈服强度之前的某一时刻，枝晶失去塑性变形能力。此时的复合材料相当于由两个脆性相组成，即非晶合金基体和硬化后的枝晶相。从枝晶相停止硬化到基体屈服出现剪切带这段变形过程中，界面协调了两相内应力差。当载荷达到非晶合金基体的屈服强度时，基体出现剪切带，之后的过程仍是枝晶限制剪切带扩展，这种材料的变形过程表现为先加工硬化后应变软化。

　　枝晶增强非晶合金的力学性能与枝晶相体积分数和尺寸关系很大。由于枝晶的变形能力较强，提高枝晶相的体积分数可以显著提高非晶合金复合材料的塑性。当枝晶相数量较少时，其体积分数的提高主要依靠新枝晶的形成，同时枝晶也会长大，这样各枝晶都可以充分生长，枝晶尺寸适中。当非晶基体内枝晶相的数量达到一定限度时，可以依靠原有枝晶的粗化提高体积分数，这样枝晶的尺寸较粗大。因此，即使枝晶相的体积分数相同，其尺寸也不一定相同，相应非晶合金复合材料的力学性能也不一定相同。图 6.67 为枝晶增强非晶合金复合材料压缩屈服强度、压缩强度和压缩断裂应变随枝晶尺寸的变化(Wang et al., 2017)。可见，枝晶增强非晶合金的塑性随着枝晶尺寸先提高后降低。较小的枝晶尺寸和有助于遏制单一剪切带过度扩展，促进多重剪切带的形成，提高非晶复合材料的塑性；当枝晶过大时，其在承受相同应力时局部应变集中较小，这会减少剪切带的形核，且遏制单一剪切带过度扩展的能力变强，减少材料中剪切带总量，降低非晶复合材料的塑性。因此，存在一临界枝晶尺寸使非晶复合材料的塑性达到最大，在最佳枝晶尺寸下，非晶复合材料的压缩断裂应变可以超过 20%。

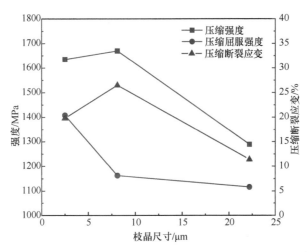

图 6.67 枝晶增强非晶合金复合材料压缩屈服强度、压缩强度和压缩断裂应变随枝晶尺寸的变化

陶瓷颗粒增强非晶合金复合材料拥有很高的强度。在变形过程中，由于陶瓷颗粒硬度较大，为了克服剪切带扩展方向上陶瓷颗粒的阻碍作用，剪切带只能绕过甚至切过颗粒，因此裂纹扩展所需的功大幅提升，并且由于陶瓷颗粒很难产生塑性变形，应变在颗粒周围逐渐积累，使非晶合金复合材料的强度可以达到非常高的水平。当颗粒无法继续抵抗这种应变能被破坏后，剪切带就不再受陶瓷颗粒的阻碍，在基体中迅速扩展，并最终贯穿材料整体导致破坏性失效。因此，虽然陶瓷颗粒可以将非晶合金复合材料的强度提高很多，但是不能有效阻碍剪切带的扩展，材料不能承受较大的塑性变形，其塑性变形量相较于

非晶合金基体提升幅度一般较小。陶瓷颗粒增强非晶合金复合材料的压缩强度一般接近或高于 2000MPa，而压缩应变一般低于 10%。使用粉末冶金制备的高性能陶瓷颗粒增强非晶合金复合材料的压缩强度甚至可以达到 2750MPa(Xie et al., 2010)。图 6.68 为 SiC_p/Zr 基非晶合金复合材料的准静态轴向压缩应力-应变曲线(薛云飞，2019)。

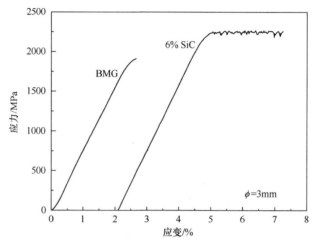

图 6.68　SiC_p/Zr 基非晶合金复合材料的准静态轴向压缩应力-应变曲线
ϕ-压缩试样直径

　　金属颗粒与陶瓷颗粒相比，虽然其强度较低，但塑性较好。金属颗粒可以显著提升非晶合金复合材料的塑性。当非晶合金复合材料塑性变形时，剪切带相对容易绕过或者切过金属颗粒，同时金属颗粒自身的塑性变形也可以协调基体的塑性变形。因此，虽然金属颗粒增强非晶合金复合材料的强度不是非常高，但是通过金属颗粒自身的变形，剪切带的不均匀应变被均匀地分布到了金属颗粒周围的基体上，同时大量二次剪切带的产生和扩展塑性变形得以均匀地分布于材料整体。通过金属颗粒的作用，剪切带的不稳定扩展受到强烈阻碍，从而赋予了非晶合金复合材料良好的塑性变形能力，图 6.69 为 Nb_p/Mg 基非晶合金复合材料的室温压缩应力-应变曲线(Pan et al., 2006)。$Nb_p/Zr_{57}Nb_5Al_{10}Cu_{15.4}Ni_{12.6}$ 的压缩塑性可以超过 35%，压缩强度约为 800MPa(Choi-Yim et al., 2002)。金属颗粒增强非晶合金复合材料的强度和塑性跟金属颗粒种类关系很大，采用较软的 Nb 颗粒增强的非晶合金复合材料塑性提升较大，但强度提升不大。若采用硬度更大的金属颗粒，可以获得强度更高的非晶复合材料。通过粉末冶金法制备的 $5\%W_p/Ni_{52.5}Nb_{10}Zr_{15}Ti_{15}Pt_{7.5}$ 压缩强度约为 2700MPa，其压缩应变约为 5%。通过同样方法制备的 $5\%SiC_p/Ni_{52.5}Nb_{10}Zr_{15}Ti_{15}Pt_{7.5}$ 非晶合金复合材料的压缩应变仅为 2%(Xie et al., 2010)。从改善非晶合金塑性的角度来讲，金属颗粒增强体比陶瓷颗粒增强体更具优势。

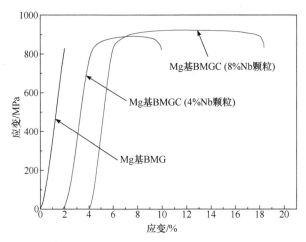

图 6.69　Nb$_p$/Mg 基非晶合金复合材料的室温压缩应力-应变曲线

BMGC-块状金属玻璃复合材料

　　高强度短纤维增强体可以使非晶合金复合材料的强度在非晶基体的基础上有所提高。纤维增强体径向尺寸一般很小，是一维增强体。从与剪切带的相互作用上讲，短纤维无法有效阻挡非晶基体单一剪切带的扩散，也无法促进多重剪切带的形成；从自身变形特性上讲，短纤维无法产生有效的变形，因此无法协调基体变形，也无法释放基体积累的应变能。综合上述原因，短纤维无法显著改善非晶基体的塑性。图 6.70 为不同增强体体积分数 C$_f$/Zr$_{50.5}$Cu$_{36.45}$Ni$_{4.05}$Al$_9$ 非晶合金复合材料的压缩应力-应变曲线(Liu et al., 2011)。当向非晶基体中加入 C$_f$ 后，非晶合金复合材料与非晶基体相比，强度有 100~200MPa 的提升，但压缩应变提升不足 1%。

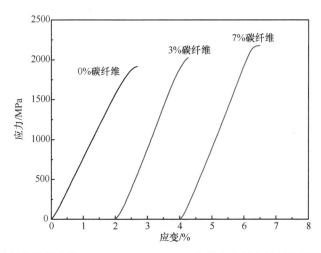

图 6.70　不同增强体体积分数 C$_f$/Zr$_{50.5}$Cu$_{36.45}$Ni$_{4.05}$Al$_9$ 非晶合金复合材料的压缩应力-应变曲线

对不同体积分数短纤维增强非晶合金复合材料进行研究可以发现，随着短纤维的体积分数提高，非晶合金复合材料的压缩塑性一直提升，但最大压缩载荷先提高后降低。图 6.71 为不同碳纳米管体积分数的 CNTs/Zr 基非晶合金复合材料的压缩性能曲线(Bian et al., 2004)。少量 CNTs 的加入(体积分数小于 5.0%)不会破坏非晶基合金体的剪切带变形行为，非晶合金复合材料的断裂行为仍以剪切带的变形扩展为主。对于碳纳米管体积分数大于 5.0%的非晶合金复合材料，由以碳纳米管为源头的微裂纹形核和扩展决定了复合材料的断裂行为。随着 CNTs 的体积分数不断提高，非晶合金复合材料逐渐呈现脆化趋势，最大断裂应力降低，图 6.72 为非晶合金复合材料的最大断裂应力与碳纳米管体积分数的关系(Bian et al., 2004)。

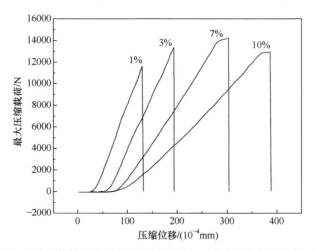

图 6.71　不同碳纳米管体积分数的 CNTs/Zr 基非晶合金复合材料的压缩性能曲线

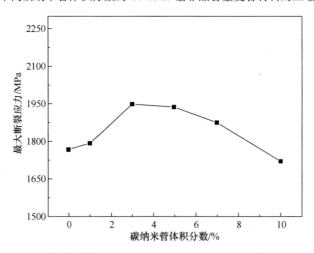

图 6.72　非晶合金复合材料的最大断裂应力与碳纳米管体积分数的关系

　　连续纤维的尺寸较大，其直径一般为几百微米；长度一般有几毫米或数十毫米，甚至更长。常用的连续纤维有 W 丝(W_f)和钢丝等。一般使连续纤维垂直于同一个平面排列成一个阵列，然后通过压力浸渗的方式使非晶基体与增强体融为一体。连续纤维增强非晶合金复合材料的力学性能受增强体的尺寸和体积分数影响较大。

　　如果长纤维增强体尺寸都相同，在长纤维体积分数较低时，非晶复合材料的强度随增强体体积分数的提高而快速提升；当长纤维体积分数足够高时，非晶复合材料的强度随长纤维体积分数的提高而缓慢提升，直至趋于稳定(Xue et al., 2015)。非晶复合材料的塑性则随长纤维体积分数的提升先升高又下降。图 6.73 为不同增强体体积分数 $W_f/Zr_{41.2}Ti_{13.8}Cu_{12.5}Ni_{10}Be_{22.5}$ 非晶合金复合材料的力学性能(Wang et al., 2006)。当 W_f 体积分数低于 50%时，长纤维有效阻挡单一剪切带的过度扩展并产生多重剪切带，非晶复合材料的断裂应变一直呈上升趋势；当 W_f 体积分数高于 50%后，非晶基体受到较大的限制，产生的剪切带较少，限制了复合材料的塑性。也有研究证明，向非晶合金基体中加入特定的元素(如 Nb 等)，可以阻碍界面反应、遏制界面侵蚀，这大大加强了非晶合金基体与长纤维增强体的界面结合。通过界面的优化，可以在长纤维的体积分数达到70%的情况下使复合材料仍然保持较优的性能(Wang et al., 2007)。

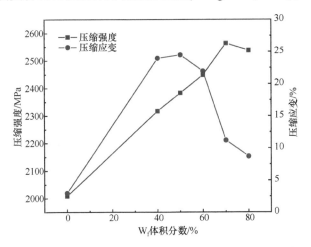

图 6.73　不同增强体体积分数 $W_f/Zr_{41.2}Ti_{13.8}Cu_{12.5}Ni_{10}Be_{22.5}$ 非晶合金复合材料的力学性能

　　长纤维尺寸对非晶合金力学性能的影响与枝晶对非晶合金复合材料力学性能的影响类似。长纤维在复合材料中一般是贯穿的，因此一般只研究长纤维的直径对非晶合金复合材料力学性能的影响。图 6.74 为增强体体积分数相同时不同直径 W_f/Zr 基非晶合金的压缩应力-压缩应变曲线(Ma et al., 2008)。在同样的体积分数下，W 丝直径对复合材料的动态性能有明显的影响，W 丝直径越小复合材料的压缩强度和压缩应变越大。这是因为当体积分数相同时，W 丝直径越小，单位体积中分布的 W 丝数量越多，其表面积相应地呈倍数增加，界面数量和面积都增加。这样可以将作用在复合材料上的载荷通过基体和大面积的界面均匀分配到承载 W 丝上，避免了界面不足不能有效传递载荷引起的应力集中，所以复合材料的变形也越加均匀。直径小的 W 丝拥有更多的界面，有利于多重剪切带形成。直径较小的 W 丝表现出更好的增强效果。但长纤维的直径也不是越小越好。由于长纤维丝多是由烧结的棒料热拉拔制备的，内部存在微孔，会影响 W 丝的强度。W 丝的直径越小，对微孔越敏感，强度受到的影响越大。

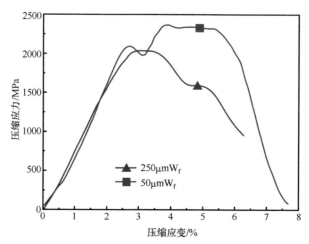

图 6.74　增强体体积分数相同时不同直径 W_f/Zr 基非晶合金的压缩应力-压缩应变曲线

　　长纤维在不同方向上的尺寸差别很大，且在非晶基体中呈定向分布。因此长纤维增强非晶合金复合材料具有显著的各向异性。沿着与 W 丝轴向不同夹角 θ_f 的方向取样，沿 W 丝不同方向的非晶合金复合材料样品力学性能如图 6.75 所示(Zhang et al., 2013a)。非晶合金复合材料中 W 丝为纵向时，其压缩强度和塑性最好；当 θ_f 分别为 45°和 90°时，非晶合金复合材料的强度和塑性都较差；θ_f 大于 15°时，复合材料在剪切模式下失效，剪切面随 θ_f 的变化而变化具体如下：当 θ_f 介于 0°~45°时，复合材料通过面内滑移被破坏；当 θ_f 介于 45°~90°时通过离面滑移被破坏。当 θ_f 从 15°增加到 45°时，由于剪切带延伸距离增大和弹性失配增大，剪切带的扩展和界面脱黏变得更加容易，因此复合材料的性能下降。θ_f 大于 45°时，裂纹沿相互接触的纤维传播，或在剪切应力作用下将纤维中的裂纹连接到基体的剪切带上，复合材料剪切断裂，这也会导致复合材料性能不佳。

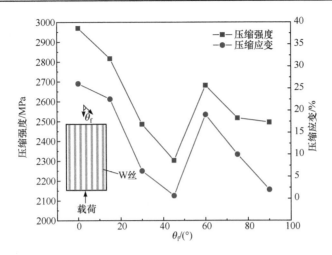

图 6.75　沿 W 丝不同方向的非晶合金复合材料样品力学性能

　　骨架增强体是一个整体，因此可以产生极佳的协调变形效果。通过控制骨架的孔隙率和尺寸，可以控制骨架增强体在复合材料中的体积分数，从而使骨架增强体既可以有效阻挡单一剪切带的过度扩展又可以促进多重剪切带的形成。从上述角度来讲，骨架增强非晶合金复合材料的性能是最佳的。实验中获得的骨架增强非晶合金复合材料的压缩强度一般超过 2000MPa，最高为 3000～4000MPa；压缩应变一般超过 40%，最高为 60%～70%(Zhang et al., 2013c; Xue et al., 2007; Zhang et al., 2006)。

　　不同种类的增强体在非晶合金基体中的作用都是阻止单一剪切带过度扩展并促进多重剪切带的形成，在提升非晶合金基体强度的同时提高其塑性。不同的增强体本征特性不同，如不同增强体自身的变形能力不同、不同增强体的物理特性不同导致在基体中的稳定性不同及增强的维度不同等，不同增强体对非晶合金基体的增强机制和性能改善效果略有差异。不同增强体对非晶合金的强化效果对比如图 6.76 所示。

2. 耐磨性

　　非晶合金复合材料的耐磨性与复合材料的种类和组织密切相关。其中，纳米晶增强非晶合金复合材料中的纳米晶尺寸很小，不足以容纳位错等缺陷，因此拥有超高的硬度、强度，可以大幅度提高非晶合金复合材料的磨损抗力。除了纳米晶本身，由于退火引起的非晶合金基体中形成的溶质元素团簇也会提高磨损抗力。图 6.77 为退火不同时间的 Al 基非晶复合材料中纳米晶的体积分数和磨损抗力(Gloriant, 2003)。随着退火时间增加，Al 基非晶合金中纳米晶的体积分数增加，材料的磨损抗力也会不断增加。

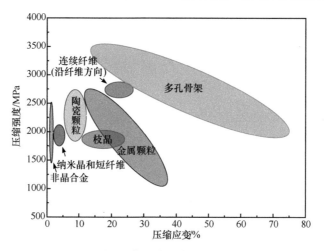

图 6.76　不同增强体对非晶合金的强化效果对比

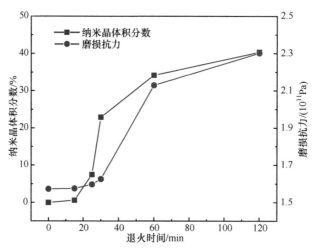

图 6.77　退火不同时间的 Al 基非晶复合材料中纳米晶的体积分数和磨损抗力

　　表面剥落和微裂纹是非晶合金磨损的主要机制。枝晶增强非晶合金复合材料中的枝晶相具有一定的有效承载、塑性变形和加工硬化能力，可以降低应变积累，释放非晶合金基体中的应变能，抑制剪切带和裂纹的扩展，从而对提高复合材料的耐磨性起到积极作用。枝晶相还具有一定的连续性，有利于维持基体的完整性，避免材料表面过早剥落。当枝晶相的体积分数大于某个临界值时，磨损表面的边缘和中心可能发生大塑性变形，导致材料磨损速率加快。图 6.78 为 $Zr_{41.2}Ti_{13.8}Cu_{12.5}Ni_{10.0}Be_{22.5}$ 非晶合金复合材料中枝晶相体积分数对磨损速率的影响(Wu et al., 2016)。随着枝晶相体积分数的增加，复合材料的磨损速率先下降又升高，但升高后的磨损速率仍然低于最初非晶合金的磨损速率。

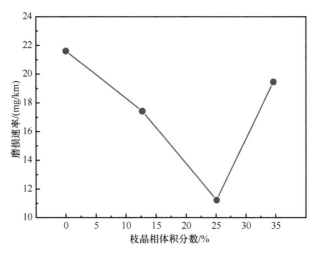

图 6.78　$Zr_{41.2}Ti_{13.8}Cu_{12.5}Ni_{10.0}Be_{22.5}$ 非晶合金复合材料中枝晶相体积分数对磨损速率的影响

短纤维增强非晶合金复合材料的磨损机制与纳米晶、枝晶增强复合材料的磨损机制都不同。由于纤维是一维增强体，在径向的尺寸较小，当材料整体不发生大变形时，短纤维的强化效果无法体现出来。材料在受摩擦的过程中整体不会产生大塑性变形，因此在较低的载荷作用下，纤维增强体对耐磨性的影响并不明显。当载荷增大到一定程度，纤维的增强作用才会体现出来。当材料处于较大载荷下，随着短纤维的体积分数提高，复合材料的耐磨性提高，直至短纤维的体积分数达到临界值。短纤维的体积分数过高，会导致非晶合金脆化，更容易产生裂纹和表面剥落，其耐磨性下降。图 6.79 为 $CNTs/Ti_{50}Cu_{28}Ni_{15}Sn_7$ 非晶合金复合材料中 CNTs 体积分数对磨损量的影响(Lin et al., 2016)。

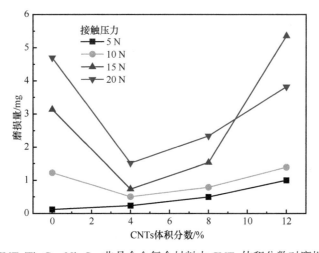

图 6.79　$CNTs/Ti_{50}Cu_{28}Ni_{15}Sn_7$ 非晶合金复合材料中 CNTs 体积分数对磨损量的影响

3. 耐腐蚀性能

非晶合金复合材料的耐腐蚀性能与增强体和基体间的化学性质差异关系密切。以枝晶增强非晶合金复合材料为例,非晶合金复合材料在酸性溶液中的腐蚀速率明显低于非晶合金基体,图6.80为非晶合金及其复合材料的耐腐蚀性能(Yang et al., 2018c)。由于处于不稳定状态,原子活性大,非晶合金比普通合金更容易被腐蚀。在相同的腐蚀条件下,非晶合金复合材料比同成分的非晶合金拥有更强的耐腐蚀性能,因为耐腐蚀的枝晶相会对材料的耐腐蚀性能有促进作用。但当枝晶体积分数增大到一定程度后,枝晶和非晶基体间的电化学性能差异过大,耐腐蚀性能差的枝晶相会优先被腐蚀,加快腐蚀速率。因此,非晶复合材料中枝晶体积分数过大时,材料耐腐蚀性能下降。可以在腐蚀后的非晶合金表面观察到密集的腐蚀坑;腐蚀后的非晶合金复合材料表面则没有腐蚀坑出现,但表面的非晶基体都被腐蚀掉了,枝晶形貌露出。

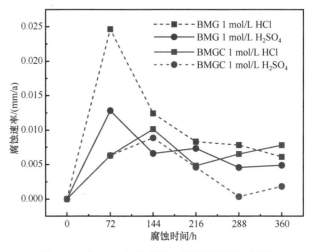

图6.80　非晶合金及其复合材料的耐腐蚀性能

4. 声学性能

均匀非晶固体中的非简谐振动会通过Akhieser效应被吸收。能量损失源于非谐固体的声子在应力作用下转移到新的非平衡位置时所产生的能量损失。对于多相固体,多个散射体随机分布在弹性各向同性基体中,声波被多次散射,从而使声波多次衰减。图6.81为非晶合金复合材料中CNTs的体积分数对超声衰减系数变化率的影响(Bian et al., 2003)。在非晶合金基体中加入CNTs后,CNTs随机分散在非晶基体中,提供了大量随机分布的散射体。非晶基体与添加的CNTs之间的界面反应也会产生大量界面反应产物,这些界面和界面反应产物也成为散射体，为声波提供更多散射机会。多散射体的随机分布，当声波穿过具有混合结构的复合材料时，在各个方向上都是多散射的导致了声波出现较强的衰减现象。一方面，单纯非晶合金的非谐性引起的超声衰减与入射频率的平方成正比，对于含有散射体(增强体)的材料，声波衰减随散射体直径、体积分数、质量等复杂因素的不同呈现不同的规律。另一方面，随着 CNTs 体积分数的增加，超声衰减显著增加，说明分散在非晶基体中的 CNTs 对超声衰减也有显著影响。

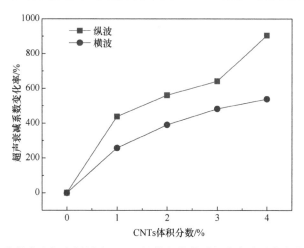

图 6.81　非晶合金复合材料中 CNTs 的体积分数对超声衰减系数变化率的影响

6.4.4　应用前景

非晶合金复合材料具有高强度、高韧性、良好的耐磨性和耐腐蚀性的优点，因而被广泛应用于各个领域。除上述非晶合金复合材料的共性外，以 Mg、Al 和 Ti 等为基体的非晶合金复合材料还具有轻质、比强度高的优势。非晶合金复合材料易于制造成复杂的形状且具有良好的机械加工性。非晶合金及其复合材料已被用于航空航天器部件、武器装备、生物医疗、生活娱乐、电子电路、微电机、燃料电池和消费电子产品等。

1. 航空航天器部件

一部分轻质、廉价的非晶合金复合材料已被多国列为未来潜在的结构材料。美国国防部已资助了价值上千万美元的结构非晶合金复合材料项目，以开发低成本、环境友好的耐腐蚀、轻质材料来减轻船舶质量，同时开发耐高温、耐火和轻质的 Fe、Al、Ti 和 Mg 系合金作为飞机和火箭推进器材料。弗吉尼亚大学、康涅狄格大学、普惠公司和波音公司正在研究用于航空航天结构的非晶铝合金复合材料，该复合材料具有耐火、轻质等特性，抗拉强度比商用铝合金高 25%(Telford et al., 2004)。

航空航天材料面临的使用环境是严苛而复杂的，这对材料的性能也提出了更高的要求。非晶合金材料具有高强度、高硬度的性能，即使在外太空等严酷环境条件下也可以正常工作，可应用于航天关键部件。目前，使用非晶合金复合材料代替碳纤维制备的复合材料，可以有效解决碳纤维复合材料安装孔附近产生裂纹的问题，由于其具有高强度和良好塑性的特点，可以阻止裂纹的产生和扩展。

　　非晶合金复合材料还具备低弹性模量及较大的弹性变形极限，在制备柔性机构的零部件方面有着很大的优势。目前，已成功制备出非晶合金复合材料谐波齿轮(航天器机械臂关节减速器)、碟形弹簧、弹性多孔金属橡胶(减振)等空间应用零部件。NASA 曾开展"块状非晶合金齿轮"项目，研发了一种块状金属非晶合金复合材料，用于制造可在太空极端环境下工作的特殊齿轮箱。BMG 非晶合金独特的成分和非晶态原子结构使其比陶瓷更坚韧，强度是钢的 2 倍，并具有比二者更好的弹性和耐磨性。采用该合金开发的齿轮箱能够在不需要加热和润滑剂的情况下，在-173℃的行星表面温度下工作，应用于火星巡视器，使巡视器的夜间操作成为可能，且节省电力(Hofmann et al., 2017)。

　　空间环境存在高真空、强辐射、原子氧剥蚀、温差大、碎片多等复杂情况，对应用于空间环境的材料有着很高的要求。应用于空间环境中的空间反射镜或者激光器反射镜对其表面粗糙度及抗空间干扰性有着更高的要求。非晶合金复合材料可以应用于空间光学遥感器，非晶合金复合材料由于原子结构的特殊性，可获得原子层级的表面粗糙度。对成像卫星的成像质量起到关键作用。使用非晶合金复合材料制备的反射镜表面光滑、反射性好，可以提升对地面成像的分辨率。同时，得益于非晶合金复合材料的低热膨胀系数及优异精密铸造性能，非晶合金复合材料反射镜及镜框可实现一体化制造，显著缩短航天器反射镜制备工艺流程。有望作为空间反射镜或者激光器反射镜实现空间应用(Ştefanov et al., 2020)。NASA 于 2001 年 8 月发射了价值 2 亿美元的创世纪号宇宙探测器，目的是收集太阳风的样本。创世纪号宇宙探测器利用 5 个直径 1m 的圆形镜面被动收集器阵列捕获太阳风粒子。收集器表面涂有加州理工学院研制的 Zr-Nb-Cu-Ni-Al 非晶复合材料涂层，图 6.82 为创世纪号宇宙探测器和它搭载的非晶合金复合材料太阳风粒子收集器(Telford et al., 2004)。

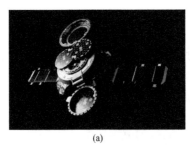 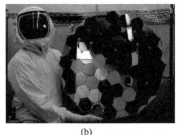

(a)　　　　　　　　　　　　　　(b)

图 6.82　创世纪号宇宙探测器和它搭载的非晶合金复合材料太阳风粒子收集器

(a) 创世纪号宇宙探测器；(b) 太阳风粒子收集器

2. 武器装备

W_f/Zr 非晶合金复合材料从一开始就是被研发出来替代有危害的贫铀弹材料，作为新型的坦克装甲穿甲弹材料。钨丝增强的 Zr 非晶合金复合材料制备的穿甲弹表现出类似于氧化物玻璃的自锐性，并且在穿透装甲板方面非常有效，与传统材料制作的穿甲弹相比，可以有效提高穿透深度。军事领域通常对材料有严苛的要求。高可靠性、机动性和便携性是利于其推广的关键。非晶合金及其复合材料的高强度和轻量化保证了在不牺牲可靠性的情况下，实现军用部件设计的小型化和轻量化。例如，武器弹药部件、装备的薄壁外壳、电子零器件和飞机紧固件等。

美国空军为提升子弹对地面装甲的穿透性，已开始计划将非晶合金复合材料制成的动能穿透器(KEPS)装备到 A-10 对地反坦克战斗机，其利用的原理与穿甲弹类似。美国海军计划使用非晶合金复合材料为轻型碎片炸弹制造弹壳。Liquidmetal 公司正在与 Lockheed Martin 公司合作，开发更轻、更高强度的陶瓷颗粒增强非晶合金复合材料导弹外壳。

为了提高炸弹的攻击性，可以向炸弹中添加预制破片。为便于携带，必须要求预制破片的体积小；为提高预制破片的毁伤威力，要求预制破片不能随炸弹的爆炸而破裂，且具有强劲的穿透力。这要求制作预制破片的材料具有高密度和高强度。W_p/Zr 非晶合金复合材料同时具备较高密度和强度，且耐高温高压、抗冲击，非常适合用于制备炸弹预制破片，图 6.83 为 W_p/Zr 非晶合金复合材料制备的预制破片(Zhang et al., 2021)。W_p/Zr 非晶合金复合材料制备的预制破片撞击目标的过程可通过变形或破碎产生爆轰效果，能够对目标造成有效破坏。

图 6.83　W_p/Zr 非晶合金复合材料制备的炸弹预制破片

3. 生物医疗

非晶合金及其复合材料在生物医疗领域具有很好的应用前景。部分非晶合金及其复合材料的生物相容性、优良的耐磨性、更高的比强度(与钛或钢相比)、高绝对强度和易于精密铸造等特性,使得非晶合金及其复合材料适用于假肢、植入物和手术器械等生物医疗部件。可用于骨科的骨骼重建装置、骨折固定装置、脊柱植入物和仪器,未来也可能被应用于眼科。

4. 生活娱乐

非晶合金复合材料打入市场的第一步是被应用于制作高尔夫球杆。除了低密度和高比强度等优点外,其他特性(如低弹性模量和较低的振动响应)为高尔夫球手击球时提供更柔软、更坚实的感觉,以便更好地控制高尔夫球运动。这意味着杆头在击球时吸收的能量更少,因此更多的能量被传递到球上。根据非晶合金高尔夫球杆制造商的研究,当能量由高尔夫球杆传递给球时,钢杆头的能量传递率约为60%,钛杆头的能量传递率约为70%,而非晶合金杆头的能量传递率约为99%。凭借这些优良的性能,非晶合金及其复合材料也可应用于网球拍等其他高端体育用品,也可用于棒球棒、自行车车架、狩猎弓等。一种利用非晶合金高效能量传递特性的新应用是使用非晶合金球进行喷丸强化。非晶合金也被加工为薄壁零件,使得非晶合金及其复合材料有可能在电子电气市场替代镁合金。随着个人电子设备越来越强的小型化趋势,迫切需要能够保持足够机械强度的同时使外壳更薄的材料。非晶合金及其复合材料在这方面表现出的优势明显强于高分子材料和传统轻合金。目前,配有非晶合金复合材料外壳的手机和数码相机已经被开发出来,未来有望投放市场。

日常使用的刀如采用钢材制造,则容易锈蚀,若采用其他合金制造又无法保证耐久性和锋利性。由于非晶合金及其复合材料可以铸造成网状或近网状,具有超过钛和钢的综合性能,硬度高具有自锐性,适合制造需要耐久、耐磨损的刀具。同时,非晶合金及其复合材料还具有耐腐蚀的特性,因此制作的刀具可以在盐碱环境中使用,可以用于潜水刀的制作。图6.84为非晶合金复合材料制作的潜水刀(Qiao et al., 2016)。

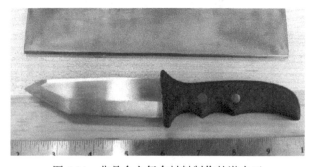

图 6.84　非晶合金复合材料制作的潜水刀

参 考 文 献

胡昌义, 2002. CVD Ir/Re 复合材料研究 [D]. 长沙: 中南大学.

李爱兰, 曾燮榕, 曹腊梅, 等, 2002. Nb 基复合材料的制备——爆炸固结法 [J]. 材料与冶金学报, 1(4): 297-301.

刘凤, 罗广南, 李强, 等, 2017. 钨在核聚变反应堆中的应用研究 [J]. 中国钨业, 32(2): 41-47.

刘芯宇, 2018. 石墨烯增强 $Fe_{50}Mn_{30}Co_{10}Cr_{10}$ 高熵合金复合材料的组织与性能研究 [D]. 成都: 西南交通大学.

马壮, 王倪, 王恩杰, 等, 2015. 高熵合金基复合材料研究进展 [J]. 材料导报, 29(17): 140-143,149.

茅昕辉, 禹金强, 周勇, 等, 2002. FeSiB 薄膜的巨磁阻抗和应力阻抗效应研究 [J]. 真空科学与技术, 22(6): 429-433.

邱欢, 2019. 原位颗粒增强 $Fe_xCoNiCu$ 高熵合金基复合材料的研究 [D]. 南京: 南京理工大学.

孙晓东, 2018. 原位 $TiC(TiB_2)$ 增强 $Al_xFeCoNiCuV_y$ 高熵合金基复合材料研究 [D]. 南京: 南京理工大学.

索进平, 冯涤, 骆合力, 等, 2002. WC 含量对 Ni_3Al-WC 复合材料组织的影响 [J]. 材料科学与工艺, 10(2): 131-135.

索进平, 冯涤, 钱晓良, 等, 2001. 添加 WC 改善 Ni_3Al 的焊接性能 [J]. 焊接学报, 22(6): 11-14.

吴正刚, 李熙, 李忠涛, 2021. 高熵合金应用于异种金属焊接的研究现状及发展趋势 [J]. 材料导报, 35(17): 17031-17036.

项忠楠, 聂洪波, 郭轲科, 2018. 高熵合金的研究进展与应用 [C]//2018第十二次中国硬质合金学术会议论文集. 上海: 厦门钨业股份有限公司.

肖璇, 鲁世强, 胡平, 等, 2008. 超细晶 Laves 相 $NbCr_2$ 颗粒增强 Nb 基复合材料的制备及其组织性能研究 [J]. 航空材料学报, 28(3): 44-48.

肖璇, 鲁世强, 董显娟, 等, 2013. 合金元素对 Laves 相增强 Nb 基合金的相组成与力学性能的影响 [J]. 稀有金属材料与工程, 42(3): 560-564.

薛云飞, 2019. 先进金属基复合材料 [M]. 北京: 北京理工大学出版社.

杨坤, 杨广宇, 贾亮, 等 , 2022.增材制造钽及多孔钽的研究进展[J]. 稀有金属材料与工程, 51(10): 3922-3928.

杨锐, 石南林, 王玉敏, 等, 2005. SiC 纤维增强钛基复合材料研究进展 [J]. 稀有金属材料与工程, 34(3): 167-171.

杨思华, 曲迎东, 张宇峰, 等, 2019. TiC 增强 $AlCr_2FeNi_2Cu_{1.6}$ 高熵合金基复合材料组织与性能 [J]. 特种铸造及有色合金, 39(7): 701-705.

杨天海, 2021. 石墨烯增强 CoCrFeMnNi 高熵合金微观组织和力学性能研究 [D]. 郑州: 郑州大学.

杨轶丽, 2020. SPS 制备 SiC 晶须/CoCuFeMnNi 高熵合金复合材料显微组织与力学性能研究 [D]. 武汉: 武汉大学.

尹衍升, 李嘉, 孙康宁, 等, 2003. $Fe-Al/Al_2O_3$ 陶瓷基复合材料 [J]. 材料导报, 17(2): 3.

张全成, 何贵玉, 吴建生, 等, 2001. TiNb/Ti-48Al-2Cr-2Nb 复合材料的力学性能和断裂特征 [J]. 稀有金属材料与工程, 30(5): 372-375.

张永刚, 韩雅芳, 陈国良, 等, 2001. 金属间化合物结构材料 [M]. 北京: 国防工业出版社.

赵鑫, 2013. SiC 增强铌基复合材料制备及其塑性变形研究 [D]. 哈尔滨: 哈尔滨工业大学.

赵永, 2020. AlCoCrFeNiTi 系高熵合金及其复合材料的组织与性能研究 [D]. 青岛: 山东科技大学.

赵玉桥, 2019. AlCrCoFeNi 系高熵合金及其复合材料组织与性能的研究 [D]. 青岛: 山东科技大学.

郑欣, 白润, 王东辉, 等, 2011. 航天航空用难熔金属材料的研究进展 [J]. 稀有金属材料与工程, 40(10): 1871-1875.

周兰章, 郭建亭, 全明秀, 1997. NiAl/TiC 纳米材料机械合金化合成机理 [J]. 金属学报, 33(11): 1222-1226.

ALIYU A, SRIVASTAVA C, 2022. Phase constitution, surface chemistry and corrosion behavior of electrodeposited MnFeCoNiCu high entropy alloy-graphene oxide composite coatings [J]. Surface and Coatings Technology, 429: 127943.

AOKI K, 1990. Ductilization of L1 intermetallic compound Ni Al by microalloying with boron [J]. Materials Transactions, JIM, 31(6): 443-448.

ARIF Z U, KHALID M Y, REHMAN E U, 2022. Laser-aided additive manufacturing of high entropy alloys: Processes, properties, and emerging applications [J]. Journal of Manufacturing Processes, 78: 131-171.

BATTABYAL M, SCHÄUBLIN R, SPÄTIG P, et al., 2012. W-2wt.%Y_2O_3 composite: Microstructure and mechanical properties [J]. Materials Science and Engineering: A, 538: 53-57.

BEWLAY B P, JACKSON M R, LIPSITT H A, 1996. The balance of mechanical and environmental properties of a multielement niobium-niobium silicide-based in situ composite [J]. Metallurgical and Materials Transactions: A, 27(12): 3801-3808.

BEWLAY B P, JACKSON M R, SUBRAMANIAN P R, et al., 2003. A review of very-high-temperature Nb-silicide-based composites [J]. Metallurgical and Materials Transactions: A: 34(10): 2043-2052.

BIAN Z, WANG R J, ZHAO D Q, et al., 2003. Excellent ultrasonic absorption ability of carbon-nanotube-reinforced bulk metallic glass composites [J]. Applied Physics Letters, 82(17): 2790-2792.

BIAN Z, ZHANG T, KATO H, et al., 2004. Mechanical properties and fracture characteristics of Zr-based bulk metallic glass composites containing carbon nanotube addition [J]. Journal of Materials Research, 19(4): 1068-1076.

BRECHTL J, LIAW P K, 2022. High-Entropy Materials: Theory, Experiments, and Applications [M]. Switzerland: Springer Cham.

BROWNING P N, ALAGIC S, CARROLL B, et al., 2017. Room and ultrahigh temperature mechanical properties of field assisted sintered tantalum alloys [J]. Materials Science and Engineering: A, 680: 141-151.

CAIRANG W, LI T, XUE D, et al., 2021. Enhancement of the corrosion resistance of molybdenum by La$_2$O$_3$ dispersion [J]. Corrosion Science, 186: 109469.

CHEN L, LI W, LIU P, et al., 2020. Microstructure and mechanical properties of (AlCrTiZrV)N$_x$ high-entropy alloy nitride films by reactive magnetron sputtering [J]. Vacuum, 181: 109706.

CHEN S T, TANG W Y, KUO Y F, et al., 2010. Microstructure and properties of age-hardenable Al$_x$CrFe$_{1.5}$MnNi$_{0.5}$ alloys [J]. Materials Science and Engineering: A, 527(21): 5818-5825.

CHOI-YIM H, CONNER R D, SZUECS F, et al., 2002. Processing, microstructure and properties of ductile metal particulate reinforced Zr$_{57}$Nb$_5$Al$_{10}$Cu$_{15.4}$Ni$_{12.6}$ bulk metallic glass composites [J]. Acta Materialia, 50(10): 2737-2745.

CHOI-YIM H, JOHNSON W L, 1997. Bulk metallic glass matrix composites [J]. Applied Physics Letters, 71(26):3808.

COOK J, KHAN A, LEE E, et al., 1992. Oxidation of MoSi$_2$-based composites [J]. Materials Science and Engineering: A, 155(1): 183-198.

CUI C, GAO Y, WEI S, et al., 2017. Microstructure and high temperature deformation behavior of the Mo-ZrO$_2$ alloys [J]. Journal of Alloys and Compounds, 716: 321-329.

CUI J, LI J S, WANG J, et al., 2015. microstructure evolution and mechanical properties of a Ti-based bulk metallic glass composite [J]. Journal of Materials Engineering and Performance, 24(6): 2354-2358.

DENG H W, XIE Z M, WANG Y K, et al., 2018. Mechanical properties and thermal stability of pure W and W-0.5wt%ZrC alloy manufactured with the same technology [J]. Materials Science and Engineering: A, 715: 117-125.

DEWANGAN S K, MANGISH A, KUMAR S, et al., 2022. A review on high-temperature applicability: A milestone for high entropy alloys [J]. Engineering Science and Technology, an International Journal, 35: 101211.

ERICKSON G L, 1995. A new, third-generation, single-crystal, casting superalloy [J]. JOM, 47(4): 36-39.

FAN C, INOUE A, 2000. Ductility of bulk nanocrystalline composites and metallic glasses at room temperature [J]. Applied Physics Letters, 77(1): 46-48.

FAN Q, LI B, ZHANG Y, 2014. The microstructure and properties of (FeCrNiCo)Al$_x$Cu$_y$ high-entropy alloys and their TiC-reinforced composites [J]. Materials Science and Engineering: A, 598: 244-250.

FANG L, WANG J, LI X, et al., 2022. Effect of Cr content on microstructure characteristics and mechanical properties of ZrNbTaHf$_{0.2}$Cr$_x$ refractory high entropy alloy [J]. Journal of Alloys and Compounds, 924: 166593.

FUKUDA M, TABATA T, HASEGAWA A, et al., 2016. Strain rate dependence of tensile properties of tungsten alloys for plasma-facing components in fusion reactors [J]. Fusion Engineering and Design, 109-111: 1674-1677.

GLORIANT T, 2003. Microhardness and abrasive wear resistance of metallic glasses and nanostructured composite materials [J]. Journal of Non-Crystalline Solids, 316(1): 96-103.

GROMOV V E, KONOVALOV S V, IVANOV Y F, 2022. Structure and Properties of High-Entropy Alloys [M]. Switzerland: Springer Cham.

GU Y, YI M, CHEN Y, et al., 2022. Effect of the amount of SiC particles on the microstructure, mechanical and wear properties of FeMnCoCr high entropy alloy composites [J]. Materials Characterization, 193: 112300.

GUO J T, XING Z P, 1997. Investigation of NiAl-TiB$_2$ in situ composites [J]. Journal of Materials Research, 12(4): 1083-1090.

HAN B, CHEN Y, TAN C, et al., 2022. Microstructure and wear behavior of laser clad interstitial CoCrFeNi high entropy alloy coating reinforced by carbon nanotubes [J]. Surface and Coatings Technology, 434: 128241.

HAN X X, WANG Y L, XIONG X, et al., 2018. Microstructure, sintering behavior and mechanical properties of SiC/MoSi$_2$ composites by spark plasma sintering [J]. Transactions of Nonferrous Metals Society of China, 28(5): 957-965.

HAN Y, XIAO C, 2000. Effect of yttrium on microstructure and properties of Ni$_3$Al base alloy IC6 [J]. Intermetallics, 8(5): 687-691.

HAYS C C, KIM C P, JOHNSON W L, 2000. Microstructure controlled shear band pattern formation and enhanced plasticity of bulk metallic glasses containing in situ formed ductile phase dendrite dispersions [J]. Physical Review Letters, 84(13): 2901-2904.

HEBSUR M G, 1999. Development and characterization of SiC(f)/MoSi$_2$–Si$_3$N$_4$(p) hybrid composites [J]. Materials Science and Engineering: A, 261(1): 24-37.

HENAGER C H, BRIMHALL J L, HIRTH J P, 1992. Synthesis of a MoSi$_2$-SiC composite in situ using a solid state displacement reaction [J]. Materials Science and Engineering: A, 155(1): 109-114.

HOFMANN D C, ANDERSEN L M, KOLODZIEJSKA J, et al., 2017. Optimizing bulk metallic glasses for robust, highly wear-resistant gears: Optimizing bulk metallic glasses···[J]. Advanced Engineering Materials, 19(1): 1600541.

HOFMANN D C, SUH J Y, WIEST A, et al., 2008. Designing metallic glass matrix composites with high toughness and tensile ductility [J]. Nature, 451: 1085-1089.

HOU C, SONG X, TANG F, et al., 2019b. W-Cu composites with submicron- and nanostructures: Progress and challenges [J]. Npg Asia Materials, 11(1): 74.

HU W, Yu Z, Lu Y，2022. Enhanced plasticity in laser additive manufactured Nb-reinforced bulk metallic glass composite [J]. Journal of Alloys and Compounds，(1):918.

HUANG Y, LIN J, ZHANG H, 2015. Effect of Si$_3$N$_4$ content on microstructures and antioxidant properties of MoSi$_2$/Si$_3$N$_4$ composite coatings on Mo substrate[J]. Ceramics International, 41(10): 13903-13907.

INOUE A, 2000. Stabilization of metallic supercooled liquid and bulk amorphous alloys [J]. Acta Materialia, 48(1): 28.

INOUE A, FAN C, SAIDA J, et al., 2000. High-strength Zr-based bulk amorphous alloys containing nanocrystalline and nanoquasicrystalline particles [J]. Science and Technology of Advanced Materials, 1(2): 73-86.

JING K, LIU R, XIE Z M, et al., 2022. Excellent high-temperature strength and ductility of the ZrC nanoparticles dispersed molybdenum [J]. Acta Materialia, 227: 117725.

KANG P C, CHEN G Q, WU G, 2010. Synthesis nano-SiC$_p$/MoSi$_2$ composites by in situ reaction sintering and low temperature oxidation behavior [J]. Advanced Materials Research, 105-106: 150-153.

KAVAZ E, GUL A O, BASGOZ O, et al., 2022. Boron nitride nanosheet-reinforced WNiCoFeCr high-entropy alloys: The role of B$_4$C on the structural, physical, mechanical, and radiological shielding properties [J]. Applied Physics A, 128(8): 694.

KURISHITA H, AMANO Y, KOBAYASHI S, et al., 2007. Development of ultra-fine grained W-TiC and their mechanical properties for fusion applications [J]. Journal of Nuclear Materials, 367-370: 1453-1457.

KURISHITA H, MATSUO S, ARAKAWA H, et al., 2010. Development of re-crystallized W-1.1%TiC with enhanced room-temperature ductility and radiation performance [J]. Journal of Nuclear Materials, 398(1): 87-92.

LEE J I, HECHT N L, MAH T I, et al., 1998. In situ processing and properties of SiC/MoSi$_2$ nanocomposites [J]. Journal of the American Ceramic Society, 81(2): 421-424.

LI B, ZHANG L, YANG B, 2020. Grain refinement and localized amorphization of additively manufactured high-entropy alloy matrix composites reinforced by nano ceramic particles via selective-laser-melting/remelting [J]. Composites

Communications, 19: 56-60.

LI J, CRAEGHS W, JING C, et al., 2017. Microstructure and physical performance of laser-induction nanocrystals modified high-entropy alloy composites on titanium alloy [J]. Materials & Design, 117: 363-370.

LIN Y S, HSU C F, CHEN J Y, et al., 2016. Wear behavior of mechanically alloyed Ti-based bulk metallic glass composites containing carbon nanotubes [J]. Metals, 6(11): 289.

LIU C, JIANG X, SUN H, et al., 2022. Microstructure and mechanical properties of bioinspired laminated CoCrFeNiMn high entropy alloy matrix composites reinforced with graphene [J]. Materials Science and Engineering: A, 859: 144198.

LIU G, ZHANG G J, JIANG F, et al., 2013. Nanostructured high-strength molybdenum alloys with unprecedented tensile ductility [J]. Nature Materials, 12(4): 344-350.

LIU J, ZHANG H, YUAN X, et al., 2011. synthesis and properties of carbon short fiber reinforced ZrCuNiAl metallic glass matrix composite [J]. Materials Transactions, 52(3): 412-415.

LIU L, LEI H, GONG J, et al., 2019. Deposition and oxidation behaviour of molybdenum disilicide coating on Nb based alloys substrate by combined AIP/HAPC processes [J]. Ceramics International, 45(8): 10525-10529.

LIU L, ZHANG H Q, LEI H, et al., 2020. Influence of different coating structures on the oxidation resistance of $MoSi_2$ coatings [J]. Ceramics International, 46(5): 5993-5997.

LIU X, LIAN Y Y, GREUNER H, et al., 2017. Irradiation effects of hydrogen and helium plasma on different grade tungsten materials [J]. Nuclear Materials and Energy, 12: 1314-1318.

LUO T, ZHANG H, LIU R, et al., 2021. Mechanical and damping properties of the multi-layer graphenes enhanced CrMnFeCoNi high-entropy alloy composites produced by powder metallurgy [J]. Materials Letters, 293: 129682.

MA Q, LU B, ZHANG Y, et al., 2022. Crack-free 60 wt% WC reinforced FeCoNiCr high-entropy alloy composite coating fabricated by laser cladding [J]. Materials Letters, 324: 132667.

MA W F, KOU H C, LI J S, et al., 2008. Dynamic mechanical behaviors and fracture characteristic of tungsten fiber reinforced Zr-based metallic glass matrix composites [J]. Zhongguo Youse Jinshu Xuebao/Chinese Journal of Nonferrous Metals, 18(6): 1045-1050.

MALONEY M J, HECHT R J, 1992. Development of continuous-fiber-reinforced $MoSi_2$-base composites [J]. Materials Science and Engineering: A, 155(1): 19-31.

MIAO S, XIE Z M, YANG X D, et al., 2016a. Effect of hot rolling and annealing on the mechanical properties and thermal conductivity of W-0.5wt.% TaC alloys [J]. International Journal of Refractory Metals and Hard Materials, 56: 8-17.

MIAO S, XIE Z M, ZENG L F, et al., 2017. The mechanical properties and thermal stability of a nanostructured carbide dispersion strengthened W-0.5wt.% Ta-0.01wt.%C alloy [J]. Fusion Engineering and Design, 125: 490-495.

MIAO S, XIE Z M, ZHANG T, et al., 2016b. Mechanical properties and thermal stability of rolled W-0.5wt% TiC alloys [J]. Materials Science and Engineering: A, 671: 87-95.

MITRA R, 2018. Molybdenum Silicide-Based Composites [M]//MITRA R. Intermetallic Matrix Composites. Woodhead Publishing.

MITRA R, RAMA RAO V V, VENUGOPAL RAO A, 1999. Effect of small aluminum additions on microstructure and mechanical properties of molybdenum di-silicide [J]. Intermetallics, 7(2): 213-232.

PAN D G, ZHANG H F, WANG A M, et al., 2006. Enhanced plasticity in Mg-based bulk metallic glass composite reinforced with ductile Nb particles [J]. Applied Physics Letters, 89:261904.

PETROVIC J J, 1997. High temperature structural silicides [J]. Ceramic Engineering and Science Proceedings, 18(3): 3-17.

PETROVIC J J, BHATTACHARYA A K, HONNELL R E, et al., 1992. ZrO_2 and ZrO_{20}-SiC particle reinforced $MoSi_2$ matrix composites [J]. Materials Science and Engineering: A, 155(1): 259-266.

QIAO J, JIA H, LIAW P K, 2016. Metallic glass matrix composites [J]. Materials Science and Engineering: R: Reports, 100: 1-69.

RAVI KIRAN U, PANCHAL A, SANKARANARAYANA M, et al., 2015.Effect of alloying addition and microstructural parameters on mechanical properties of 93% tungsten heavy alloys[J]. Materials Science and Engineering: A, 640: 82-90.

SASAKI K, YABUUCHI K, NOGAMI S, et al., 2015. Effects of temperature and strain rate on the tensile properties of potassium-doped tungsten [J]. Journal of Nuclear Materials, 461: 357-364.

SCHNEIBEL J H, SEKHAR J A, 2003. Microstructure and properties of $MoSi_2$-MoB and $MoSi_2$-Mo_5Si_3 molybdenum silicides [J]. Materials Science and Engineering: A, 340(1): 204-211.

SHEN T, DAI Y, LEE Y, 2016. Microstructure and tensile properties of tungsten at elevated temperatures [J]. Journal of Nuclear Materials, 468: 348-354.

SINGH S, SHAIKH S M, PUNITH KUMAR M K, et al., 2020. Microstructural homogenization and substantial improvement in corrosion resistance of mechanically alloyed FeCoCrNiCu high entropy alloys by incorporation of carbon nanotubes [J]. Materialia, 14: 100917.

STEFANOV T, MARAKA H V R, MEAGHER P, et al., 2020. Thin film metallic glass broad-spectrum mirror coatings for space telescope applications [J]. Journal of Non-Crystalline Solids: X, 7: 100050.

STURM D, HEILMAIER M, SCHNEIBEL J H, et al., 2007. The influence of silicon on the strength and fracture toughness of molybdenum [J]. Materials Science and Engineering: A, 463(1): 107-114.

SUN D, CAI Y, ZHU L, et al., 2022. High-temperature oxidation and wear properties of TiC-reinforced CrMnFeCoNi high entropy alloy composite coatings produced by laser cladding [J]. Surface and Coatings Technology, 438: 128407.

SUN X, ZHU H, LI J, et al., 2018. High entropy alloy FeCoNiCu matrix composites reinforced with in-situ TiC particles and graphite whiskers [J]. Materials Chemistry and Physics, 220: 449-459.

TELFORD M, 2004. The case for bulk metallic glass [J]. Materials Today, 7(3): 36-43.

TIAN Y, ZHOU W, WU M, et al., 2022. Microstructure and mechanical properties of in-situ nitride-reinforced refractory high-entropy alloy TiZrHfNbTa matrix composites [J]. Journal of Alloys and Compounds, 915: 165324.

TIWARI R, HERMAN H, SAMPATH S, 1992. Vacuum plasma spraying of $MoSi_2$ and its composites [J]. Materials Science and Engineering: A, 155(1): 95-100.

WANG D, CHEN H, WANG Y, et al., 2020. Precipitations of W/Cu metallic phases in ZrC in the reactive melt infiltrated ZrC/W composite [J]. Journal of Alloys and Compounds, 843: 155919.

WANG D, HE D, LI K, et al., 2022. Preparation and in-situ strengthening mechanisms of Mo composites with the addition of WC [J]. Materials Science and Engineering: A, 848: 143478.

WANG M L, CHEN G L, HUI X, et al., 2007. Optimized interface and mechanical properties of W fiber/Zr-based bulk metallic glass composites by minor Nb addition [J]. Intermetallics, 15(10): 1309-1315.

WANG X L, WANG G F, ZHANG K F, 2010a. Effect of mechanical alloying on microstructure and mechanical properties of hot-pressed Nb-16Si alloys [J]. Materials Science and Engineering: A, 527(13): 3253-3258.

WANG X L, ZHANG K F, 2010b. Mechanical alloying, microstructure and properties of Nb-16Si alloy [J]. Journal of Alloys and Compounds, 490(1): 677-683.

WANG Z, CHEN G, JIANG F, et al., 2006. Effect of volume fraction on quasistatic compressive characteristics of tungsten fiber/Zr-based bulk metallic glass matrix composites [J]. Xiyou Jinshu Cailiao Yu Gongcheng/Rare Metal Materials and Engineering, 35(10): 1568-1571.

WEI Q, SHEN Q, ZHANG J, et al., 2019. Microstructure evolution, mechanical properties and strengthening mechanism of refractory high-entropy alloy matrix composites with addition of TaC [J]. Journal of Alloys and Compounds, 777: 1168-1175.

WIEDERHORN S M, GETTINGS R J, ROBERTS D E, et al., 1992. Tensile creep of silicide composites [J]. Materials Science and Engineering: A, 155(1): 209-215.

WU X F, ZHANG G A, WU F F, 2016. Wear behaviour of Zr-based in situ bulk metallic glass matrix composites [J]. Bulletin of Materials Science, 39(3): 703-709.

XI W, DING W, YU S, et al., 2019. Corrosion behavior of TaC/Ta composite coatings on C17200 alloy by plasma surface alloying and CVD carburizing [J]. Surface and Coatings Technology, 359: 426-432.

XIE G, LOUZGUINE-LUZGIN D V, KIMURA H, et al., 2010. Microstructure and mechanical properties of crystalline particulates dispersed Ni-based metallic glassy composites fabricated by spark plasma sintering [J]. Intermetallics, 18(5): 851-858.

XIE Z M, LIU R, FANG Q F, et al., 2014. Spark plasma sintering and mechanical properties of zirconium micro-alloyed tungsten [J]. Journal of Nuclear Materials, 444(1): 175-180.

XIE Z M, LIU R, MIAO S, et al., 2015. Extraordinary high ductility/strength of the interface designed bulk W-ZrC alloy plate at relatively low temperature [J]. Scientific Reports, 5: 16014.

XIE Z M, LIU R, MIAO S, et al., 2016a. High thermal shock resistance of the hot rolled and swaged bulk W-ZrC alloys [J]. Journal of Nuclear Materials, 469: 209-216.

XIE Z M, LIU R, ZHANG T, et al., 2016b. Achieving high strength/ductility in bulk W-Zr-Y_2O_3 alloy plate with hybrid microstructure [J]. Materials & Design, 107: 144-152.

XIE Z M, MIAO S, LIU R, et al., 2017. Recrystallization and thermal shock fatigue resistance of nanoscale ZrC dispersion strengthened W alloys as plasma-facing components in fusion devices [J]. Journal of Nuclear Materials, 496: 41-53.

XIN B, ZHANG A, HAN J, et al., 2020. Tuning composition and microstructure by doping Ti and C for enhancing mechanical property and wear resistance of $Al_{0.2}Co_{1.5}CrFeNi_{1.5}Ti_{0.5}$ high entropy alloy matrix composites [J]. Journal of Alloys and Compounds, 836: 155273.

XING Z P, GUO J T, YU L, et al., 1996. Influence of HIP processing on the interface of NiAl-TiC in situ composite [J]. Materials Letters, 28(4-6): 361-363.

XUE Y, ZHONG X, WANG L, et al., 2015. Effect of W volume fraction on dynamic mechanical behaviors of W fiber/Zr-based bulk metallic glass composites [J]. Materials Science and Engineering: A, 639: 417-424.

XUE Y F, CAI H N, WANG L, et al., 2007. Dynamic compressive deformation and failure behavior of Zr-based metallic glass reinforced porous tungsten composite [J]. Materials Science and Engineering: A,(445-446):275-280.

YADAV S, ZHANG Q, AGRAWAL P, et al., 2022. Effect of ceramic-binder interface on the mechanical properties of TiB_2-HEA composites [J]. Materials Science and Engineering: A, 857: 144059.

YANG J M, JENG S M, 1990. Development of $MoSi_2$-Based Composites [J]. MRS Online Proceedings Library (OPL), 194: 139.

YANG S, PI J, YANG W, et al., 2018a. Deformation twinning structure and interface in a FCC-based $Al_{0.3}FeNiCo_{1.2}CrCu$ high-entropy alloy matrix composites [J]. Materials Letters, 214: 50-52.

YANG S, ZHANG Y, YAN X, et al., 2018b. Deformation twins and interface characteristics of nano-Al_2O_3 reinforced $Al_{0.4}FeCrCo_{1.5}NiTi_{0.3}$ high entropy alloy composites [J]. Materials Chemistry and Physics, 210: 240-244.

YANG Y J, JIN Z S, MA X Z, et al., 2018c. Comparison of corrosion behaviors between Ti-based bulk metallic glasses and its composites [J]. Journal of Alloys and Compounds, 750: 757-764.

YIM D, SATHIYAMOORTHI P, HONG S, et al., 2019. Fabrication and mechanical properties of TiC reinforced CoCrFeMnNi high-entropy alloy composite by water atomization and spark plasma sintering [J]. Journal of Alloys and Compounds, 781: 389-396.

YU J L, LI Z K, ZHANG K F, et al., 2010. Mechanical properties of multiphase Nb-Si-Fe in situ composites [J]. Materials Science and Engineering: A, 527(20): 5230-5233.

YU J L, ZHANG K F, 2008a. Tensile properties of multiphase refractory Nb-16Si-2Fe in situ composite [J]. Scripta Materialia, 59(7): 714-717.

YU J L, ZHANG K F, WANG G F, 2008b. Superplasticity of multiphase fine-grained Nb-16Si-2Fe refractory alloy [J]. Intermetallics, 16(10): 1167-1170.

ZHANG A, HAN J, SU B, et al., 2017. A novel CoCrFeNi high entropy alloy matrix self-lubricating composite [J]. Journal of Alloys and Compounds, 725: 700-710.

ZHANG B, FU H, SHA P, et al., 2013a. Anisotropic compressive deformation behaviors of tungsten fiber reinforced Zr-based metallic glass composites [J]. Materials Science and Engineering: A, 566: 16-21.

ZHANG C, ZHU J, ZHANG G, et al., 2022. Laser powder bed fusion of nano-TiB_2 reinforced FeCoNiCr high-entropy alloy with enhanced strength and firm corrosion resistance [J]. Journal of Alloys and Compounds, 927: 167110.

ZHANG H, WANG A, LI H, et al., 2006. Quasi-static compressive property of metallic glass/porous tungsten bi-continuous phase composite [J]. Journal of Materials Research , 21(6):1351-1354.

ZHANG Q S, ZHANG W, XIE G Q, et al., 2010. Stable flowing of localized shear bands in soft bulk metallic glasses [J]. Acta Materialia, 58(3): 904-909.

ZHANG S, SUN Y, CHENG W, et al., 2023. Microstructure and tribological behavior of $CoCrFeNiMo_{0.2}$/SiC high-entropy alloy gradient composite coating prepared by laser cladding [J]. Surface and Coatings Technology, 467: 129681.

ZHANG W, YANG Y Q, ZHAO G M, et al., 2013b. Investigation of interfacial reaction in SiC fiber reinforced Ti-43Al-9V composites [J]. Intermetallics, 33: 54-59.

ZHANG X Q, WANG L, XUE Y F, et al., 2013c. Effect of the metallic glass volume fraction on the mechanical properties of Zr-based metallic glass reinforced with porous W composite [J]. Materials Science and Engineering: A, 561: 152-158.

ZHANG Y, SHI D, ZHANG Y, et al., 2021. Investigation of penetration ability and aftereffect of Zr-based metallic glass reinforced porous W matrix composite fragments [J]. Baozha Yu Chongji/Explosion and Shock Waves, 41(5):11883.

ZHANG Y, ZUO T T, TANG Z, et al., 2014. Microstructures and properties of high-entropy alloys [J]. Progress in Materials Science, 61: 1-93.

ZHAO C, ZHU H, XIE Z, 2022. In-situ TiC particles strengthen and ductilize $Fe_{1.2}MnNi_{0.8}Cr$ high entropy alloy [J]. Intermetallics, 140: 107398.

ZHAO M, ZHOU Z, ZHONG M, et al., 2016. Thermal shock behavior of fine grained W-Y_2O_3 materials fabricated via two different manufacturing technologies [J]. Journal of Nuclear Materials, 470: 236-243.

ZHENG J, DING Q, HE A, et al., 2023. Effects of Nb microalloying on the magnetic properties and microstructure of Fe-Si-B-P-Cu-Nb nanocrystalline alloys prepared with pure and industrial raw materials [J]. Journal of Alloys and Compounds, 934: 167886.

ZHOU R, CHEN G, LIU B, et al., 2018. Microstructures and wear behaviour of $(FeCoCrNi)_{1-x}(WC)_x$ high entropy alloy composites [J]. International Journal of Refractory Metals and Hard Materials, 75: 56-62.

ZONG L, XU L, LUO C, et al., 2022. Fabrication of nano-ZrO_2 strengthened WMoNbTaV refractory high-entropy alloy by spark plasma sintering [J]. Materials Science and Engineering: A, 843: 143113.